랑데뷰
N 제

킬러극킬
수 학 II

수능 대비 수학 문제집 **랑데뷰N제 시리즈**는 다음과 같은 난이도 구분으로 구성됩니다.

1단계 – 랑데뷰 쉬삼쉬사 [pdf : 아톰에서 판매]

⇨ 기출 문제 [교육청 모의고사 기출 3점 위주]와 자작 문제로 구성되었습니다.
어려운 3점, 쉬운 4점 문항

교재 활용 방법

① 오르비 아톰의 전자책 판매에서 pdf를 구매한다.
② 3점 위주의 교육청 모의고사의 기출 문제와 조금 어렵게 제작된 자작문제를 푼다.
③ 3~5등급 학생들에게 추천한다.

2단계 – 랑데뷰 쉬사준킬 [종이책]

⇨ 변형 자작 문항(100%)
쉬운 4점과 어려운 4점, 준킬러급 난이도 변형 자작 문항 (쉬사준킬의 모든 교재의 문항수가 200문제
이상)이 출제유형별로 탑재되어 있음

교재 활용 방법

① 랑데뷰 [기출과 변형] 문제집과 같은 순서로 유형별로 정리되어 기출과 변형을 풀어본 후 과제용으로
   풀어보면 효과적이다.
② [기출과 변형]과 병행해도 좋다. [기출과 변형]의 단원별로 Level1, level2까지만 완료 한 후 쉬사준킬의
   해당 단원 풀기
③ 준킬러 문항을 풀어내는 시간을 단축시키기 위한 교재이다. N회독 하길 바란다.
④ 학원 교재로 사용되면 효과적이다.
⑤ 1~4등급 학생들에게 추천한다.

3단계 – 랑데뷰 킬러극킬 [종이책]

⇨ 변형 자작 문항(100%)
킬러급 난이도 변형 자작 문항(킬러극킬의 모든 교재의 문항수가 100문제 이상)이 탑재되어 있음

교재 활용 방법

① 랑데뷰 [기출과 변형]의 Level3의 문제들을 완벽히 완료한 후 시작하도록 하자.
② 킬러 문항의 해결에 필요한 대부분의 아이디어들이 킬러극킬에 담겨 있다.
③ 1등급 학생들과 그 이상

조급해하지 말고 자신을 믿고 나아가세요. 길은 있습니다. [휴민고등수학 김상호T]

출제자의 목소리에 귀를 기울이면, 길이 보입니다. [이호진고등수학 이호진T]

부딪혀 보세요. 아직 오지 않은 미래를 겁낼 필요 없어요. [평촌다수인수학학원 도정영T]

괜찮아, 틀리면서 배우는거야 [반포파인만고등관 김경민T]

하기 싫어도 해라. 감정은 사라지고, 결과는 남는다. [떠매수학 박수혁T]

Step by step! 한 계단씩 밟아 나가다 보면 그 끝에 도달할 수 있습니다. [가나수학전문학원 황보성호T]

너의 死活걸고. 수능수학 잘해보자. 반드시 해낸다. [오정화수학 오정화T]

넓은 하늘로의 비상을 꿈꾸며 [장선생수학학원 장세완T]

진인사대천명(盡人事待天命) : 큰 일을 앞두고 사람이 할 수 있는 일을 다한 후에 하늘에 결과를 맡기고 기다린다.
[수학만영어도학원 최수영T]

자신의 능력을 믿어야 한다. 그리고 끝까지 굳세게 밀고 나아가라. [서울대치수학교습소 김 수T]

그래 넌 할 수 있어! 네 꿈은 이루어 질거야! 끝까지 널 믿어! 너를 응원해! [수학공부의장 이덕훈T]

Do It Yourself [강동희수학 강동희T]

인내는 성공의 반이다 인내는 어떠한 괴로움에도 듣는 명약이다 [MQ멘토수학 최현정T]

남을 도울 능력을 갖추게 되면 나를 도울 수 있는 사람을 만나게 된다. [최성훈수학학원 최성훈T]

지금 잠을 자면 꿈을 꾸지만 지금 공부 하면 꿈을 이룬다. [이미지매쓰학원 정일권T]

1등급을 만드는 특별한 습관 랑데뷰수학으로 만들어 드립니다. [이지훈수학 이지훈T]

지나간 성적은 바꿀 수 없지만 미래의 성적은 너의 선택으로 바꿀 수 있다.
그렇다면 지금부터 열심히 해야 되는 이유가 충분하지 않은가? [칼수학학원 강민구T]

작은 물방울이 큰바위를 뚫을수 있듯이 집중된 노력은 수학을 꿰뚫을수 있다. [제우스수학 김진성T]

자신과 타협하지 않는 한 해가 되길 바랍니다. [답길학원 서태욱T]

무슨 일이든 할 수 있다고 생각하는 사람이 해내는 법이다. [대전오엠수학 오세준T]

부족한 2% 채우려 애쓰지 말자. 랑데뷰와 함께라면 저절로 채워질 것이다. [김이김학원 이정배T]

네가 원하는 꿈과 목표를 위해 최선을 다 해봐! 너를 응원하고 있는 사람이 꼭 있다는 걸 잊지 말고~
[매천필즈수학원 백상민T]

'새는 날아서 어디로 가게 될지 몰라도 나는 법을 배운다'는 말처럼 지금의 배움이 앞으로의 여러분들 날개를 펼
치는 힘이 되길 바랍니다. [가나수학전문학원 이소영T]

꿈을향한 도전! 마지막까지 최선을... [서영만학원 서영만T]

앞으로 펼쳐질 너의 찬란한 이십대를 기대하며 응원해. 이 시기를 잘 이겨내길 [굿티쳐강남학원 배용제T]

"최고의 성과를 이루기 위해서는 최악의 상황에서도 최선을 다해야 한다!!" [샤인수학학원 필재T]

지금 내가 랑데뷰에서 푸는 문제가 수능 시험 문제라고 생각하고 집중하고 푸세요.
그리고 성공하면 꼭 다른 사람을 위해서 살아주세요. [오직예수 최병길T]

매일매일 규칙적으로 꼼꼼하게 학습하여 원하는 수학성적을 성취하자. [대치모든수학 박준석T]

수학은 정직하다. [반포파인만고등관 박형민T]

생각한 만큼 실력이다! [인사이트영재학원 전우진T]

출제자들이 하는 말은 표현의 차이일 뿐 우리가 아는 내용임에 틀림 없습니다. 출제자와 싸워서 이깁시다.
[김앤황수학학원 황채범T]

열심히 하는 고통보다 실패의 고통이 더 큽니다. 최선을 다합시다. [방이기적수학학원 장기석T]

하루 중 90%는 겸손하게 10%는 자신있게...

목차

랭데뷰
N 제

하루 중 90%는 겸손하게 10%는 자신있게...

함수의 극한

1

최고차항의 계수가 1이고 다음 조건을 만족시키는 모든 사차함수 $f(x)$에 대하여 $f(0)$의 최댓값과 최솟값의 합을 구하시오. [4점]

(가) $t \neq 1$, $t \neq 2$인 모든 실수 t에 대하여 $\lim\limits_{x \to t} \dfrac{f(x-2)}{f(x)}$의 값이 존재한다.

(나) 방정식 $f(x) = 0$의 서로 다른 실근의 개수는 3이상이다.

함수

$$f(x)=\begin{cases} x^3 \ (x < a) \\ 4x \ (x \geq a) \end{cases}$$

에 대하여

$$\lim_{x \to t-} f(x) - \lim_{x \to t+} f(x) = (t-2)(5t+1)(t+1)$$

을 만족시키는 서로 다른 실수 t의 개수가 짝수가 되도록 하는 모든 상수 a의 값의 합은? [4점]

① $-\dfrac{7}{10}$　　　② $-\dfrac{6}{5}$　　　③ $-\dfrac{17}{10}$　　　④ $-\dfrac{11}{5}$　　　⑤ $-\dfrac{27}{10}$

최고차항의 계수가 1이고 다음 조건을 만족시키는 모든 삼차함수 $f(x)$를 $f_1(x)$, $f_2(x)$, $\cdots$, $f_m(x)$라 할 때, $\displaystyle\sum_{n=1}^{m} f_n(\alpha_n + 1)$의 값은? (단, k는 정수이고 n은 자연수이다.) [4점]

(가) 방정식 $f(x) = 0$의 서로 다른 실근의 개수는 2 이상이다.

(나) 삼차함수 $f_n(x)$는 오직 한 점 $t = \alpha_n$을 제외한 모든 실수 t에 대하여

$$\lim_{x \to t} \frac{f_n(x+k)}{f_n(x)}$$ 의 값이 존재하도록 하는 모든 k의 곱은 1이다.

---

① 9   ② 8   ③ 7   ④ 6   ⑤ 5

04 함수

$$f(x) = \begin{cases} 1 & (-1 < x \le 1) \\ -1 & (x \le -1 \ \text{또는} \ x > 1) \end{cases}$$

에 대하여 함수 $\dfrac{f(x)}{f(x-2)}$ 가 $x = a$ 에서 불연속이 되도록 하는 a의 값을 작은 순서대로 차례로 $a_1,\ a_2,\ a_3,\ \cdots\cdots,\ a_n$ 이라 할 때, $S = a_1 + a_2 + \cdots\cdots + a_n$ 이라고 하자. $n + S$의 값을 구하시오. [4점]

최고차항의 계수가 1인 이차함수 $f(x)$와 세 실수 p, q, r이 다음 조건을 만족시킨다.

(가) 함수 $g(x) = \dfrac{2x^2}{f(x^2+8)}$ 는 $x = p$에서만 불연속이다.

(나) 함수 $h(x) = \dfrac{f(-x+2)}{f(x^3)}$ 는 $x = q$, r $(q < r)$에서 불연속이다.

$\lim\limits_{x \to r} h(x)$의 값이 존재할 때, $\lim\limits_{x \to p} g(x) + \lim\limits_{x \to r} h(x)$의 값은? [4점]

① $\dfrac{1}{2}$ ② $\dfrac{1}{3}$ ③ $\dfrac{1}{4}$ ④ $\dfrac{1}{5}$ ⑤ $\dfrac{1}{6}$

함수 $f(x)=\dfrac{ax+b}{x+2}$ 와 실수 t에 대하여 x에 대한 방정식 $|f(x)|=t$의 서로 다른 실근의 개수를 $g(t)$라 하고 x에 대한 방정식 $|f(x)|=tx$의 서로 다른 실근의 개수를 $h(t)$라 할 때, 두 함수 $g(t)$, $h(t)$가 다음 조건을 만족시킨다.

> (가) 함수 $g(t)$는 $t=0$과 $t=b$에서만 불연속이다.
> (나) 함수 $h(t)$는 $t=0$에서만 불연속이다.

$p=\displaystyle\lim_{t\to f(-1)+}g(t)$, $q=\displaystyle\lim_{t\to 0-}h(t)-\lim_{t\to 0+}h(t)$라 할 때, $p+q$의 값을 구하시오.

(단, a, b는 상수이고 $-2a+b\neq 0$, $b>0$) [4점]

$a > 3\,(a \neq 5)$인 상수 a에 대하여 함수 $f(x)$를

$$f(x)=\begin{cases} x(x-1)(x-4) & (x \leq 3) \\ x^2 - ax & (x > 3) \end{cases}$$

라 하고 최고차항의 계수가 1인 사차함수 $g(x)$와 상수 k에 대하여 함수 $h(x)$를 $x \neq a$일 때,

$$h(x)=\begin{cases} \dfrac{g(x)}{f(x)} & (x \neq 0,\ x \neq 1) \\[2mm] k & (x = 0) \\[2mm] \dfrac{2}{3}k & (x = 1) \end{cases}$$

라 하자. 함수 $h(x)$는 실수 전체의 집합에서 연속일 때, $h(a)$의 값을 구하시오. [4점]

실수 전체의 집합에서 정의된 함수

$$f(x)=\begin{cases} 2x & (x < 2) \\ 2 & (x = 2) \\ -\dfrac{1}{2}x+2 & (x > 2) \end{cases}$$

가 있다. 두 상수 a, b와 함수 $f(x)$에 대하여 함수 $||f(x)+a|+b|$가 실수 전체의 집합에서 연속이다. $a+b$의 값으로 가능한 모든 값 중 최솟값을 m이라 할 때, $|10m|$의 값을 구하시오.

[4점]

최고차항의 계수가 1인 이차함수 $f(x)$에 대하여 함수 $g(x)=(x^2-1)f(x)$이라 할 때,

$$\lim_{h\to 0-}\frac{|f(a+h)|-|f(a)|}{h}\times\lim_{h\to 0+}\frac{|f(a+h)|-|f(a)|}{h}<0$$을 만족하는

모든 a의 값의 합이 0이고 모든 a의 값의 곱이 -4이다.

$$\lim_{h\to 0-}\frac{|g(b+h)|-|g(b)|}{h}\times\lim_{h\to 0+}\frac{|g(b+h)|-|g(b)|}{h}\le 0$$

을 만족하는 모든 b의 값을 크기순으로 나타내면 $b_1,\ b_2,\ \cdots,\ b_n$이다. $f(n)+\displaystyle\sum_{k=1}^{n}|b_k|$의 값은?

[4점]

① $45+\sqrt{5}$ ② $51+\sqrt{5}$ ③ $51+\sqrt{10}$ ④ $45+\sqrt{15}$ ⑤ $45+\dfrac{\sqrt{10}}{2}$

10 자연수 n에 대하여 양의 실수 전체의 집합에서 정의된 함수 $f(x)$가 다음 조건을 만족시킨다.

> (가) 함수 $f(x)$는 열린구간 $(n,\,n+1)$에서 연속이다.
>
> (나) 두 수 n과 10이 서로소가 아니면
> $\displaystyle\lim_{x\to n-}f(x)=f(n)$이고 두 수 n과 10이 서로소이면 $\displaystyle\lim_{x\to n-}f(x)\neq f(n)$이다.
>
> (다) n이 소수가 아니면 $\displaystyle\lim_{x\to n+}f(x)=f(n)$이고, n이 소수이면 $\displaystyle\lim_{x\to n+}f(x)\neq f(n)$이다.

20이하의 자연수 m에 대하여 함수 $f(x)$가 닫힌구간 $[m,\,m+2]$에서 연속일 때, m의 값을 구하시오. [4점]

집합 A 는

$$A = \{x \mid x \text{ 는 } 100 \text{ 보다 작은 자연수}\} \text{ 이다.}$$

$a \in A$, $b \in A$, $c \in A$ 인 a, b, c 에 대하여

$$\lim_{x \to c} \frac{|x-a| - |a-c|}{x-c} = b$$

가 성립한다. $a+b$ 의 최댓값이 77이 되게 하는 c 의 값을 구하시오. [4점]

2보다 큰 실수 t에 대하여 그림과 같이 곡선 $y = \dfrac{1}{|x|}$와 이차함수 $y = -|x| + t$의 네 교점을 꼭짓점으로 하는 사각형 ABCD의 넓이를 $f(t)$라 하고 선분 AD의 길이를 $g(t)$라 하자. $\displaystyle\lim_{t\to\infty}\dfrac{f(t)g(t)}{t^3} = k$일 때, k^4의 값을 구하시오. [4점]

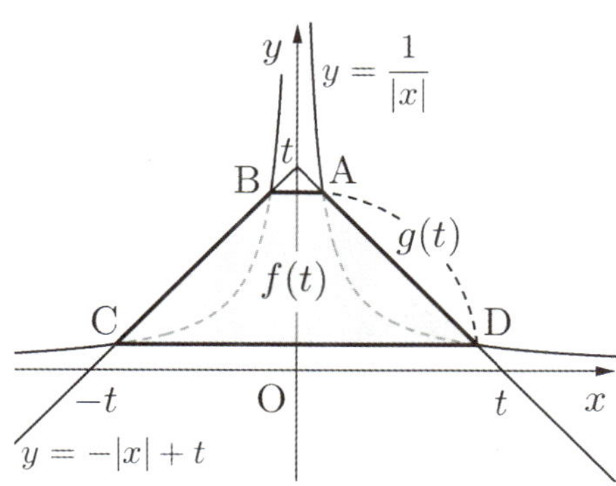

원점에 대칭인 함수 $y = f(x)$의 그래프가 그림과 같다.

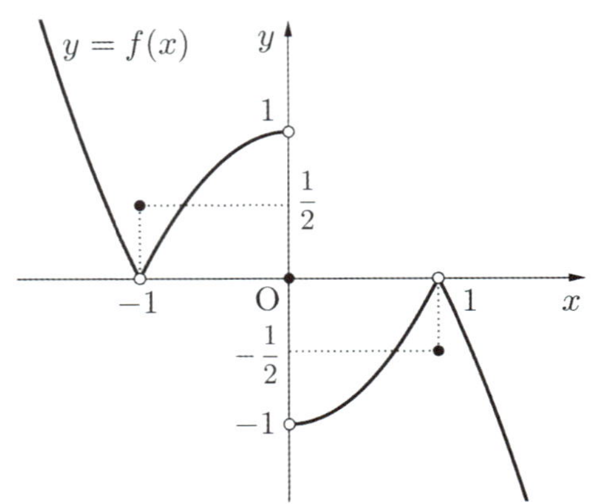

$g(x) = f(f(x))$라 할 때, $g(g(-1)) + g(g(1)) + \lim\limits_{x \to -1-} g(x) + \lim\limits_{x \to 1+} g(x)$의 값은? [4점]

① 0   ② 1   ③ 2   ④ 3   ⑤ 4

열린구간 $(-\infty, 4)$에서 정의된 함수 $y = g(x)$의 그래프가 다음 그림과 같다.

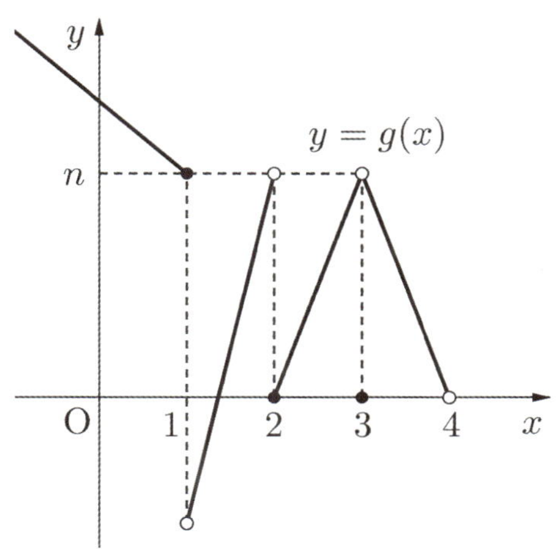

삼차함수 $f(x) = x^3 - 3x^2 + a$에 대하여 함수 $(g \circ f)(x)$가 $x = 0$에서 연속이 되도록 하는 정수 a의 최댓값을 m이라 하자. 함수 $(f \circ g)(x)$가 $x = 2$에서 연속일 때, $m^2 + n^2$의 값을 구하시오. (단, $g(1) = n > 0$) [4점]

실수 a에 대하여 이차방정식 $2x^2 - ax + a = 0$의 실근의 개수를 $f(a)$라 할 때, a에 대한 연속함수 $g(a)$는 다음 조건을 만족시킨다.

> (가) 함수 $g(a)$의 치역은 $\{g(a) \mid 0 < g(a) \le 10\}$이다.
>
> (나) 함수 $f(a)\sin\left\{\dfrac{g(a)}{3}\tau\right\}$가 $a = 8$에서 연속이다.

$g(8)$의 값으로 가능한 모든 값의 합은? [4점]

① 9 ② 12 ③ 15 ④ 18 ⑤ 21

16 0이 아닌 실수 a와 자연수 b, c에 대하여 연속함수 $f(x)$는

$$f(x)=\begin{cases} -|x+2|+1 & (x<-1) \\ ax^2+b & (-1\le x<1) \\ c\,\big|\,|x-2|-1\,\big| & (x\ge 1) \end{cases}$$

이다. 실수 t에 대하여 $f(x)=t$인 모든 x를 작은 수부터 크기순으로 나열한 것을

$$x_1,\ x_2,\ x_3,\ \cdots,\ x_m$$

(m은 자연수)라 할 때, 함수 $g(t)$를 $g(t)=x_1$이라 하자. 함수 $g(t)$가 다음 조건을 만족시킨다.

> 함수 $g(t)$의 불연속인 t값은 3개이고 그 값의 곱은 36이다.

b가 최대일 때, $-100\times g\!\left(f\!\left(\dfrac{10}{3}\right)\right)$의 값을 구하시오. [4점]

17 도형 $A : |x| + |y| = 1$의 그래프가 그림과 같다. 실수 a에 대하여 도형 A와 원 $(x-a)^2 + (y-a)^2 = 1$이 만나는 서로 다른 점의 개수를 $f(a)$라 하고 $g(t) = \lim_{a \to t+} f(a) - f(t)$라 하자.

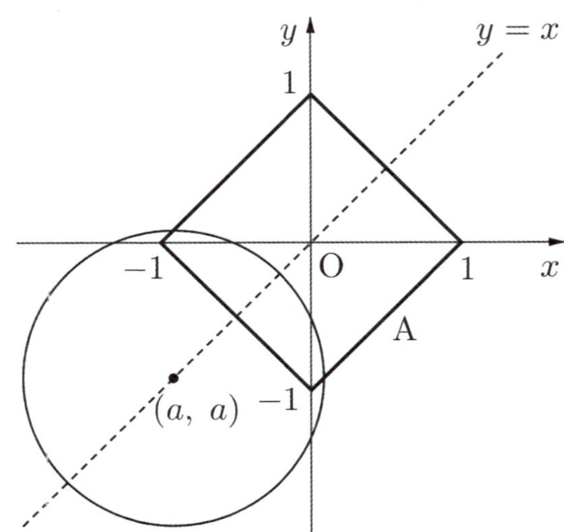

$g(t) = -1$을 만족하는 t의 최댓값을 M, $g(t) = 1$을 만족하는 t의 최댓값을 N 이라 하자. $M+N$ 의 값은? [4점]

① 1 ② $2 - \sqrt{2}$ ③ $-1 + \sqrt{2}$

④ $\sqrt{2}$ ⑤ $\dfrac{5 + 2\sqrt{2}}{2}$

18 실수 m에 대하여 점 $P(3, 2)$를 지나고 기울기가 m인 직선이 함수

$$f(x) = \begin{cases} \sqrt{1-x^2} & (-1 \leq x \leq 1) \\ 0 & (x < -1, \, x > 1) \end{cases}$$

와 만나는 점의 개수를 $g(m)$이라 하자. 함수 $g(x)f(x-t)$가 $x = k$에서 불연속인 실수 k의 개수가 1이 되도록 하는 실수 t의 범위가 $a < t \leq b$, $c \leq t < d$ 일 때, $ab + c - d$의 값은? (단, $a < 0$, $b < 0$, $c > 0$, $d > 0$) [4점]

① $\dfrac{1 + \sqrt{3}}{16}$ ② $\dfrac{3}{16}$ ③ $\dfrac{1}{4}$ ④ $\dfrac{3}{8}$ ⑤ $\dfrac{1}{2}$

19 최고차항의 계수가 1인 두 삼차함수 $f(x)$와 $g(x)$가 다음 조건을 만족시킨다.

> (가) $\lim\limits_{x \to a} \dfrac{1}{f(x)}$ 의 값이 존재하지 않는 실수 a는 1과 2뿐이다.
>
> (나) 모든 실수 b에 대하여 $\lim\limits_{x \to b} \dfrac{g(x) \times |f(x)|}{f(x)}$ 의 값과 $\lim\limits_{x \to b} \dfrac{|g(x) - f(x)|}{g(x)}$ 의 값이 모두 존재한다.

정수 $g(3)$의 최댓값을 구하시오. (단, $f(x) \neq g(x)$) [4점]

20 최고차항의 계수가 1인 삼차함수 $f(x)$와 최고차항의 계수가 -1인 삼차함수 $g(x)$가 다음 조건을 만족시킬 때, $f(3)+g(3)$의 최댓값을 구하시오.

(가) 두 곡선 $y=f(x)$와 $y=g(x)$는 모두 곡선 $y=x^2$위의 서로 다른 두 점 A, B를 지난다.

(나) $\left| \lim_{x \to 0} \dfrac{\{f(x)-x^2\}\{g(x)-x^2\}}{x^3} \right| = \left| \lim_{x \to 0} \dfrac{\{f(x)+x^2\}\{g(x)+x^2\}}{x^3} \right| = 2$

하루 중 90%는 겸손하게 10%는 자신있게...

2

미분법

최고차항의 계수가 $\dfrac{4}{27}$인 삼차함수 $f(x)$가 $x=a\ (a>0)$, $x=0$에서 극값을 갖는다. $\mathrm{A}(a, f(a))$에서 곡선 $y=f(x)$에 그은 두 접선과의 교점 중 A가 아닌 점을 각각 B, C, 직선 AB 위의 임의의 점 P라 하자. 삼각형 APC가 이등변삼각형이 될 때 가능한 모든 이등변삼각형 중 가장 작은 이등변삼각형의 넓이가 12이다. 이때 삼각형 APC가 이등변삼각형이 되게 하는 점 P의 x좌표의 합을 $\dfrac{p}{q}$라 할 때 $p-q$의 값은?

(단, 점 B의 x좌표가 점 C의 x좌표보다 크다.) [4점]

① 192　　② 194　　③ 196　　④ 198　　⑤ 200

22 최고차항의 계수가 각각 정수 $a\ (a \neq 0)$와 -1인 두 삼차함수 $f(x)$와 $g(x)$가 다음 조건을 만족시킨다.

(가) $\{x \mid f(x) > g(x)\} = \{x \mid x > 1\}$

(나) $\{x \mid -f(x) < g(x)\} = \{x \mid x < -1\}$

$f'(1) = g'(1) = -1$일 때, $f(3a)$의 값은? [4점]

① 1   ② 2   ③ 3   ④ 4   ⑤ 5

23 최고차항의 계수가 1이고 $f(a)=a$인 삼차함수 $f(x)$가 모든 실수 x에 대하여

$$f(x)+f(-x)=0$$

을 만족시킨다.

최고차항의 계수가 1인 삼차함수 $g(x)$에 대하여 부등식

$$f(g(x)-2x) \leq g(x)-2x$$

의 해가 $x \leq -a$ 또는 $0 \leq x \leq a$일 때, $g(3)$의 최솟값은? (단, a는 양의 상수이다.) [4점]

① 29　　　② 30　　　③ 31　　　④ 32　　　⑤ 33

24 최고차항의 계수가 1인 삼차함수 $f(x)$와 실수 t에 대하여 곡선 $y = f(x)$ 위의 점 $(t, f(t))$에서의 접선의 방정식을 $y = g(x)$라 하자. 함수 $g(x)$에 대하여 함수 $h(x)$를

$$h(x) = \frac{g(x) - |g(x)|}{2}$$

라 할 때, 두 함수 $y = f(x)$와 $y = h(x)$가 한 점 $(1, 0)$에서만 만나도록 하는 실수 t의 값의 범위가 $1 \leq t \leq 4$이다. $f(2) = 5$일 때, $f(5)$의 값은? [4점]

① 14   ② 12   ③ 10   ④ 8   ⑤ 6

25 함수 $f(x)=\left|x^3-3x^2+4\right|$ 과 실수 t에 대하여 닫힌구간 $[t,\,t+2]$에서의 함수 $f(x)$의 최솟값을 $g(t)$라 하자. 함수 $g(t)$의 극댓값의 최댓값은 $p+q\sqrt{6}$ 이다. $\left|\dfrac{p}{q}\right|$ 의 값을 구하시오. (단, p와 q는 유리수이다.) [4점]

$f'(0) \neq 0$이고 실수 전체의 집합에서 미분가능한 함수 $f(x)$가 다음 조건을 만족시킨다.

(가) $x \geq 0$에서 함수 $f(x)$는 최고차항의 계수가 1인 삼차함수이다.

(나) 모든 실수 x에 대하여 $\{f(x)\}^2 = \{f(-x)\}^2$이다.

$x \geq 0$에서 함수 $f(x) - f(-x)$가 $x = 1$에서 최댓값을 가질 때, 함수 $f(x)$의 최솟값은? [4점]

① -8 ② -6 ③ -4 ④ -2 ⑤ 0

$f(0)=0$이고 최고차항의 계수가 양수인 사차함수 $f(x)$에 대하여 방정식 $f(x)=0$의 모든 실근의 합이 정수이다. 실수 t에 대하여 닫힌구간 $[t,\ t+1]$에서의 함수 $f(x)$의 최댓값과 최솟값의 합을 $g(t)$라 하자. 사차함수 $f(x)$의 최솟값을 m, 극댓값을 M이라 할 때, 함수 $g(t)$는 다음 조건을 만족시킨다.

(가) $g(0)=m$, $g(1)=M$
(나) t에 대한 방정식 $g(t)=M$의 실근의 개수는 무수히 많다.

$g(2)=12$일 때, $f(-1)$의 값을 구하시오. [4점]

28　최고차항의 계수가 1인 삼차함수 $f(x)$가 다음 조건을 만족시킬 때, 함수 $f(x)$ 중 극댓값이 최대인 함수를 $f_1(x)$, 극댓값이 최소인 함수를 $f_2(x)$라 하자.

(가) 곡선 $y = f(x)$와 직선 $y = -8x + 3$이 만나는 점의 개수는 2이다.

(나) $\lim\limits_{x \to 0} \dfrac{f(x) - 3}{x} = -7$

두 함수 $f_1(x)$, $f_2(x)$에 대하여 함수 $g(x)$를

$$g(x) = \begin{cases} f_2(x) \,(x < 0) \\[2mm] f_1(x) \,(x \geq 0) \end{cases}$$

라 하자. 곡선 $y = g(x)$의 그래프와 함수 $g(x)$의 두 극점을 지나는 직선으로 둘러싸인 부분의 넓이는? [4점]

① 1　　　② $\dfrac{7}{6}$　　　③ $\dfrac{4}{3}$　　　④ $\dfrac{3}{2}$　　　⑤ $\dfrac{5}{3}$

최고차항의 계수가 양수인 사차함수 $g(x)$에 대하여 실수 전체의 집합에서 정의된 함수 $f(x)$가

$$f(x) = \begin{cases} g(x) & (x \neq 0) \\ f(0) & (x = 0) \end{cases}$$

일 때, 다음 조건을 만족시킨다.

(가) $g'(x) = 0$을 만족시키는 x의 값은 0과 $k(k > 0)$뿐이고 $g(k) + k = g(0)$이다.

(나) 함수 $|f(x) - f(\alpha)|$가 실수 전체 집합에서 연속이 되도록 하는 실수 α의 값은2뿐이다.

$f(2) = 1$일 때, $f(-2)$의 값은? [4점]

① 15   ② 16   ③ 17   ④ 18   ⑤ 19

x축과 만나는 점의 개수가 홀수이고 최고차항의 계수가 1인 삼차함수 $f(x)$에 대하여 함수 $g(x)$를

$$g(x)=\begin{cases}f(x)+2x & (f(x) \geq 0) \\ 2f(x) & (f(x)< 0)\end{cases}$$

라 하자. 함수 $g(x)$는 불연속인 점의 개수가 2이고 $\lim\limits_{x \to a-} g'(x) \neq \lim\limits_{x \to a+} g'(x)$인 실수 a의 개수는 1일 때, $f(3)$의 최댓값을 M, 최솟값을 m이라 하자. $M+m$의 값을 구하시오. [4점]

31 삼차함수 $f(x)= x^3 - 3x^2 + 2$와 실수 t에 대하여 함수

$$g(x)= \begin{cases} f(x)- f(t) & (x \leq t) \\ f(t)- f(x) & (x > t) \end{cases}$$

의 최댓값을 $h(t)$라 할 때, 방정식 $h(x)= mx$의 실근의 개수가 2이기 위한 모든 m의 값의 합은? [4점]

① $\dfrac{11}{4}$ ② $\dfrac{13}{4}$ ③ $\dfrac{15}{4}$ ④ $\dfrac{17}{4}$ ⑤ $\dfrac{19}{4}$

32 상수 a에 대하여 다항함수 $f(x)$가 다음 조건을 만족시킬 때, $f\left(\dfrac{4}{3}a\right)$의 값은? [4점]

> (가) $\displaystyle\lim_{x\to\infty}\frac{f(x)}{x^4+1}=\lim_{x\to0}\frac{af(x)}{x^3}=3$
>
> (나) 방정식 $(f\circ f)(x)=f(x)$의 서로 다른 실근의 개수는 홀수이다.

① 3   ② 5   ③ 7   ④ 9   ⑤ 11

최고차항의 계수가 양수이고 $f'(4)=-3$인 삼차함수 $f(x)$에 대하여 실수 전체의 집합에서 미분가능한 함수 $g(x)$가 모든 실수 x에 대하여 $|g(x)-3x|=|f(x)|$을 만족시킨다.

$g'(-2)=g'(3)=0$일 때, $g'(0)=\dfrac{q}{p}$이다. $p+q$의 값을 구하시오.

(단, p와 q는 서로소인 자연수이다.) [4점]

두 함수

$$f(x) = \log_2(|\sin x| + a), \quad g(x) = \log_{(|\sin x| + b)} 2$$

이 다음 조건을 만족시킨다.

> (가) 함수 $4^{f(x)} \times 2^{\frac{1}{g(x)}}$ 의 최댓값은 200이다.
>
> (나) 모든 실수 x에 대하여 $2^{f(x)+1} + 2^{\frac{1}{g(x)}} \leq 30$이다.

두 자연수 a, b의 모든 순서쌍 (a, b)에 대하여 $2a + b$의 최댓값을 구하시오. (단, $|\sin x| \neq 0$)

[4점]

35 $ab < 0$, $|c| \leq 10$인 세 정수 a, b, c에 대하여 함수 $f(x)$는

$$f(x) = \begin{cases} -(x+2a)^2(x-a) & (x \leq 0) \\ (x+b)(x-2b)^2 + c & (x > 0) \end{cases}$$

이다. 실수 t에 대하여 함수 $y = f(x)$의 그래프와 직선 $y = f(t)$가 만나는 점의 개수를 $g(t)$라 하자. 함수 $g(t)$가 $t = k$에서 불연속인 실수 k의 개수가 4가 되도록 하는 c의 최댓값과 최솟값의 곱은? [4점]

① -8 ② -16 ③ -32 ④ -64 ⑤ -81

$f(0)=0$이고 최고차항의 계수가 1인 삼차함수 $f(x)$가 다음 조건을 만족시킨다.

(가) $\displaystyle\lim_{x \to a}\frac{f(x)}{x-a}=0 \ (a>0)$

(나) 함수 $||f(x)|-k|$ (k는 실수)가 미분가능하지 않은 실수 x의 개수는 3이다.

(다) 방정식 $4|f(x)|+f(-1)=0$의 서로 다른 실근의 개수는 3이다.

---

k의 최솟값을 m이라 할 때, $f(m)$의 값을 구하시오. [4점]

양의 실수 a에 대하여 이차함수 $f(x)=(x+a)^2$가 있다. 함수 $f(x)$와 음이 아닌 실수 b에 대하여 함수 $g(x)$를

$$g(x)=\begin{cases} -f(x)-b & (x<0) \\ f(x) & (x\geq 0) \end{cases}$$

라 하자. $x\geq 0$일 때, $(g\circ g)(x)=f(-f(x)-b)$을 만족시키는 b의 값을 $h(a)$라 하자. $h(2)+h'(2)$의 값은? [4점]

① 6   ② 9   ③ 11   ④ 14   ⑤ 15

38 최고차항의 계수가 1인 사차함수 $f(x)$가 다음 조건을 만족시킨다.

> (가) $f(-1)< 0$, $f(0)= 0$
> (나) $f'(-1)= f'(2)= 0$

방정식 $f(x)= 0$의 서로 다른 실근의 개수를 m, 방정식 $f'(x)= 0$의 서로 다른 실근의 개수를 n이라 할 때, $m+n$의 값은 짝수이다. $f'(0)$의 최댓값은? [4점]

① $\dfrac{32}{5}$　　　② 8　　　③ 16　　　④ $8+8\sqrt{7}$　　　⑤ $8+8\sqrt{13}$

39 최고차항의 계수가 1인 사차함수 $f(x)$는 원점을 지나고 최솟값이 -11이다.
사차함수 $f(x)$와 양의 실수 p에 대하여 함수 $g(x)$가

$$g(x)=\begin{cases} f(x-p)-f(-p) & (x<0) \\ -f(x+2p)+f(2p) & (x \geq 0) \end{cases}$$

일 때, $g'(0)=0$이다. $x \geq -p$인 실수 x에 대하여 $f'(x) \geq 0$일 때, $g(-2)+g(1)$의 값을
구하시오. [4점]

40 최고차항의 계수가 1인 삼차함수 $f(x)$가 다음 조건을 만족시킨다.

> (가) 함수 $|f(x) - f(0)|$ 은 $x = a \ (a \neq 0)$에서만 미분가능하지 않다.
>
> (나) 곡선 $y = f(x)$위의 점 $x = a$에서의 접선이 곡선 $y = f(x)$와 만나는 점 중 x좌표가 a가 아닌 값을 b라 하면 $|f(a)| = |f(b)| = 1$이다.

$f(2)$의 최댓값은? [4점]

① 5　　　　② 7　　　　③ 9　　　　④ 11　　　　⑤ 13

41 최고차항의 계수가 a $(a > 0)$인 삼차함수 $f(x)$에 대하여 함수

$$g(x) = \lim_{h \to 0} \frac{|f(x+h)| - |f(x-h)|}{h}$$

가 있다. 함수 $f(x)$와 함수 $g(x)$는 다음 조건을 만족시킨다.

> (가) 함수 $|f(x) - a|$는 실수 전체의 집합에서 미분가능하다.
> (나) 방정식 $g(x + g(x)) = 0$은 서로 다른 두 실근을 갖는다.

a가 최대일 때, $f(1) = \dfrac{1}{6}$이고 $f(3) = \dfrac{q}{p}$이다. $p + q$의 값을 구하시오. (단, p와 q는 서로소인 자연수이다.) [4점]

이차함수 $f(x) = -x^2 + 2$에 대하여 함수 $g(x)$가

$$g(x) = |\,f(x) + x\,| - |\,f(x) - x\,| + f(x) - 2x$$

이다. 함수 $g(x)$에 대하여 함수 $h(x)$가

$$h(x) = \lim_{k \to 0} \frac{g(x+k) - g(x-k)}{k}$$

일 때, 함수 $|h(x)|$의 모든 극값의 개수를 n, 모든 극값의 합을 S라 하자. $n + S$의 값을 구하시오. [4점]

43 최고차항의 계수가 1인 이차함수 $f(x)$와 양수 a , 실수 b 에 대하여 함수

$$g(x) = \begin{cases} (x-1)f(x) & (x \geq 0) \\ (x-a)f(-x+b) & (x < 0) \end{cases}$$

이 실수 전체의 집합에서 연속이고 다음 조건을 만족할 때, $h(1) - 16g(-1)$의 값을 구하시오.

[4점]

(가) $g(-4) = 0$

(나) 모든 실수 t에 대하여 $h(t) = \lim\limits_{x \to 1} \dfrac{\sqrt{(x-1)g(x) + \{f(t)\}^2} - |f(t)|}{(x-1)^2}$ 가 존재한다.

44　함수 $f(x)=|x-1|$와 실수 t에 대하여 함수 $g(x)=|f(x)-tx|$ $(-1 \leq x \leq 2)$의 최댓값과 최솟값의 차를 $h(t)$라 할 때, 함수 $h(t)$가 미분가능하지 않은 점을 선분으로 연결한 도형의 넓이는 S이다. $6S$의 값을 구하시오. [4점]

45 최고차항의 계수가 1인 삼차함수 $f(x)$는 극댓값이 양수이고 함수 $y=f(x)$의 그래프가 x축과 서로 다른 두 점에서만 만나고 두 점 사이 거리는 3이다. 함수 $f(x)$에 대하여 함수 $g(x)$가

$$g(x)=\begin{cases} \dfrac{f(x)+f'(x)}{x} & (x \neq 0) \\ k & (x = 0) \end{cases}$$

일 때 함수 $g(x)$는 실수 전체의 집합에서 연속이다. $k<0$일 때 $\left\{g'\left(\dfrac{3}{2}\right)\right\}^2$의 값을 구하시오.
[4점]

최고차항의 계수가 1인 사차함수 $f(x)$와 실수 t가 다음 조건을 만족시킨다.

> 등식 $f'(a)(a-t)=f(a)$를 만족시키는 실수 a의 값이 -2 하나뿐이기 위한 필요충분조건은 $k < t < 2$이다.

$k \times f(1)$의 값은? (단, $k < 2$) [4점]

① 54   ② 42   ③ 39   ④ 33   ⑤ 27

47 최고차항의 계수가 음수인 사차함수 $f(x)$와 실수 t에 대하여 $x \leq t$일 때, 함수 $f(x)$의 최댓값을 M_1이라 하고, $x \geq t$일 때, 함수 $f(x)$의 최댓값을 M_2라 할 때,

$$g(t) = M_1 + M_2$$

라 하자. 함수 $g(t)$가 다음 조건을 만족시킨다.

(가) 함수 $g(t)$는 $t \neq 2$인 모든 실수 t에 대하여 미분가능하다.
(나) $g'(t) > 0$을 만족시키는 t의 범위는 $t < 0$, $2 < t < 4$이다.

$g(4) - g(1) = 4$일 때, $f(5) - f(-3)$의 값을 구하시오. [4점]

48 실수 t에 대하여 직선 $y=t$가 삼차함수 $y=f(x)$의 그래프와 만나는 점의 개수를 $g(t)$라 하자.

함수 $f(x)g(x)$는 실수 전체의 집합에서 연속이고 $x \neq 3$ 인 모든 실수에서 미분가능할 때,

양수 k에 대하여 방정식 $f(kx-f(x))=0$의 서로 다른 실근의 개수는 3이다. k의 값이 $\dfrac{q}{p}$일 때,

$p+q$의 값을 구하시오. (단, p와 q는 서로소인 자연수이다.) [4점]

49 함수 $f(x) = (x+5)|x+a|$와 이차함수 $g(x)$에 대하여 함수 $h(x)$가

$$h(x) = \begin{cases} f(x) & (x \leq 0) \\ g(x) & (x > 0) \end{cases}$$

이다.

함수 $h(x)$는 실수 전체에서 미분가능하고 다음 조건을 만족시킬 때, $f(-4) + g(1)$의 값을 구하시오. [4점]

(가) 함수 $f(x)$는 극댓값 9를 갖는다.
(나) $f'(-1) + g'(1) = -2$

50 이차함수 $g(x)= x^2 - 2x + 4$에 대하여 사차함수 $f(x)$가 다음 조건을 만족시킨다.

(가) $f(-x)= f(x)$이고 방정식 $f(x)= 1$의 해가 존재한다.

(나) 함수 $(g \circ f)(x)$의 최솟값을 m이라 할 때, 방정식 $g(f(x))= m$의 서로 다른 실근의 개수는 3이다.

(다) 방정식 $g(f(x))= 12$은 서로 다른 네 실근을 갖는다.

함수 $f(x)$의 극댓값과 극솟값의 합을 P라 할 때, P의 값으로 가능한 모든 값의 합을 구하시오.

[4점]

함수 $f(x)=x^2(x-3)+a$와 실수 t에 대하여 x에 대한 방정식 $f(x)=f(t)$의 서로 다른 실근의 개수를 $g(t)$라 하자. 다음 조건을 만족시키는 실수 a의 최솟값은? [4점]

$f(k)+g(k)=0$을 만족시키는 실수 k가 존재하지 않는다.

① -2　　② -1　　③ 0　　④ 1　　⑤ 2

52 첫째항이 0이 아닌 두 수열 $\{a_n\}$, $\{b_n\}$과 이차함수 $f(x) = -3x^2 + 3$에 대하여 함수 $g(x)$가 다음 조건을 만족시킨다.

(가) 모든 자연수 n에 대하여 $n-1 \leq x < n$에서 $g(x) = (-1)^n f(x - a_n) + b_n$이다.

(나) 함수 $g(x)$는 구간 $(0, \infty)$에서 미분가능하다.

(다) 함수 $g(x)$의 최댓값과 최솟값의 합은 1이다.

$x > 0$에서 방정식 $g(x) - kx = 0$의 실근의 개수가 4일 때, 가장 큰 근을 α라 하자.

$\dfrac{3\alpha^2}{a_{21} - b_{21}}$의 값을 구하시오. (단, $k > 0$) [4점]

53 사차함수 $f(x) = -\dfrac{1}{4}x^4 - \dfrac{1}{3}x^3 + x^2$와 실수 t, 양수 k에 대하여 함수 $g(x)$를

$$g(x) = \begin{cases} f(x) & (x \geq t) \\ f(x) - k & (x < t) \end{cases}$$

라 할 때, 함수 $g(x)$의 최댓값을 $h(t)$라 하자. 함수 $h(t)$가 $t = \alpha$에서 미분가능하지 않는다. 함수 $h(t)$가 미분가능하지 않는 t의 개수가 1일 때, α의 최댓값은? [4점]

① $\dfrac{-5 + \sqrt{10}}{3}$ ② $\dfrac{-5 + \sqrt{5}}{3}$ ③ $\dfrac{-4 + \sqrt{5}}{3}$

④ $\dfrac{-4 + \sqrt{10}}{3}$ ⑤ $\dfrac{-2 + \sqrt{10}}{3}$

54 최고차항의 계수가 1인 사차함수 $f(x)$와 이차함수 $g(x)$가 다음 조건을 만족시킨다.

> (가) $f(\alpha)=g(\alpha)+k$, $f'(\alpha)=g'(\alpha)$인 실수 α가 존재한다.
> (나) $f(\alpha+1)=g(\alpha+1)+k$, $f'(\alpha+1)=g'(\alpha+1)$인 실수 α가 존재한다.

닫힌구간 $[\alpha,\ \alpha+1]$에서 함수 $f(x)-g(x)$의 최댓값이 $\dfrac{65}{16}$일 때, 함수 $f(x)-g(x)$의 최솟값을 구하시오. (단, k는 상수이다.) [4점]

55 두 함수 $f(x)=x^3-x^2+x$, $g(x)=2x-1$가 있다. $t>-1$인 실수 t에 대하여 함수 $y=f(x)$의 그래프 위의 점 $P(t, f(t))$를 지나고 y축에 수직인 직선을 그었을 때, 이 직선이 $y=g(x)$의 그래프와 만나는 점을 Q라 하고, 점 P를 지나고 x축에 수직인 직선을 그었을 때, 이 직선이 함수 $y=g(x)$의 그래프와 만나는 점을 R이라 하자. 선분 PQ의 길이를 $h(t)$, 선분 PR의 길이를 $k(t)$라 할 때, 보기에서 옳은 것만을 있는 대로 고른 것은? [4점]

> ── | 보기 | ──
>
> ㄱ. $k(t)=2h(t)$
>
> ㄴ. 두 함수 $h(t)$와 $k(t)$의 최솟값은 모두 0이다.
>
> ㄷ. $-1<t<2$에서 $h(t)$의 값 또는 $k(t)$의 값이 정수가 되도록 하는 모든 t의 개수는 6이다.

① ㄱ   ② ㄱ, ㄴ   ③ ㄱ, ㄷ

④ ㄴ, ㄷ   ⑤ ㄱ, ㄴ, ㄷ

56 0이상의 실수 t와 최고차항의 계수가 1인 사차함수 $f(x)$에 대하여 함수

$$tg(t) - f(t) = 0$$

이라 하자. 두 함수 $f(x)$와 $g(t)$가 다음 조건을 만족시킨다.

> (가) 함수 $g(t)$의 최솟값은 0이다.
> (나) x에 대한 방정식 $f'(x) = g(k)$를 만족시키는 x의 값은 0와 2와 k이다.
>   (단, $k > 2$인 상수이다.)

실수 α에 대하여 집합 A_α을

$$A_\alpha = \{x \mid g(x) = f'(\alpha),\, 0 < x \leq \alpha\}$$

이라 할 때, $n(A_\alpha) = 2$을 만족시키는 α의 범위는 $p < \alpha < q$이다. $p + q$의 최댓값이 $m + \sqrt{n}$ 일 때, $m + n$의 값을 구하시오. (단, p와 q는 실수이고 m과 n은 유리수이며 $\sqrt{n}$은 무리수이다.)

[4점]

57 다항함수 $f(x)$와 이차함수 $g(x)$에 대하여 함수 $h(x)$가

$$h(x)= \begin{cases} f(x) \ (0 \leq x \leq 3) \\ g(x) \ (3 < x \leq 5) \end{cases}$$

일 때, 다음 조건을 만족시키는 모든 함수 $h(x)$에 대하여 $\dfrac{h(2)+h(4)}{h'(2)+h'(4)}$ 의 최솟값은? [4점]

(가) 함수 $h(x)$는 닫힌구간 $[0, 5]$에서 연속이고 열린구간 $(0, 5)$에서 미분가능하다.
(나) $h(0)=12$, $h(3)=3$
(다) $0 < c < 5$인 모든 실수 c에 대하여 $-3 \leq h'(c) \leq -1$이다.

① $-\dfrac{13}{10}$ ② $-\dfrac{7}{2}$ ③ $-\dfrac{5}{3}$

④ $-\dfrac{16}{5}$ ⑤ $-\dfrac{17}{10}$

58 두 삼차함수 $y = f(x)$, $y = g(x)$가 다음 조건을 만족시킨다.

> (가) $x \geq 0$일 때, $g(x) \leq x \leq f(x)$
> (나) $x < 0$일 때, $g(x) \geq f(x)$
> (다) $f(3) = g(3) = 3$

구간 $[0,\ 3]$에서 함수 $f(x) - g(x)$는 $x = \alpha$에서 최댓값을 갖고 두 점 $(\alpha,\ f(\alpha))$, $(3,\ f(3))$을 지나는 직선이 구간 $(\alpha, 3)$에서 $y = f(x)$와 만날 때, 교점의 x좌표를 β라 하자. $\alpha + \beta$의 값을 구하시오. (단, $0 < \alpha < \beta < 3$) [4점]

59 두 점 A, B가 수직선 위의 원점을 동시에 출발한 뒤 t초 후의 위치가 각각

$$f(t)=3t^3-6t^2+12t,\ g(t)=2t^3+6t^2-20t$$

이다. 두 함수 $f(t)$, $g(t)$에 대하여 집합 C가
C = $\{x\,|\,x$는 두 점 A, B 사이의 거리가 줄어드는 시간$\}$일 때, 집합 C의 원소 중 모든 정수의 합을 구하시오. [4점]

60 함수

$$f(x) = \begin{cases} 2x+1 & (x \geq 0) \\ x^3 + 2x + 1 & (x < 0) \end{cases}$$

에 대하여 이차함수 $g(x)$와 실수 k는 다음 조건을 만족시킨다.

함수 $h(x) = |g(x) - f(x-k)|$는 $x = k$에서 최솟값 $\dfrac{g(k)}{2}$를 갖고,

닫힌구간 $[k-1,\ k+1]$에서 최댓값 7을 갖는다.

$g'\left(k + \dfrac{1}{2}\right)$의 값을 구하시오. [4점]

음의 실수 k와 함수 $f(x) = ax(x+b)$ (a, b는 자연수)에 대하여 함수 $g(x)$를

$$g(x) = \begin{cases} f(x) & (x < 0) \\ kf(x-b) & (x \geq 0) \end{cases}$$

라 하자. 함수 $g(x)$가 다음 조건을 만족시킨다.

(가) $g(3) = 6$
(나) 방정식 $|g(x)| = b$의 서로 다른 실근의 개수는 5이다.

음의 실수 m에 대하여 직선 $y = mx + 9$이 함수 $y = |g(x)|$의 그래프와 세 점에서 만날 때 m의 값을 큰 수부터 크기순으로 나열하면 m_1, m_2, m_3, $\cdots$이다. $m_1 + m_2 = p - q\sqrt{6} - r\sqrt{2}$이다. $p + q + r$의 값을 구하시오. (단, p, q, r은 자연수이다.) [4점]

62 그림과 같이 곡선 $y=(x+2)(x-2)^2$와 곡선 $y=-x^2+4$는 점 $(-2,0)$, 점 $(2,0)$와 점 $P(1,3)$에서 만난다. $-2<t<1$인 실수 t에 대하여 직선 $x=t$가 곡선 $y=(x+2)(x-2)^2$와 만나는 점을 A라 하고, 곡선 $y=-x^2+4$와 만나는 점을 B라 하자. 삼각형 PAB의 넓이는 $t=a$일 때 최대이다. a의 값은? [4점]

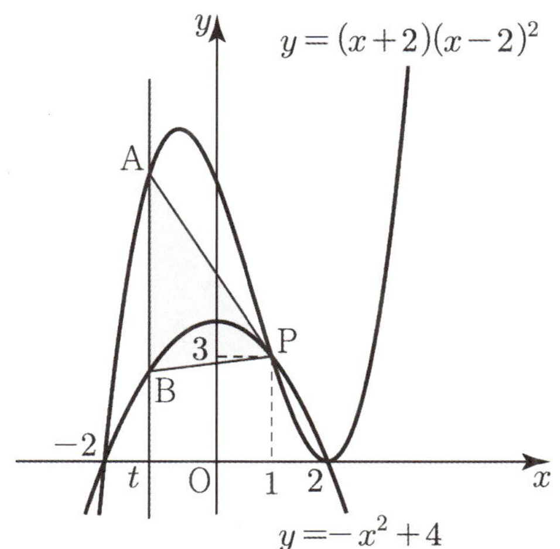

① $\dfrac{1-\sqrt{33}}{4}$ ② $\dfrac{1-\sqrt{30}}{4}$ ③ $\dfrac{3-\sqrt{33}}{2}$

④ $\dfrac{3-\sqrt{30}}{4}$ ⑤ $\dfrac{1+\sqrt{33}}{8}$

최고차항의 계수가 -1인 이차함수 $f(x)$와 상수 a에 대하여 함수

$$g(x)=|f(x)-a|+a$$

이 $x=0$에서 미분가능하지 않고 곡선 $y=g(x)-f(x)$와 x축이 만나는 점을 $(b,\,0)$이라 할 때, b의 최댓값은 2이다. 양의 실수 t에 대하여 함수 $h(x)$를

$$h(x)=|g(x)-g(t)|$$

이라 할 때, 함수 $h(x)$가 $x=k$에서 미분가능하지 않은 실수 k의 개수가 4가 되도록 하는 자연수가 아닌 양수 t의 최솟값은? [4점]

① $2-\sqrt{2}$ ② $1+\sqrt{2}$ ③ $1+\sqrt{3}$

④ $3-\sqrt{2}$ ⑤ $2+\sqrt{2}$

64 두 다항함수 $f(x)$, $g(x)$가 다음 조건을 만족시킨다.

> (가) 모든 실수 x에 대하여 $f(x)g(x)=(x+1)(x-2)(x^2+1)$이다.
>
> (나) $\displaystyle\lim_{x\to\infty}\frac{g'(x)}{x^2}$의 값은 0과 3이 아닌 정수이다.
>
> (다) 모든 실수 x에 대하여 $g'(f'(x))=\dfrac{11}{2}$이다.

$f(0)+g(0)$의 값은? [4점]

① $\dfrac{1}{2}$　　② 1　　③ $\dfrac{3}{2}$　　④ 2　　⑤ $\dfrac{5}{2}$

최고차항의 계수가 1인 삼차함수 $f(x)$에 대하여 $|f(x)+x|$는 $x=0$에서만 미분가능하지 않는다. x에 대한 방정식 $f(x)-mx=0$의 서로 다른 실근의 개수를 $g(m)$이라 하자. $g(0)=2$을 만족하는 함수 $f(x)$를 $f_1(x)$, $f_2(x)$라 하자. 모든 실수 x에 대해 $f_1(x) \le f_2(x)$일 때, 함수 $f_1(2x+t)g(x)$와 함수 $f_2(-2x+s)g(x)$는 실수 전체의 집합에서 미분가능하다. t^2+s^2의 값을 구하시오. [4점]

66 최고차항의 계수가 -1이고 $f'(0)=0$인 사차함수 $f(x)$가 있다. 실수 전체의 집합에서 정의된 함수 $g(t)$가 다음 조건을 만족시킨다.

> (가) 방정식 $f(x)=t$의 실근이 존재하지 않을 때, $g(t)=0$이다.
> (나) 방정식 $f(x)=t$의 실근이 존재할 때, $g(t)$는 $f(x)=t$의 실근의 최솟값이다.

함수 $g(t)$가 $t=k$, $t=12$에서 불연속이고

$$\lim_{t \to k-} g(t)=-1, \quad \lim_{t \to 12-} g(t)=2$$

일 때, 실수 k의 값을 구하시오. (단, $k < 12$) [4점]

67 최고차항의 계수가 1인 사차함수 $f(x)$에 대하여 함수 $g(x)$를

$$g(x) = |f'(x)| - f(x)$$

라 할 때, 두 함수 $f(x)$, $g(x)$가 다음 조건을 만족시킨다.

(가) $f(0) = g(0) = 0$

(나) 방정식 $f(x) = 0$은 두 실근을 갖고 그 중 하나는 양수이다.

(다) 방정식 $|f(x)| = \dfrac{1}{3}$의 서로 다른 실근의 개수는 3이다.

함수 $f(x)$중 $f(1)$의 값이 최소일 때, $g(3)$의 값을 구하시오. [4점]

68

닫힌구간 $[-1, n^2+n]$에서 정의된 함수 $f(x)$는 다음과 같다.

$$f(x) = \begin{cases} \dfrac{1}{x-1} & (-1 \leq x < 1) \\ \left(x - \dfrac{n}{3}\right)^2 - n & (1 \leq x < n) \\ \sqrt{x-n} + n & (n \leq x \leq n^2+n) \end{cases}$$

함수 $f(x)$가 극댓값이 3개, 극솟값이 2개 존재할 때의 $f(x)$를 $g(x)$라 하자.

방정식 $|g(x)| = t$의 실근의 개수를 $h(t)$라 할 때, $\lim\limits_{t \to n-} h(t) = \alpha$, $\lim\limits_{t \to 2n+} h(t) = \beta$ 이다.

$\alpha - \beta = 2$을 만족하는 n의 범위는? (단, $n > 1$, $f(1) < -3$이고 함수 $f(x)$가 정의되는 구간의 양끝에서 극댓값을 갖는다.) [4점]

① $\dfrac{9}{2} < n < 3$ ② $n > \dfrac{9}{2}$ ③ $2 < n < \dfrac{9}{2}$

④ $\dfrac{9}{2} < n < \dfrac{27}{4}$ ⑤ $\dfrac{27}{4} < n < 12$

69 $0 \le x \le 4$에서 함수

$$f(x) = x^3 - 2ax^2 + a^2x \ (2 < a < 4)$$

의 최댓값을 $g(a)$라 하자.

$g\left(\dfrac{5}{2}\right) + g(3) + g\left(\sqrt[3]{28}\right)$의 값은? [4점]

① $\dfrac{455}{27}$ ② $\dfrac{457}{27}$ ③ 17 ④ $\dfrac{461}{27}$ ⑤ $\dfrac{463}{27}$

70 최고차항의 계수가 1인 사차함수 $g(x)$와 실수 a, b에 대하여 함수 $f(x)$는

$$f(x) = \begin{cases} -x^2 + ax + b \ (x < -1) \\ g(x) \qquad\qquad (x \geq -1) \end{cases}$$

이고 다음 조건을 만족시킨다.

> (가) 함수 $f(x)$는 $x = -1$에서 미분가능하다.
> (나) 함수 $|f(x)|$는 $x = p \ (p < -1)$에서만 미분가능하지 않다.
> (다) 함수 $|f(x) - f(-1)|$은 $x = q \ (q > -1)$에서만 미분가능하지 않다.

$f(0)$의 값이 최소일 때, $f(-2) + f(1)$의 최솟값을 구하시오. [4점]

71 자연수 n에 대하여 양의 실수 전체에서 정의된 함수 $f(x)$를

$$f(x)=(-1)^{n-1}\left\{x^2-(2n-1)x+n^2-n\right\} \ (n-1 < x \leq n)$$

이라 하자. 함수 $g(x)=f(x)-|f(x)|$에 대하여 함수 $h(x)$를

$$h(x)=\lim_{h \to 0+}\left|\frac{g(x+h)-g(x)}{h}\right|$$

이라 할 때, 함수 $h(x)$가 $x=a$에서 미분가능하지 않은 a의 값 중에서 열린구간 $(0, 8)$에 속하는 모든 값을 작은 수부터 크기순으로 나열한 것을 $a_1,\ a_2,\ \cdots,\ a_p$ (p는 자연수)라 하자.

$p+\displaystyle\sum_{k=1}^{p} k\,h(a_k)$의 값을 구하시오. [4점]

72 최고차항의 계수가 1인 삼차함수 $f(x)$가 다음 조건을 만족시킨다.

> (가) $\displaystyle\lim_{x \to 1} \frac{f(x)}{x-1} = 0$
>
> (나) $\alpha < t < 1$인 모든 실수 t에 대하여 $f'(t+3)f'(5-t) < 0$이다. (단, $\alpha < 1$)

α의 최솟값을 m이라 할 때, $m \times f(m^2 + 2m)$의 값을 구하시오. [4점]

73 최고차항의 계수가 양수인 삼차함수 $f(x)$에 대하여 방정식

$$(f \circ f)(x) = x$$

의 서로 다른 실근의 개수가 9이며 크기순으로 $\alpha_1, \alpha_2, \cdots, \alpha_9$이다.

$\alpha_3 + \alpha_7 = 0$, $\alpha_3\alpha_7 = -\dfrac{1}{2}$ 이고 $f'(\alpha_3) + f'(\alpha_7) = 6$ 일 때, $f(2) - f(-2)$의 값을 구하시오.

[4점]

함수 $f(x) = |x(x-1)(x-3)|$ 이 있다. 실수 k 에 대하여 함수 $g(x)$ 를

$$g(x) = \begin{cases} f(x) & (f(x) \geq kx) \\ kx & (f(x) < kx) \end{cases}$$

라 하자. 구간 $(-\infty, \infty)$ 에서 함수 $g(x)$ 가 미분가능하지 않은 x 의 개수를 $h(k)$ 라 할 때, 함수 $m(k)$ 에 대하여 함수 $m(k)h(k)$ 가 실수 전체의 집합에서 연속이 되도록 하는 최고차항의 계수가 1 인 사차함수 $m(k)$ 가 있다. $m(4)h(4)$ 의 값을 구하시오. [4점]

최고차항의 계수가 정수 a인 삼차함수 $f(x)$에 대하여 실수 전체의 집합에서 연속인 함수

$$g(x)=\begin{cases} x^2+ax+1 & (x \leq 0) \\ f(x) & (x > 0) \end{cases}$$

가 다음 조건을 만족시킨다.

(가) 방정식 $g'(x)=0$은 서로 다른 세 실근을 갖는다.

(나) 함수 $g(x)$는 $x=2$에서 최솟값을 갖는다.

$y=g(x)$는 x축과 두 점에서 만날 때, $f(4)$의 값은 정수이다. 가능한 모든 정수 $f(4)$의 값의 합은? [4점]

① 50　　　② 45　　　③ 40　　　④ 35　　　⑤ 30

최고차항의 계수가 1인 이차함수 $f(x)$와 최고차항의 계수가 음수인 이차함수 $g(x)$에 대하여 실수 전체의 집합에서 연속인 함수 $h(x)$가

$$h(x)=\begin{cases} f(x) & (x < -2) \\ -\dfrac{1}{3}x - \dfrac{2}{3} & (-2 \leq x \leq 1) \\ g(x) & (x > 1) \end{cases}$$

일 때, 실수 t에 대하여 함수 $k(t)$를 $a \geq t+2$인 모든 실수 a에 대하여 $\dfrac{h(a)-h(t)}{a-t}$의 최댓값이라 하자. 방정식 $k(t)=0$의 모든 실근이 -4, -2, $\dfrac{3}{2}$일 때, $\{h(-3)+h(4)\}^2$의 값을 구하시오. [4점]

두 함수

$$f(x) = \begin{cases} mx + m + 3 & (x \leq -1) \\ nx + n + 3 & (x > -1) \end{cases},$$

$$g(x) = \int_0^x (t^3 - 3t)f(t)\,dt$$

가 다음 조건을 만족시킨다.

> (가) 함수 $g(x)$는 오직 한 개의 극값을 갖는다.
> (나) 함수 $\left| f(x) - x^3 + 3x \right|$ 의 미분가능하지 않은 점의 개수는 3이다.

$g(1) - g(0) = \dfrac{q}{p}$ 일 때 $p + q$의 값을 구하시오. (단, p와 q는 서로소인 자연수이다.) [4점]

78 열린구간 $(-1, 5)$ 에서 정의된 함수

$$f(x) = \begin{cases} x^2 + 1 & (-1 < x < 1) \\ \dfrac{2}{3}(x-2)^3 + \dfrac{8}{3} & (1 \leq x < 3) \\ -\dfrac{5}{3}(x-5) & (3 \leq x < 5) \end{cases}$$

가 있다. 실수 t 에 대하여 다음 조건을 만족시키는 모든 실수 k 의 개수를 $g(t)$ 라 하자.

(가) $-1 < k < 5$
(나) 함수 $|f(x) - t|$ 는 $x = k$ 에서 미분가능하지 않다.

함수 $g(t)$ 에 대하여 합성함수 $(h \circ g)(t)$ 가 실수 전체의 집합에서 연속이 되도록 하는 최고차항의 계수가 1 인 사차함수 $h(x)$ 가 있다. $g(1) = a$, $g\left(\dfrac{8}{3}\right) = b$, $g(3) = c$ 라 할 때, $h(a+3) - h(b+2) + 100c$ 의 값을 구하시오. [4점]

함수 $g(x)=\begin{cases} -\dfrac{1}{x+1}+k & (x \geq 0) \\[2mm] -\dfrac{1}{-x+1}+k & (x < 0) \end{cases}$ 에 대하여 함수 $f(x)$를

$$f(x)= x^2 + g(t)$$

라 하자. 모든 실수 t에 대하여 방정식 $f(f(x))=x$의 실근의 개수가 2일 때, $100k$의 값을 구하시오. [4점]

80 최고차항의 계수가 1이고 $f'(0)=0$, $f(0)=2$인 삼차함수 $f(x)$에 대하여 함수

$$g(x)=\begin{cases} f(x) & (x \leq 4) \\ \dfrac{ax+7}{x-4} & (x > 4) \end{cases}$$

이 다음 조건을 만족시킨다.

함수 $y=g(x)$의 그래프와 직선 $y=t$가 서로 다른 두 점에서만 만나도록 하는 모든 실수 t의 값의 집합은 $\{t \mid t=2 \text{ 또는 } t \leq -2\}$이다.

$a \times (g \circ g)(5)$의 값을 구하시오. (단, a는 상수이다.) [4점]

모든 자연수 n과 이차함수 $f(x)=x^2-x$에 대하여 구간 $[0, \infty)$에서 정의된 함수 $g(x)$가 다음 조건을 만족시킨다.

(가) $0 \leq x < 1$일 때 $g(x)=f(x)$
(나) $n \leq x < n+1$일 때, $g(x)=f(x-n)$이다.

양수 k와 함수 $g(x)$에 대하여

$$\left| \lim_{h \to 0+} \frac{g(t+2h)-g(t-h)}{h} \right| = k$$

를 만족시키는 양수 t를 작은 수부터 크기순으로 나열하면 등차수열을 이루게 하는 모든 k의 값의 합은? [4점]

① $\dfrac{5}{2}$ ② $\dfrac{13}{4}$ ③ 4 ④ $\dfrac{17}{4}$ ⑤ $\dfrac{9}{2}$

82 사차함수 $f(x)$와 두 양수 a, b에 대하여 실수 전체의 집합에서 연속인 함수 $g(x)$를

$$g(x) = \begin{cases} x^2(ax+b) & (x \le 0) \\ |f(x)| & (x > 0) \end{cases}$$

이라 할 때, 함수 $g(x)$가 다음 조건을 만족시킨다.

(가) 방정식 $g(x) = 2$는 서로 다른 두 실근을 갖고 두 실근의 합은 0이다.
(나) 함수 $|g(x) - 2|$는 실수 전체의 집합에서 미분가능하다.
(다) 방정식 $(g \circ g)(x) = g(x)$의 서로 다른 실근의 개수는 9이다.

$g(-1) + f(4)$의 최댓값을 구하시오. [4점]

랑데뷰
N 제

하루 중 90%는 겸손하게 10%는 자신있게...

적분법

최고차항의 계수가 1인 삼차함수 $f(x)$의 그래프와 직선 $y=x$가 만나는 점 $\mathrm{P}(\alpha, f(\alpha))$에서의 접선의 방정식을 $y=l(x)$라 하자. 두 함수 $f(x)$와 $l(x)$에 대하여 실수 전체의 집합에서 증가하는 함수 $p(x)$를

$$p(x)=\begin{cases} f(x) \ (x \geq \alpha) \\ l(x) \ (x < \alpha) \end{cases}$$

라 하자. 실수 전체의 집합에서 연속인 함수 $g(x)$는

$$|g(x)|=|x(x-1)| \ (0 \leq x \leq 1)$$

이고, 함수 $g(x)$와 x축이 이루는 부분의 넓이가 최소일 때의 $g(x)$를 두 함수 $h(x)$, $k(x)$라 할 때, 모든 실수 x에 대하여

$$\int_1^x p(t)h(t)dt \geq 0, \ \int_0^x k(t-1)p(t)dt \leq 0$$

을 만족시킨다. $f'(\alpha)=2$일 때, $p(3)$의 최솟값은? (단, $f(1) \neq 0$, $h(x) \geq k(x)$) [4점]

① $9-\sqrt{6}$ ② $8-\sqrt{6}$ ③ $7-\sqrt{6}$

④ $6-\sqrt{6}$ ⑤ $5-\sqrt{6}$

84 $f(0)=0$이고 도함수가 실수 전체의 집합에서 연속인 함수 $f(x)$와 함수 $g(x)$가 모든 실수 x에 대하여 다음 조건을 만족시킨다.

$$
\text{(가) } f'(x)=\begin{cases} ax+1 & (x<-1) \\ g(x) & (-1 \leq x \leq 1) \\ -ax^2+x & (x>1) \end{cases}
$$

(나) $-1 \leq x_1 < x_2 \leq 1$인 임의의 두 실수 x_1, x_2에 대하여 $g(x_1) \leq g(x_2)$이다.

$\displaystyle\int_{-2}^{1} f(x)dx = \dfrac{11}{6}$일 때, $f(2)$의 값은? (단, a는 상수이다.) [4점]

① -4 ② $-\dfrac{25}{6}$ ③ $-\dfrac{13}{3}$ ④ $-\dfrac{9}{2}$ ⑤ $-\dfrac{14}{3}$

85 실수 전체의 집합에서 연속인 함수 $f(x)$가 다음 조건을 만족시킬 때, $\int_{-2}^{2} f(x)dx$의 최솟값은

$-\dfrac{q}{p}$이다. $p+q$의 값을 구하시오. (단, p와 q는 서로소인 자연수이다.) [4점]

(가) 모든 실수 x에 대하여 $\left[\{f(x)\}^2+2x^2 f(x)-3x^4\right]\left[\{f'(x)\}^2-1\right]=0$이다.
(나) $f(1)=1$

86 최고차항의 계수가 1인 삼차함수 $f(x)$와 실수 t에 대하여 방정식 $f(x)=f(t)$의 서로 다른 실근의 개수가 2이상이면 가장 큰 실근과 가장 작은 실근의 합을 $g(t)$라 하고, 서로 다른 실근의 개수가 1이면 $g(t)=1$이라 하자. 실수 $a(a \geq 0)$에 대하여 함수 $g(t)$가 다음 조건을 만족시킬 때, $\displaystyle\int_0^6 f'(x)dx$의 값을 구하시오. [4점]

> (가) $\displaystyle\lim_{t \to a-} g(t)=1$, $\displaystyle\lim_{t \to a+} g(t)=2a+3$
>
> (나) $g(a+2)=6$

최고차항의 계수가 1인 삼차함수 $f(x)$에 대하여 함수

$$g(x)= \int_{a}^{x} f(t)dt$$

의 최솟값이 -4이다. 함수 $g(x)$에 대하여 함수

$$h(x)= \frac{|g(x)-g(1)|}{|x|-1}$$

가 실수 전체의 집합에서 연속일 때, $f(a^2)$의 값을 구하시오. (단, a는 상수이다.) [4점]

88 시각 $t=0$일 때 동시에 원점을 출발하여 수직선 위를 움직이는 두 점 P, Q의 시각 t $(0 \le t \le 2)$에서의 속도가 각각 $v_1(t)=at(t-2)$ $\left(-1 < a < -\dfrac{1}{2}\right)$, $v_2(t)=-|t-1|+1$ 이다. $0 < t \le 2$에서 두 점 P, Q가 두 번 만나도록 하는 모든 실수 a의 값의 범위는? [4점]

① $\dfrac{-4-\sqrt{3}}{6} < a \le -\dfrac{2}{3}$ ② $\dfrac{-4-\sqrt{3}}{6} < a \le -\dfrac{3}{4}$ ③ $\dfrac{-3-\sqrt{3}}{6} < a \le -\dfrac{2}{3}$

④ $\dfrac{-3-\sqrt{3}}{6} < a \le -\dfrac{3}{4}$ ⑤ $-1 < a \le -\dfrac{3}{4}$

89 (1) 함수 $f(x)= x^2 - ax$에 대하여 x에 대한 방정식

$$\int_0^x |f(t)|\,dt + x - 3 = 0$$

이 정수인 근을 가질 때, 실수 a의 최댓값은? [4점]

① $\dfrac{4}{3}$ ② $\dfrac{7}{3}$ ③ $\dfrac{3+\sqrt{21}}{4}$ ④ $\dfrac{14}{3}$ ⑤ $\dfrac{29}{6}$

(2) 함수 $f(x) = \left| x^4 - ax^2 \right|$ $(-1 \leq x \leq 1)$의 최댓값을 $g(a)$라 하자. $12 \times \displaystyle\int_1^2 g(a)\,da$의 값을 구하시오. [4점]

자연수 n에 대하여 함수

$$f(x)=\int_a^x t(t-n)(t-7)dt$$

가 다음 조건을 만족시킬 때, 함수 $f(x)$의 극댓값 중 최댓값은? [4점]

> (가) $f'(2)\times f'(4)\times f'(6)<0$
> (나) 함수 $f(x)$의 최솟값은 0이다.

① 50   ② $\dfrac{160}{3}$ ③ $\dfrac{335}{4}$ ④ $\dfrac{375}{4}$ ⑤ 144

91 최고차항의 계수가 1인 일차함수 $f(x)$와 실수 전체의 집합에서 연속이고 최솟값이 0이상인 함수 $g(x)$가 모든 실수 x에 대하여 부등식

$$f(x)g(x) \geq f(x)\int_1^x f(t)dt$$

을 만족시킨다. $\int_{-2}^2 g(x)dx$의 최솟값은? [4점]

① 1
② $\dfrac{2}{3}$
③ $\dfrac{1}{2}$
④ $\dfrac{1}{3}$
⑤ $\dfrac{1}{6}$

92 최고차항의 계수가 양수인 사차함수 $f(x)$에 대하여 실수 전체의 집합에서 미분가능한 함수

$$g(x)=\begin{cases} f(x) & (x < 3) \\ -f(x-3)+3 & (x \geq 3) \end{cases}$$

이 다음 조건을 만족시킨다.

(가) 방정식 $g'(x)=0$의 해는 a, 3, b $(a < 3 < b)$이다.
(나) 모든 양의 실수 x에 대하여 $g(x) \leq g(3)$이다.

$f(6)=9$일 때, $\displaystyle\int_a^b g(x)dx$의 값은? [4점]

① 10   ② 9   ③ 8   ④ 7   ⑤ 6

93 실수 전체의 집합에서 미분가능한 함수 $f(x)$가 모든 실수 x에 대하여

$$f'(x) \geq 0, \ f'(-x) = f'(x), \ f(x) = f(x-2) + 4$$

를 만족시킨다. $\displaystyle\int_{-1}^{1} f(x)dx = 4$일 때, $\displaystyle\int_{-2}^{6} f(x)dx$의 값을 구하시오. [4점]

94 최고차항의 계수가 1인 삼차함수 $f(x)$가

$$f(0)=1, \ f'(-x)=f'(x)$$

을 만족시킨다. 함수 $g(x)$를

$$g(x)=\begin{cases} 1 & (f(x)<1) \\ f(x) & (f(x)\geq 1) \end{cases}$$

이라 할 때, $\displaystyle\int_0^3 g(x)dx = \dfrac{37}{4}$ 이다. $f(3)$의 값을 구하시오. [4점]

삼차함수 $f(x)$가 다음 조건을 만족시킨다.

> (가) 모든 실수 x에 대해 $f'(x) \geq 0$이다.
>
> (나) $\displaystyle\lim_{x \to \infty} \frac{3f(x) - xf'(x)}{x^2} = 9$
>
> (다) $\displaystyle\lim_{x \to 0} \frac{f'(f^{-1}(x)) - f'(0)}{x} = 18$

이때 $y = f(x)$와 $y = f^{-1}(x)$로 둘러싸인 부분의 넓이의 최댓값은 $\dfrac{q}{p}$이다. $p+q$의 값을 구하시오. (단, f^{-1}은 f의 역함수이고 p와 q는 서로소인 자연수이다.) [4점]

 구간 $(0, 3)$에서 미분 가능한 함수 $f(x)$가 다음 조건을 만족시킨다.

> (가) 구간 $[0, 2]$에서 $f(x) = (x-1)^2$이다.
> (나) $0 < x < 2$일 때, $f'\left(2 + \dfrac{1}{2}x\right) = f'(2 - x)$이다.

$\displaystyle\int_0^3 f(x)dx$의 값은? [4점]

① $\dfrac{1}{3}$　　② $\dfrac{2}{3}$　　③ 1　　④ 2　　⑤ $\dfrac{7}{3}$

97 두 상수 a, k에 대하여 실수 전체의 집합에서 정의된 두 함수 $f(x)$, $g(x)$는

$$f(x) = \begin{cases} \dfrac{-3x+2}{x-2} & (x \geq 3) \\ px+q & (1 < x < 3) \\ x^2 - (1+a)x + a + 1 & (x \leq 1) \end{cases}, \quad g(x) = \begin{cases} -f(x)+k & (f(x) \leq k) \\ f(x)-k & (f(x) > k) \end{cases}$$

이다.

함수 $g(x)$가 모든 실수 x_1, x_2에 대하여 $\dfrac{g(x_2)-g(x_1)}{x_2-x_1} \leq 0$를 만족할 때,

$\displaystyle\int_0^2 g(x+m)dx = 8$을 만족시키는 m의 값은? (단, $x_1 \neq x_2$이고 p와 q는 상수이다.) [4점]

① 1   ② 2   ③ 3   ④ 4   ⑤ 5

양수 a에 대하여 함수 $f(x)$가 $f(x)=\displaystyle\int_1^x (t-a)(2t-a)dt$이라 할 때,

함수 $g(x)=(2x-a)f(x)$가 다음 조건을 만족시킨다.

(가) $\displaystyle\lim_{x\to\alpha}\frac{g(x)}{x-\alpha}=0$을 만족하는 실수 α가 존재한다.

(나) 방정식 $|g(x)|=k$의 실근의 개수를 $h(k)$라 할 때, $h(k)$의 최댓값은 4이다.

$g(0)$의 최댓값을 M, 최솟값을 m이라 할 때, $M\times m=\dfrac{q}{p}$이다. $p+q$의 값을 구하시오. (단, p와 q는 서로소인 자연수이다.) [4점]

최고차항의 계수가 양수이고 $f(0)=1$, $f(1) \leq 5$인 삼차함수 $f(x)$에 대하여 부등식

$$\{5-f(x)\}\int_{1}^{f(x)} |f(t)|\,dt \geq 0$$

을 만족시키는 실수 x의 범위가 $a \leq x \leq b$이다. 함수 $f(x)$가 $x=1$에서 극댓값을 가지고 $b-a$의 값이 최솟값 m을 가질 때의 함수 $f(x)$를 $g(x)$라 하자. $g(m+1)$의 값은? [4점]

① 17   ② 18   ③ 19   ④ 20   ⑤ 21

100 양의 실수 전체에서 증가하고 미분 가능한 함수 $f(x)$와 점 $P(t, f(t))$에 대하여 점 P를 지나고 점 P에서의 함수 $f(x)$의 접선에 수직인 직선 l은 다음 조건을 만족한다.

> (가) $f'(1) = \dfrac{1}{4}$, $f'(2) = 2$
>
> (나) 원점 O와 점 P를 y축으로 a만큼 평행이동한 점 Q에서 직선 l까지의 거리는 같다.

$\displaystyle\int_1^2 f'(x)\,dx$ 의 값은? (단, $a > 0$, $t > 0$, $f(t) > 0$이다.) [4점]

① 3 　　② 4 　　③ 5 　　④ 6 　　⑤ 7

101 최고차항의 계수가 1인 사차함수 $f(x)$에 대하여 방정식 $f'(x)=0$의 서로 다른 세 실근을 x_1, x_2, x_3 $(0 < x_1 < x_2 < x_3)$라 할 때, 함수 $f'(x)$는 다음 조건을 만족시킨다.

$$\text{(가)} \quad \int_0^{x_2} |f'(x)|\,dx = \frac{3}{2} \int_0^{x_2} f'(x)\,dx$$

$$\text{(나)} \quad \int_0^{x_3} |f'(x)|\,dx = -11 \int_0^{x_3} f'(x)\,dx$$

$x_3 - x_1 = 6$이고 $f(0)=0$일 때, $f(x_2) = \dfrac{q}{p}$이다. $p+q$의 값을 구하시오. (단, p, q는 서로소인 자연수이다.) [4점]

102 최고차항의 계수가 $\dfrac{1}{4}$인 사차함수 $f(x)$와 일차함수 $g(x)$에 대하여 x에 대한 방정식

$$\{x-f'(k)\}\left\{x-\int_0^k g(t)dt\right\}=0 \ (k\text{는 실수})$$

이 서로 다른 두 실근 0과 $\dfrac{15}{2}$를 갖도록 하는 모든 실수 k의 값이 -2α, 0, 3α $(\alpha>0)$뿐일 때, 두 함수 $f(x)$와 $g(x)$가 다음 조건을 만족시킨다.

> (가) 함수 $f(x)$는 열린구간 $(-\infty,\ -2\alpha)$에서 감소한다.
> (나) $0<k<3\alpha$일 때, $f'(k)\times\displaystyle\int_0^k g(t)dt<0$

$f'(4\alpha)=\dfrac{15}{2}$, $g(0)<0$일 때, $\{g(\alpha)\}^2$의 값은? [4점]

① $\dfrac{5}{4}$ ② $\dfrac{3}{2}$ ③ $\dfrac{7}{4}$ ④ 2 ⑤ $\dfrac{9}{4}$

103 실수 전체의 집합에서 연속인 함수 $f(x)$와 최고차항의 계수가 $\dfrac{1}{25}$이고 $g(5a)=0$인

사차함수 $g(x)$가 있다. 양의 상수 a에 대하여 두 함수 $f(x)$, $g(x)$가 다음 조건을 만족시킨다.

(가) 함수 $g(x)$의 극솟값은 음수이다.

(나) 모든 실수 x에 대하여 $(x-5a)|g(x)|=\displaystyle\int_0^x (t-3a)f(t)\,dt$이다.

(다) 방정식 $g(3a-f(x))=0$의 서로 다른 실근의 개수는 3이다.

$-100\times f\!\left(-\dfrac{5}{9}a\right)$의 값을 구하시오. [4점]

실수 전체의 집합에서 연속인 함수 $f(x)$가 다음 조건을 만족시킨다.

> (가) 구간 $[0, 3)$에서 $f(x)= ax(x-4)$이다.
> (나) $x \geq 3$인 모든 실수 x에 대하여 $f(x)= f(x-3)+1$이다.
> (다) 모든 실수 x에 대하여 $f(-x)= f(x)$이다.

양의 실수 x에서 $g(x) \geq f(x)$인 직선 $g(x)= mx+n$와 함수 $f(x)$에 대하여
$h(x)= |f(x)-g(|x|)|$일 때, 함수 $h(x)$는 $x \neq 3k$인 모든 실수 x에 대해 미분가능하다.

m이 최소일 때, $\displaystyle\int_{-12}^{12} h(x)dx$의 최솟값을 구하시오. (단, a, m, n은 상수이고 k는 정수이다.)

[4점]

105 함수 $f(x)=x^2-x$ $(0 \leq x \leq 1)$와 음이 아닌 정수 n에 대하여 함수 $g(x)$를

$$g(x)=(-1)^n f(x-n)$$

라 하자. 함수 $h(x)$가

$$h(x)=\begin{cases} g(x)-|g(x)| & (0 \leq x \leq 4) \\ |g(x)|-g(x) & (4 \leq x \leq 8) \end{cases}$$

일 때, 닫힌구간 $[0,\ 8]$의 모든 실수 x에 대하여 $\displaystyle\int_{\alpha}^{x} h(t)\,dt \leq 0$ 이 되도록 하는 실수 α의 최솟값을 a, 최댓값을 A 라 하고, $\displaystyle\int_{\beta}^{x} h(t)\,dt \geq 0$ 이 되도록 하는 실수 β의 최솟값을 b, 최댓값을 B 라 하자. $\dfrac{A+B}{a+b}$의 값을 구하시오. (단, $0 \leq \alpha \leq 8$, $0 \leq \beta \leq 8$) [4점]

106 양수 a와 일차함수 $f(x)$에 대하여 실수 전체의 집합에서 정의된 함수

$$g(x)=\int_1^x f(t+a)f(t-a)\{|f(t)|-2a\}dt$$

가 다음 조건을 만족시킨다.

(가) 함수 $g(x)$는 극값을 갖지 않는다.
(나) $g(1-x)+g(1+x)=0$
(다) $|g(0)|+|g(2)|=\dfrac{20}{3}$

$f(3a)$의 최댓값을 M, 최솟값을 m이라 할 때, M^2+m^2의 값을 구하시오. [4점]

107 양수 a와 최고차항의 계수가 1인 삼차함수 $f(x)$에 대하여 함수

$$g(x) = \int_k^x \{f'(t+3a) \times f'(t-a)\}\,dt$$

가 $x=1$과 $x=9$에서만 극값을 갖는다. 모든 실수 α에 대하여 $\displaystyle\int_{-\alpha}^{\alpha} g(x+k)\,dx = 0$일 때, $\{f'(k)\}^2$의 값을 구하시오. (단, k는 상수이다.) [4점]

$x \geq 1$에서 정의된 함수 $f(x)$가 $x > 1$인 모든 실수 x에 대하여 미분 가능하고 다음 조건을 만족시킨다.

> (가) $1 \leq x < 2$일 때 $f(x) = (x-1)(x-2)$이다.
> (나) 자연수 n에 대하여 $f(2a + 2^n) = k \times f(a + 2^{n-1})$ (단, k는 상수이고 $0 \leq a < 2^{n-1}$)

$1 < s \leq 2^{10}$인 실수 s에 대하여 $\displaystyle\int_{t}^{s} f(x)\,dx = 0$인 양수 s의 개수가 b가 되도록 하는 t의 최솟값을 t_b라 하자. $p > 1$인 실수 p에 대하여 $F(p) = \displaystyle\int_{1}^{p} f(x)\,dx$라 할 때, $\left| \dfrac{F(t_8)}{F(t_9)} \right|$의 값을 구하시오. (단, $t > 1$이고 b는 자연수이다.) [4점]

실수 전체의 집합에서 연속인 함수 $f(x)$의 한 부정적분을 $F(x)$라 할 때, 두 함수 $f(x)$, $F(x)$가 다음 조건을 만족시킨다.

(가) $0 \leq x \leq 2$일 때, $f(x) = x^2 - 2x + a$이다.

(나) 모든 실수 x에 대하여 $\dfrac{d}{dx}\displaystyle\int_0^x F(t+2)dt = \lim_{h \to 0} \dfrac{1}{h}\displaystyle\int_x^{x+h} F(t)dt$이다.

$0 \leq x \leq 2$에서 곡선 $y = F(x)$와 $y = t$의 교점의 개수를 $g(t)$라 할 때,

함수 $g(t)$는 $t = \alpha$, $t = \beta$, $t = \gamma$에서 불연속이다. $\alpha + \beta + \gamma = 3$일 때, $\displaystyle\sum_{n=1}^{10}\int_0^{2n} F(x)dx$의

값을 구하시오. (단, $\alpha < \beta < \gamma$이고 n은 자연수이다.) [4점]

110 그림과 같이 함수 $f(x)=(x+2)^2(x-2)$와 최고차항의 계수가 양수인 이차함수 $g(x)$에 대하여 곡선 $y=f(x)$와 곡선 $y=g(x)$는 x축 위의 점 $A(-2, 0)$, $B(2, 0)$와 점 $C(t,\ g(t))(-1 \leq t \leq 1)$에서 만난다. 두 곡선 $y=f(x)$, $y=g(x)$로 둘러싸인 두 부분의 넓이의 합이 최대가 되도록 하는 함수 $g(x)$를 $g_1(x)$라 하고 최소가 되도록 하는 함수 $g(x)$를 $g_2(x)$라 할 때, $g_1(1)+g_2(1)$의 최솟값은? [4점]

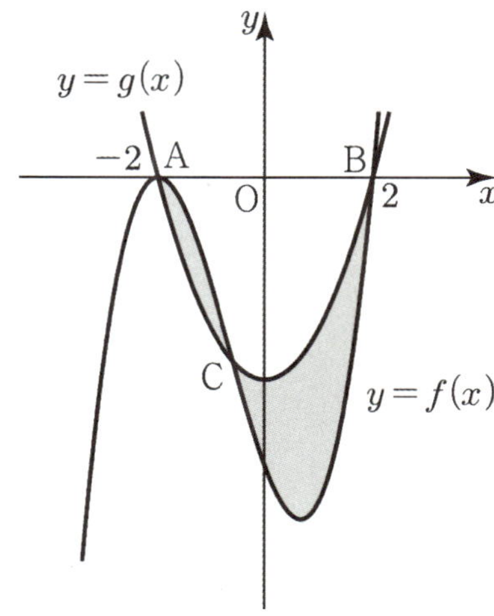

① -18 ② -15 ③ -12 ④ -9 ⑤ -6

111 실수 a에 대하여 점 $A(a, 2)$와 함수

$$f(x)=\begin{cases} -2x^2 - x + 1 \ (x < 0) \\ -2x^2 + x + 1 \ (x \geq 0) \end{cases}$$

의 그래프와 x축으로 둘러싸인 부분에 속하는 점 $P(b, c)$가 다음 조건을 만족시킬 때, 점 P가 나타내는 영역의 넓이는 $\dfrac{q}{p}$이다. $p+q$의 값을 구하시오. (단, p와 q는 서로소인 자연수이다.) [4점]

(가) $-1 \leq a < 0,\ 0 < a \leq 1$
(나) $1 - c = ab$

112 정의역이 $\{x \,|\, x > -1\}$인 함수 $f^{-1}(x)$에 대하여 $f^{-1}(x)=\dfrac{1}{4}x^2+\dfrac{1}{2}x$이고, 함수 $g(x)$가 $0 \le x \le 2$인 모든 실수 x에 대하여

$$g(x)=(x-1)f(x)-\int_0^x f(t)dt$$

를 만족시킨다. 닫힌구간 $[0,\,2]$에서 방정식 $g(x)-mx=0$이 서로 다른 두 실근을 갖도록 하는 실수 m의 최댓값은? (단, $f^{-1}(x)$는 $f(x)$의 역함수이다.) [4점]

① $-\dfrac{1}{6}$ ② $-\dfrac{1}{3}$ ③ $-\dfrac{1}{2}$ ④ $\dfrac{1}{3}$ ⑤ $\dfrac{1}{2}$

113 최고차항의 계수가 1인 이차함수 $f(x)$와 양의 정수 a에 대하여 함수 $g(x)$를

$$g(x)=\int_a^x |f'(t)|\,dt$$

라 할 때, 두 함수 $f(x)$와 $g(x)$는 다음 조건을 만족시킨다.

(가) 방정식 $f(x)g(x)=0$의 서로 다른 실근의 개수는 2이고 두 실근의 합은 0이다.
(나) $10 \leq g(2a)-g(-a) \leq 20$

$f(3)$의 값은? [4점]

① 3   ② $\dfrac{7}{2}$ ③ 4   ④ $\dfrac{9}{2}$ ⑤ 5

114 삼차함수 $f(x)$에 대하여 함수 $g(x)$가

$$g(x)=\begin{cases} f(x) & (x < -2) \\ -\dfrac{1}{2}\displaystyle\int_1^x |f'(t)|\,dt & (x \geq -2) \end{cases}$$

일 때, 함수 $g(x)$는 다음 조건을 만족시킨다.

(가) $g(-2)=4$
(나) 함수 $g(x)$는 실수 전체의 집합에서 미분가능하고 $g(x) \leq 4$이다.
(다) $g'(a)=0$, $g(a)=2$

$\displaystyle\int_a^{-2}\left\{\dfrac{1}{2}f(x)-g(x)\right\}dx + \int_a^5\left\{\dfrac{1}{2}f(x)+g(x)\right\}dx$ 의 값을 구하시오. (단, $a > -2$) [4점]

115 실수 전체의 집합에서 미분 가능한 함수 $f(x)$가 상수 $a\,(a>0)$와 모든 실수 x에 대하여 다음 조건을 만족시킨다.

> (가) $f(x)=f(-x)$
>
> (나) $\displaystyle\int_{x}^{x+a} f(t)dt = -3x^2 - 6x$

닫힌구간 $\left[0,\ \dfrac{a}{2}\right]$에서 두 실수 $b,\ c$에 대하여 $f(x)=bx^2+c$ 일 때,

$f(x)$의 구간 $(-\infty,\ \infty)$에서 최댓값을 M이라 하자. $M-abc$의 값을 구하시오. [4점]

116 그림과 같이 곡선 $y = -x^2 + 2x$와 두 직선 $y = mx + n$, $x = 0$으로 둘러싸인 부분의 넓이를 S_1, 곡선 $y = -x^2 + 2x$와 직선 $y = mx + n$으로 둘러싸인 부분의 넓이를 S_2, 곡선 $y = -x^2 + 2x$와 두 직선 $y = mx + n$, $x = 2$로 둘러싸인 부분의 넓이를 S_3이라고 하자. 직선 $y = mx + n$이 두 실수 m, n에 값에 관계없이 $S_2 \geq S_1 + S_3$을 만족시키면서 $(1, b)$을 지날 때, 양수 b의 최댓값은? [4점]

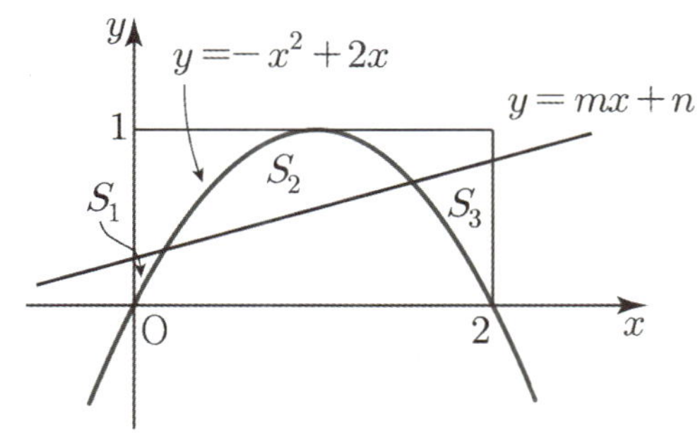

① $\dfrac{1}{5}$ ② $\dfrac{3}{10}$ ③ $\dfrac{2}{3}$ ④ $\dfrac{3}{4}$ ⑤ $\dfrac{4}{5}$

실수 전체의 집합에서 연속인 두 함수 $f(x)$와 $g(x)$가 다음 조건을 만족시킨다.

> (가) 모든 실수 t에 대하여 x에 대한 이차방정식
> $$x^2 + 3(t^2 + t + 2)x - 9(t+1)^2(t-1) = 0$$의 두 실근은 $f(t)$, $g(t)$이다.
> (나) 함수 $f(x)$는 극솟값을 가진다.

$\displaystyle\int_{-4}^{0} g(x)\,dx$의 최솟값은? [4점]

① $-\dfrac{85}{2}$ ② -42 ③ $-\dfrac{83}{2}$ ④ -41 ⑤ $-\dfrac{81}{2}$

다항함수 $f(x)$에 대하여 함수 $g(x)$를

$$g(x) = x f'(x) - 4f(x)$$

라 하자. 모든 실수 t에 대하여 $g(t+1) - g(t) = \dfrac{\sqrt{2}}{3}t^2 + 2t + \dfrac{\sqrt{3}}{2}$ 이고,

$\displaystyle\int_0^1 f(x)\,dx = \dfrac{5}{2} - \dfrac{5\sqrt{2}}{18}$, $f(1) = \dfrac{\sqrt{3}}{4} + 5$ 일 때, $f(5) + f(-5) - \displaystyle\int_{-5}^{5} f(x)\,dx$ 의 값을 구하시오. [4점]

모든 실수에서 연속인 두 함수 $f(x)$와 $g(x)$는 다음 조건을 만족시킨다.

(가) $f(x) = \begin{cases} x^2 & (0 \le x < 1) \\ (ax+b)^2 & (1 \le x \le 2) \end{cases}$ 이고 $f(x) = f(x+2)$이다.

(나) 모든 실수 x에 대하여 $g'(x) \ge 0$이고 $g(x) + g\left(\dfrac{2}{3} - x\right) = 2$이다.

함수 $h(x) = f(x) \times \displaystyle\int_{c}^{x} g(t)dt$가 열린구간 $(-3, 3)$에서 미분가능하다. $g(1) = 4$일 때,

$$\int_{1}^{\frac{5}{3}} h(x)dx = \frac{q}{p} \text{이다.}$$

$p + q$의 값을 구하시오. (단, a, b, c는 상수이고 p, q는 서로소인 자연수이다.) [4점]

120 최고차항의 계수가 1 인 삼차함수 $f(x)$ 에 대하여 실수 전체의 집합에서 미분가능한 함수

$$F(x)=\int_0^{|x|} f(t)dt$$

가 다음 조건을 만족시킬 때, $f(4)$ 의 최댓값을 구하시오. [4점]

> (가) 함수 $F(x)$ 는 $x=-2$ 에서 극솟값을 갖는다.
> (나) 방정식 $F(x)=0$ 의 서로 다른 실근의 개수는 방정식 $F'(x)=0$ 의 서로 다른 실근의
> 개수보다 작다.

121 함수 $f(x) = ax^3 + bx^2$과 양의 실수 t에 대하여 닫힌구간 $[-t,\ t]$에서 함수 $f(x)$의
최댓값을 $M(t)$, 최솟값을 $m(t)$라 할 때, 두 함수 $M(t)$, $m(t)$는 다음 조건을 만족시킨다.

(가) 모든 양의 실수 t에 대하여 $m(t) = f(-t)$이다.

(나) 양수 k에 대하여 닫힌구간 $[0,\ k]$에 있는 임의의 실수 t에 대해서만 $M(t) = 0$이
  성립한다.

(다) $\displaystyle \int_0^k \frac{f(t)}{t^2}\, dt = -\frac{9}{2}$

$f'(1) = -3$일 때, $M(4) - m(4)$의 값을 구하시오. (단, a와 b는 0이 아닌 상수이다.) [4점]

122 함수 $f(x)$는 다음 조건을 만족시킨다.

(가) $f(x) = f(x+2)$

(나) $f(x) = |x-1| + 1 \ (0 \le x \le 2)$

에 대하여 열린구간 $(0, \infty)$에서 정의된 함수

$$g(x) = \int_0^x |f(x) - f(t)|\, dt$$

의 극댓값을 갖는 x값을 작은 수부터 크기순으로 나열한 것을 $\alpha_1, \alpha_2, \cdots, \alpha_n$

극솟값을 갖는 x값을 작은 수부터 크기순으로 나열한 것을 $\beta_1, \beta_2, \cdots, \beta_n$이라 하자.

$\{g(\alpha_{22})\}^2 g(\beta_5)$의 값을 구하시오. [4점]

123 두 이차함수 $f(x)$, $g(x)$에 대하여 실수 전체의 집합에서 정의된 함수 $h(x)$가 $0 \leq x < 5$에서

$$h(x) = \begin{cases} f(x) & (0 \leq x < 2) \\ \dfrac{1}{2}(x-3)^2 + \dfrac{1}{2} & (2 \leq x < 4) \\ g(x) & (4 \leq x < 5) \end{cases}$$

이고, 다음 조건을 만족시킨다.

(가) 모든 실수 x에 대하여 $h(x) = h(x-5) + k$ (k는 상수)이다.

(나) 함수 $h(x)$는 실수 전체의 집합에서 미분가능하다.

(다) $\displaystyle\int_0^5 h(x)dx = \dfrac{35}{6}$

$a_n = \displaystyle\int_{5n}^{5n+5} h(x)dx$ 일 때, $h\left(\displaystyle\sum_{n=1}^{12} a_n\right) = \dfrac{q}{p}$ 이다. $p+q$의 값을 구하시오. (단, p와 q는 서로소인 자연수이다.) [4점]

124 $x \geq 1$에서 정의된 함수 $f(x)$가 $x > 1$인 모든 실수 x에 대하여 미분가능하고 다음 조건을 만족시킨다.

> (가) $1 \leq x < 2$일 때 $f(x) = (x-1)(x-2)$이다.
>
> (나) 자연수 n에 대하여 $f(2a + 2^n) = k \times f(a + 2^{n-1})$이다.
>
>   (단, k는 상수이고 $0 \leq a < 2^{n-1}$)

$\displaystyle\int_1^\alpha f(x)\,dx = 0$을 만족시키는 $\alpha \; (\alpha \neq 1)$의 값을 크기가 작은 순으로 나타내면 α_1, α_2, α_3,

$\cdots$이다. $\displaystyle\int_{32}^{\alpha_5} f(x)\,dx = \dfrac{q}{p}$일 때, $p + q$의 값을 구하시오. (단, p, q는 서로소인 자연수이다.)

[4점]

125 $[0, 1]$에서 정의된 $g(x) = -2x^3 + 3x^2$에 대하여 함수 $g(x)$의 역함수를 $g^{-1}(x)$라 하자. 구간 $[0, 1]$에서 정의된 함수 $f(x)$를

$$f(x) = \int_0^1 \left| x - g^{-1}(t) \right| dt$$

와 같이 정의한다. 함수 $f(x)$에 대하여 다음과 같은 닫힌구간

$$
0 \leq t < \frac{1}{2}\text{일 때, 닫힌구간 } \left[t, \, t + \frac{1}{2} \right]
$$
$$
\frac{1}{2} \leq t \leq 1\text{일 때, 닫힌구간 } [t, \, 1]
$$

에서의 최솟값은 $m(t)$, 최댓값을 $M(t)$라 하자.

$$\int_0^1 \{m(t) + M(t)\}\,dt + 2\int_{\frac{1}{4}}^{\frac{1}{2}} f(x)\,dx = \frac{q}{p} \text{이다.}$$

$p + q$의 값을 구하시오. (단, p, q는 서로소인 자연수) [4점]

랑데뷰 N 제

킬러극킬

수 학 II

랑데뷰
N 제

하루 중 90%는 겸손하게 10%는 자신있게…

빠른 정답

1	54	2	③	3	②	4	4	5	②
6	4	7	3	8	45	9	③	10	14
11	77	12	4	13	①	14	10	15	④
16	50	17	①	18	⑤	19	17	20	42

21	①	22	④	23	⑤	24	⑤	25	9
26	③	27	36	28	②	29	③	30	66
31	④	32	③	33	17	34	19	35	②
36	4	37	①	38	⑤	39	147	40	④
41	5	42	4	43	154	44	56	45	27
46	⑤	47	45	48	43	49	8	50	4
51	④	52	2	53	①	54	4	55	②
56	10	57	①	58	3	59	12	60	7
61	20	62	①	63	②	64	②	65	8
66	3	67	27	68	⑤	69	⑤	70	5
71	47	72	11	73	52	74	168	75	①
76	4	77	17	78	324	79	25	80	104
81	①	82	17						

83	⑤	**84**	②	**85**	25	**86**	36	**87**	120
88	④	**89**	(1)④ (2)7	**90**	⑤	**91**	⑤	**92**	②
93	48	**94**	16	**95**	19	**96**	④	**97**	①
98	289	**99**	⑤	**100**	①	**101**	329	**102**	⑤
103	25	**104**	6	**105**	4	**106**	32	**107**	81
108	3	**109**	110	**110**	②	**111**	19	**112**	①
113	⑤	**114**	14	**115**	8	**116**	③	**117**	③
118	2	**119**	35	**120**	24	**121**	128	**122**	165
123	8	**124**	211	**125**	287				

랑데뷰
N 제

하루 중 90%는 겸손하게 10%는 자신있게...

상세 해설

01 정답 54

(가)에서

$t=1$일 때, $\lim\limits_{x \to 1}\dfrac{f(x-2)}{f(x)}$의 값이 존재하지 않기 위해서는

$f(1)=0$, $f(-1)\neq 0$이다. $\cdots\cdots$ ㉠

$t=2$일 때, $\lim\limits_{x \to 2}\dfrac{f(x-2)}{f(x)}$의 값이 존재하지 않기 위해서는

$f(2)=0$, $f(0)\neq 0$이다. $\cdots\cdots$ ㉡

㉠, ㉡에서 사차함수

$f(x)=(x-1)(x-2)(x-p)(x-q)$꼴이다.

(단, p와 q는 -1과 0은 아니다.) $\cdots\cdots$ ㉢

(나)에서 1, 2, p, q중 같은 것이 있을 수 있다.

(i) 실근의 개수가 3일 때,

① $f(x)=(x-1)^2(x-2)(x-p)$ $(p\neq 1, p\neq 2)$

(가)에서 $\lim\limits_{x \to t}\dfrac{(x-3)^2(x-4)(x-2-p)}{(x-1)^2(x-2)(x-p)}$에서 $t=p$일 때,

극한값이 존재하기 위해서는 $p=3$ 또는 $p=4$이다.

$f(x)=(x-1)^2(x-2)(x-3)$ 또는

$f(x)=(x-1)^2(x-2)(x-4)$

$\therefore\ f(0)=6$ 또는 $f(0)=8$

② $f(x)=(x-1)(x-2)^2(x-p)$ $(p\neq 1, p\neq 2)$

(가)에서 $\lim\limits_{x \to t}\dfrac{(x-3)(x-4)^2(x-2-p)}{(x-1)(x-2)^2(x-p)}$에서 $t=p$일 때,

극한값이 존재하기 위해서는 $p=3$ 또는 $p=4$이다.

$f(x)=(x-1)(x-2)^2(x-3)$ 또는

$f(x)=(x-1)(x-2)^2(x-4)$

$\therefore\ f(0)=12$ 또는 $f(0)=16$

③ $f(x)=(x-1)(x-2)(x-p)^2$ $(p\neq 1, p\neq 2)$

(가)에서 $\lim\limits_{x \to t}\dfrac{(x-3)(x-4)(x-2-p)^2}{(x-1)^2(x-2)(x-p)^2}$에서 $t=p$일 때,

극한값이 존재하기 위해서는 $p=2+p$이어야 하는데 p가
존재하지 않기 때문에 모순이다.

(ii) 실근의 개수가 4일 때,

$f(x)=(x-1)(x-2)(x-p)(x-q)$이다.

(가)에서 $\lim\limits_{x \to t}\dfrac{(x-3)(x-4)(x-2-p)(x-2-q)}{(x-1)(x-2)(x-p)(x-q)}$에서 $t=p$일

때, 극한값이 존재하기 위해서는 $p=3$ 또는 $p=4$ 또는
$p=2+q$이다.

① $p=3$ 일 때,

$\lim\limits_{x \to t}\dfrac{(x-3)(x-4)(x-5)(x-2-q)}{(x-1)(x-2)(x-3)(x-q)}$으로 $t=3$일 때,

존재한다.

$t=q$일 때 존재하기 위해서는 $q=4$ 또는 $q=5$이어야 한다.

따라서 $f(x)=(x-1)(x-2)(x-3)(x-4)$ 또는

$f(x)=(x-1)(x-2)(x-3)(x-5)$이다.

$\therefore\ f(0)=24$ 또는 $f(0)=30$

② $p=4$ 일 때,

$\lim\limits_{x \to t}\dfrac{(x-3)(x-4)(x-6)(x-2-q)}{(x-1)(x-2)(x-4)(x-q)}$으로 $t=4$일 때,

존재한다.

$t=q$일 때 존재하기 위해서는 $q=3$ 또는 $q=6$이어야 한다.

따라서 $f(x)=(x-1)(x-2)(x-3)(x-4)$(중복) 또는

$f(x)=(x-1)(x-2)(x-4)(x-6)$이다.

$\therefore\ f(0)=24$ 또는 $f(0)=48$

③ $p=2+q$ 일 때,

$\lim\limits_{x \to t}\dfrac{(x-3)(x-4)(x-4-q)(x-2-q)}{(x-1)(x-2)(x-2-q)(x-q)}$으로 $t=2+q$일 때,

존재한다.

$t=q$일 때 존재하기 위해서는 $q=3$ 또는 $q=4$이어야 한다.

(p, q)의 값은 $(5, 3)$, $(6, 4)$

따라서 $f(x)=(x-1)(x-2)(x-3)(x-5)$(중복) 또는

$f(x)=(x-1)(x-2)(x-4)(x-6)$(중복)이다.

$\therefore\ f(0)=30$ 또는 $f(0)=48$

(i), (ii)에서

$\therefore\ f(0)=6$ 또는 $f(0)=8$ 또는 $f(0)=12$ 또는 $f(0)=16$ 또는
$f(0)=24$ 또는 $f(0)=30$
또는 $f(0)=48$

따라서 $f(0)$의 최솟값은 6이고 최댓값은 48이므로 합은
$6+48=54$이다.

02 정답 ③

함수 $f(x)$가 $x=a$에서 연속이기 위해서는

$\lim\limits_{x \to a-}f(x)=\lim\limits_{x \to a+}f(x) \to a^3=4a \to a=-2$ 또는 $a=0$ 또는

$a=2$ 일 때다.

$\lim\limits_{x \to t-}f(x)-\lim\limits_{x \to t+}f(x)=(t-2)(5t+1)(t+1)$ $\cdots\cdots$ ㉠

함수 $f(x)$가 $x=a$에서 연속이면 ㉠의 좌변의 값은

항상 0이므로 $(t-2)(5t+1)(t+1)=0$을 만족시키는 t의 값은

-1, $-\dfrac{1}{5}$, 2로 3개다. $\cdots\cdots$ ㉡

실수 t의 값의 개수가 짝수이기 위해서는 함수 $f(x)$가

$x=a$에서 불연속이어야 하고 ㉡에서 다른 t의 값이

추가(i)되거나 제외(ii)되어야 한다.

(i) ㉡의 t의 값 외에 추가되는 경우

함수 $f(x)$가 $x=a$에서 불연속이고 $a=t$일 때, $\lim\limits_{x \to t-}f(x)=t^3$,

$\lim\limits_{x \to t+}f(x)=4t$이므로

$t^3-4t=(t-2)(5t+1)(t+1)$

$(t-2)(t^2+2t)-(t-2)(5t^2+6t+1)=0$

$(t-2)(t^2+2t-5t^2-6t-1)=0$

$(t-2)(2t+1)^2=0$

$t=2$ 또는 $t=-\dfrac{1}{2}$

에서 $a=-\dfrac{1}{2}$이면 ㉠을 만족시키는 t의 값은

-1, $-\dfrac{1}{5}$, 2, $-\dfrac{1}{2}$로 4개다.

(ii) ㉡의 t의 값에서 제외되는 경우

① $a=t=-1$일 때,

$$f(x)=\begin{cases} x^3 & (x<-1) \\ 4x & (x \geq -1) \end{cases}$$

(좌변) $=\displaystyle\lim_{x \to -1-} f(x)-\lim_{x \to -1+} f(x)=(-1)-(-4)=3 \neq 0$이고

그 외의 경우는 (좌변)$=0$이므로

$a=-1$이면 ㉡에서 t의 값은 $-\dfrac{1}{5}$, 2로 2개(짝수)이다.

② $a=t=-\dfrac{1}{5}$일 때,

$$f(x)=\begin{cases} x^3 & \left(x<-\dfrac{1}{5}\right) \\[2mm] 4x & \left(x \geq -\dfrac{1}{5}\right) \end{cases}$$

(좌변)

$=\displaystyle\lim_{x \to -\frac{1}{5}-} f(x)-\lim_{x \to -\frac{1}{5}+} f(x)=\left(-\dfrac{1}{125}\right)-\left(-\dfrac{4}{5}\right)=\dfrac{99}{125} \neq 0$이

고 그 외의 경우는 (좌변)$=0$이므로 $a=-\dfrac{1}{5}$이면 ㉡에서

t의 값은 -1, 2로 2개(짝수)이다.

(i), (ii)에서 조건을 만족시키는 a의 값은 -1, $-\dfrac{1}{2}$, $-\dfrac{1}{5}$이다.

따라서 모든 a의 값의 합은 $-\dfrac{17}{10}$이다.

03 정답 ②

[출제자 : 이소영T]

[그림 : 최성훈T]

(가) 조건에서 방정식 $f(x)=0$의 서로 다른 실근의 개수는 2개 이상이므로 실근이 중근과 다른 한 실근, 서로 다른 세 실근의 경우로 나누어 생각한다.

(i) $y=f(x)$가 중근을 가질 경우

함수 $f(x)$가 $x=\alpha$ $(\alpha=\alpha_1,\ \alpha=\alpha_2)$에서 x축에 접하고 $f(\beta)=0$이라고 하면

(나) 조건을 만족하기 위해서는 평행이동 된 함수 $f(x+k)$가 중근이 아닌 근 β를 반드시 지나야 한다.

① $t=\alpha_1$에서 극한값이 없고, $k>0$일 경우

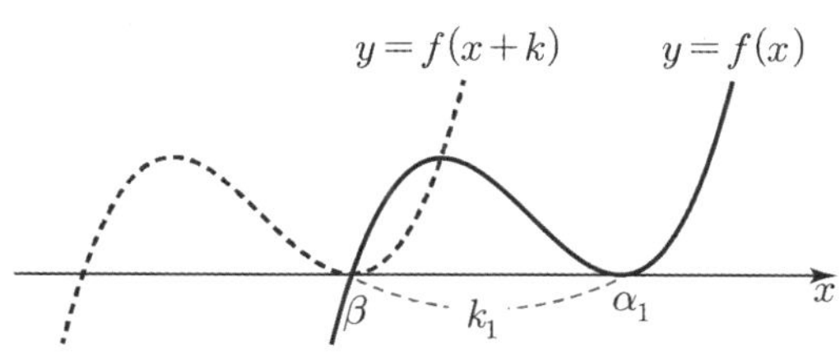

이때 x축으로 평행이동 한 값 $-k$의 크기를 k_1이라 하면 $\beta=\alpha_1-k_1$이 되고,

$$\lim_{x \to \alpha_1}\frac{f(x+k)}{f(x)}=\lim_{x \to \alpha_1}\frac{(x-\alpha_1+k_1)^2(x-\alpha_1+2k_1)}{(x-\alpha_1)^2(x-\alpha_1+k_1)}$$ 이므로

x는 α_1에서 극한값이 없다.

이때의 함수를 $f_1(x)$라 하면 $f_1(x)=(x-\alpha_1)^2(x-\alpha_1+k_1)$이 되고,

$f_1(\alpha_1+1)=1+k_1$ …… ㉠

② $t=\alpha_2$에서 극한값이 없고, $k<0$일 경우

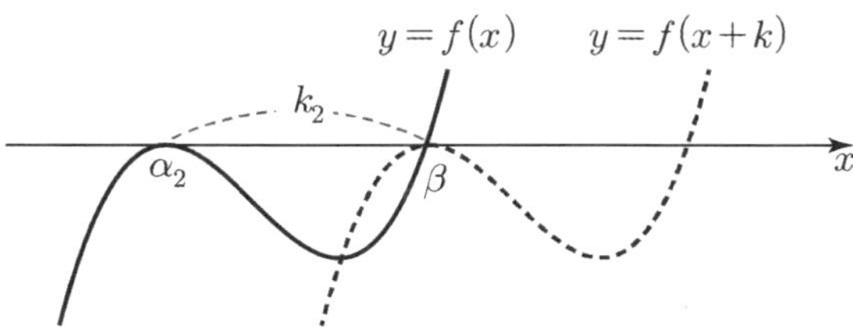

이때 x축으로 평행이동 한 값을 $-k$의 크기를 k_2이라 하면 $\beta=\alpha_2+k_2$가 되고,

$$\lim_{x \to \alpha_2}\frac{f(x+k)}{f(x)}=\lim_{x \to \alpha_2}\frac{(x-\alpha_2-k_2)^2(x-\alpha_2-2k_2)}{(x-\alpha_2)^2(x-\alpha_2-k_2)}$$ 이므로

x는 α_2에서 극한값이 없다.

이때의 함수를 $f_2(x)$라 하면 $f_2(x)=(x-\alpha_2)^2(x-\alpha_2-k_2)$이 되고,

$f_2(\alpha_2+1)=1-k_2$ …… ㉡

(ii) $y=f(x)$가 서로 다른 세 실근을 가질 경우

(나) 조건을 만족하기 위해서는 평행이동 된 함수 $f(x+k)$가 극한값이 존재하지 않는 a_n을 제외한 두 근을 지나가야 한다.

③ $t=\alpha_3$에서 극한값이 없고, $k>0$일 경우

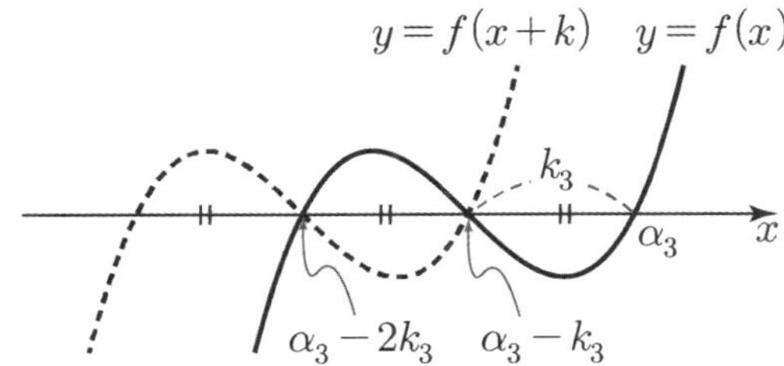

이때 x축으로 평행이동 한 값을 $-k$의 크기를 k_3이라 하면 세 실근은 α_3, α_3-k_3, α_3-2k_3이 되고,

$$\lim_{x \to \alpha_1} \frac{f(x+k)}{f(x)}$$

$$= \lim_{x \to \alpha_3} \frac{(x-\alpha_3+k_3)(x-\alpha_3+2k_3)(x-\alpha_3+3k_3)}{(x-\alpha_3)(x-\alpha_3+k_3)(x-\alpha_3+2k_3)} \text{이므로}$$

x는 α_3에서 극한값이 없다.

이때의 함수를 $f_3(x)$라 하면

$f_3(x) = (x-\alpha_3)(x-\alpha_3+k_3)(x-\alpha_3+2k_3)$이 되고,

$f_3(\alpha_3+1) = (1+k_3)(1+2k_3) \cdots\cdots$ ㉢

④ $t = \alpha_4$에서 극한값이 없고, $k < 0$일 경우

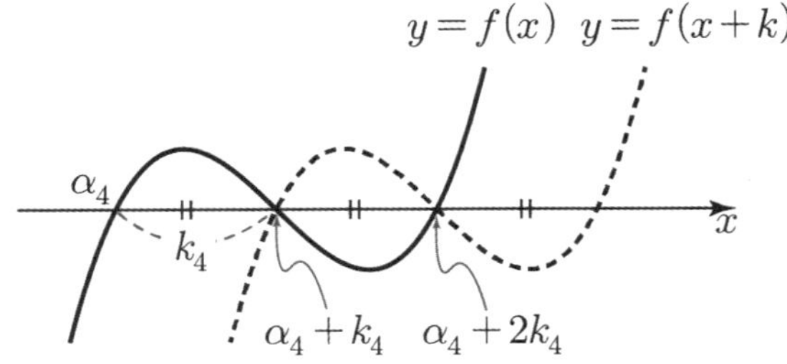

이때 x축으로 평행이동 한 값을 $-k$의 크기를 k_4라 하면

세 실근은 α_4, α_3+k_4, α_3+2k_4이 되고,

$$\lim_{x \to \alpha_4} \frac{f(x+k)}{f(x)}$$

$$= \lim_{x \to \alpha_4} \frac{(x-\alpha_4-k_4)(x-\alpha_4-2k_4)(x-\alpha_4-3k_4)}{(x-\alpha_4)(x-\alpha_4-k_4)(x-\alpha_4-2k_4)} \text{이므로}$$

x는 α_4에서 극한값이 없다.

이때의 함수를 $f_4(x)$라 하면

$f_4(x) = (x-\alpha_4)(x-\alpha_4-k_4)(x-\alpha_4-2k_4)$이 되고,

$f_4(\alpha_4+1) = (1-k_4)(1-2k_4) \cdots\cdots$ ㉣

(나)에서 모든 정수 k의 곱이 1이라고 하였으므로 평행이동된 $-k$는 $-k_1$, k_2, $-k_3$, k_4이고 k는 k_1, $-k_2$, k_3, $-k_4$이므로 $k_1 = k_2 = k_3 = k_4 = 1$이다.

㉠, ㉡, ㉢, ㉣에서

$$\sum_{n=1}^{m} f_n(\alpha_n+1)$$

$$= \sum_{n=1}^{4} f_n(\alpha_n+1)$$

$$= f_1(\alpha_1+1) + f_2(\alpha_2+1) + f_3(\alpha_3+1) + f_4(\alpha_4+1)$$

$$= 1 + k_1 + 1 - k_2 + (1+k_3)(1+2k_3) + (1-k_4)(1-2k_4)$$

$$= 1 + 1 + 1 - 1 + (1+1)(1+2) + (1-1)(1-2)$$

$$= 2 + 6 = 8$$

이다.

---

04 정답 4

[출제자 : 김종렬T]

[그림 : 배용제T]

[검토 : 장세완T]

$$f(x-2) = \begin{cases} 1 & (1 < x \le 3) \\ -1 & (x \le 1 \ \text{또는} \ x > 3) \end{cases}$$

(i) $x \le -1$일 때

$f(x) = -1$, $f(x-2) = -1$이므로 $\dfrac{f(x)}{f(x-2)} = \dfrac{-1}{-1} = 1$

(ii) $-1 < x \le 1$일 때

$f(x) = 1$, $f(x-2) = -1$이므로 $\dfrac{f(x)}{f(x-2)} = \dfrac{1}{-1} = -1$

(iii) $1 < x \le 3$일 때

$f(x) = -1$, $f(x-2) = 1$이므로 $\dfrac{f(x)}{f(x-2)} = \dfrac{-1}{1} = -1$

(iv) $x > 3$일 때

$f(x) = -1$, $f(x-2) = -1$이므로 $\dfrac{f(x)}{f(x-2)} = \dfrac{-1}{-1} = 1$

따라서 함수 $y = \dfrac{f(x)}{f(x-2)}$의 그래프는 그림과 같다.

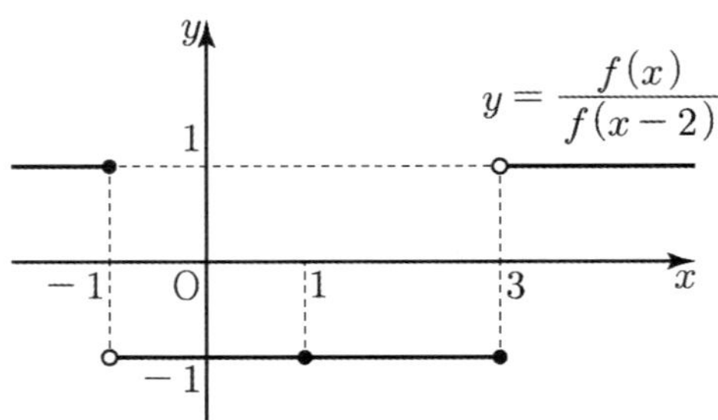

그러므로 함수 $\dfrac{f(x)}{f(x-2)}$가 불연속인 점은 $x = -1$, $x = 3$의 2개다.

$\therefore n = 2$, $S = (-1) + 3 = 2$

$\therefore n + S = 2 + 2 = 4$

05 정답 ②

[출제자 : 오세준T]

[검토 : 오정화T]

조건 (가)에서 $f(p^2+8) = 0$이므로

$f(x) = (x-p^2-8)(x-k)$라 하면

$f(x^2+8) = (x^2-p^2)(x^2+8-k) = 0$

$p \ne 0$이면 $f(x^2+8) = 0$을 만족하는 x가 $\pm p$이므로 성립하지 않는다.

따라서 $p = 0$이고 $8 - k > 0$여야 하고

$f(x) = (x-8)(x-k)$이다.

조건 (나)에서

$f(-x+2) = (-x-6)(-x+2-k)$이고

$$f(x^3)=(x^3-8)(x^3-k)$$
$$=(x-2)(x^2+2x+4)(x-\sqrt[3]{k})(x^2+\sqrt[3]{k}x+\sqrt[3]{k^2})$$

$\displaystyle\lim_{x\to r}h(x)$의 값이 존재하고, $8-k>0$이므로

$r=2$이고 $q=k=0$이다.

$$f(-x+2)=(-x-6)(-x+2)$$이고
$$f(x^3)=x^3(x^3-8)$$이므로

$$\lim_{x\to r}h(x)=\lim_{x\to 2}\frac{f(-x+2)}{f(x^3)}$$
$$=\lim_{x\to 2}\frac{(-x-6)(-x+2)}{x^3(x-2)(x^2+2x+4)}$$
$$=\lim_{x\to 2}\frac{(x+6)}{x^3(x^2+2x+4)}$$
$$=\frac{8}{8\times 12}=\frac{1}{12}$$

또한

$$\lim_{x\to p}g(x)=\lim_{x\to 0}\frac{2x^2}{f(x^2+8)}$$
$$=\lim_{x\to 0}\frac{2x^2}{x^2(x^2+8)}$$
$$=\lim_{x\to 0}\frac{2}{x^2+8}$$
$$=\frac{1}{4}$$

따라서
$$\lim_{x\to p}g(x)+\lim_{x\to r}h(x)=\lim_{x\to 0}g(x)+\lim_{x\to 2}h(x)$$
$$=\frac{1}{12}+\frac{1}{4}=\frac{1}{3}$$

06 정답 4

[그림 : 이정배T]

$f(x)=\dfrac{-2a+b}{x+2}+a$에서 함수 $f(x)$의 점근선은

$x=-2$, $y=a$이다.

(i) $a=0$일 때, 함수 $g(t)$는 $t=0$일 때만 불연속이므로 모순이다.

(ii) $a<0$일 때,
$y=|f(x)|$의 점근선은 $x=-2$, $y=-a$이므로
방정식 $|f(x)|=t$의 서로 다른 실근의 개수 $g(t)$는

$$g(t)=\begin{cases}0 & (t<0)\\ 1 & (t=0)\\ 2 & (0<t<-a)\\ 1 & (t=-a)\\ 2 & (t>-a)\end{cases}$$

이다. 함수 $g(t)$는 $t=0$과 $t=-a$에서 불연속이다.

(가)에서 $a=-b$이다.

$f(x)=\dfrac{3b}{x+2}-b\ (b>0)$의 그래프와 $y=|f(x)|$의 그래프는 다음 그림과 같다.

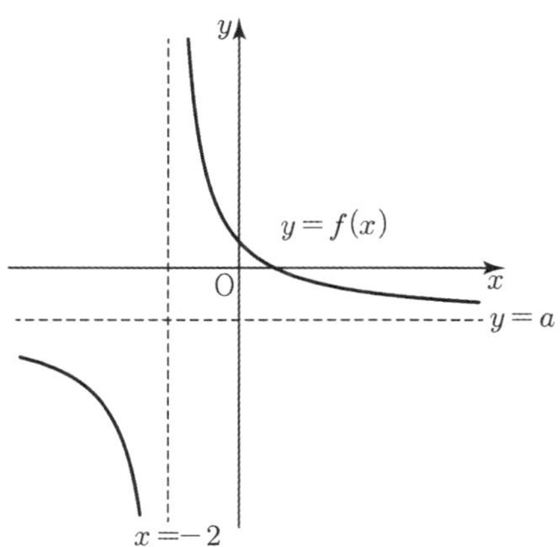

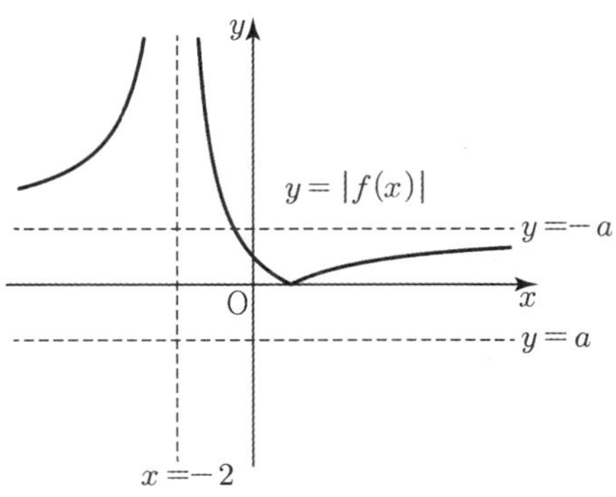

방정식 $|f(x)|=tx$의 실근의 개수 $h(t)$는 $t<0$일 때 항상 연속이지 않다. 따라서 (나)에 모순이다.

(iii) $a>0$일 때,

$f(x)=\dfrac{-2a+b}{x+2}+a$에서

$y=|f(x)|$의 점근선은 $x=-2$, $y=a$이고

(가)에서 $a=b$이므로 $f(x)=\dfrac{-b}{x+2}+b\ (b>0)$의 그래프와
$y=|f(x)|$의 그래프는 다음 그림과 같다.

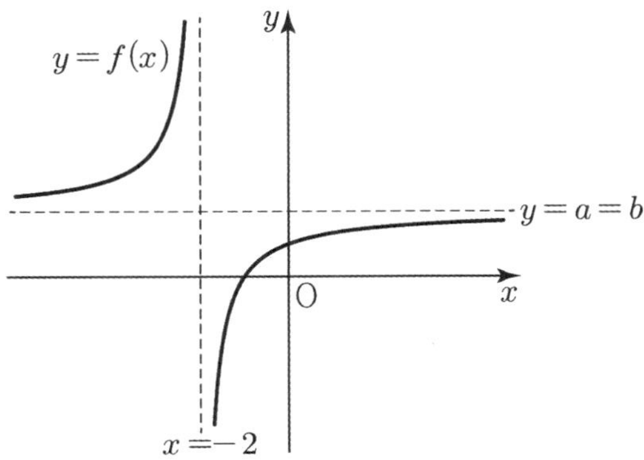

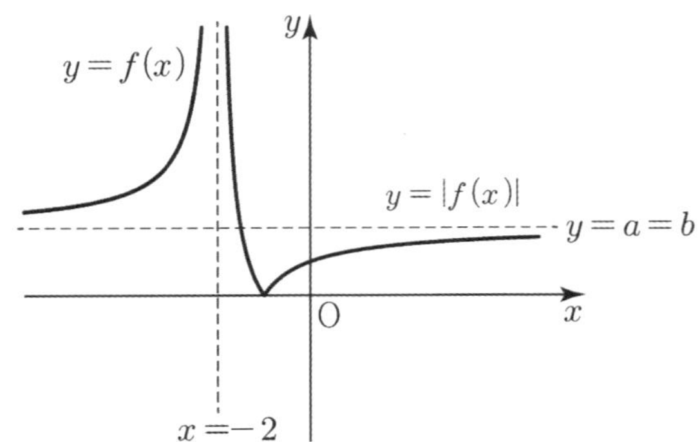

$f(-1) = 0$이므로 $p = \lim\limits_{t \to f(-1)+} g(t) = \lim\limits_{t \to 0+} g(t) = 2$

$h(t) = \begin{cases} 3 \ (t < 0) \\ 1 \ (t \geq 0) \end{cases}$ 이므로 $q = \lim\limits_{t \to 0-} h(t) - \lim\limits_{t \to 0+} h(t) = 3 - 1 = 2$

따라서 $p + q = 4$

07 정답 3

$f(x) = \begin{cases} x(x-1)(x-4) \ (x \leq 3) \\ x(x-a) \qquad\quad (x > 3) \end{cases}$ 이므로

$x \neq a$일 때,

$h(x) = \begin{cases} \dfrac{g(x)}{x(x-1)(x-4)} \ (x < 0, \ 0 < x < 1, \ 1 < x \leq 3) \\[3mm] \dfrac{g(x)}{x(x-a)} \qquad\quad (3 < x < a, \ x > a) \\[3mm] k \qquad\qquad\quad\ (x = 0) \\[3mm] \dfrac{2}{3}k \qquad\qquad\ (x = 1) \end{cases}$

라 할 수 있다.

함수 $h(x)$가 실수 전체의 집합에서 연속이므로 함수 $h(x)$는
$x = 0$, $x = 1$, $x = 3$, $x = a$에서 연속이어야 한다.
따라서 최고차항의 계수가 1인 사차함수 $g(x)$는
$g(x) = x(x-1)(x-3)(x-a)$이다.
그러므로

$h(x) = \begin{cases} \dfrac{(x-3)(x-a)}{(x-4)} \ (x < 0, \ 0 < x < 1, \ 1 < x \leq 3) \\[3mm] (x-1)(x-3) \ (3 < x < a, \ x > a) \\[3mm] k \qquad\qquad (x = 0) \\[3mm] \dfrac{2}{3}k \qquad\qquad (x = 1) \end{cases}$

이다. $h(0) = k$, $h(1) = \dfrac{2}{3}k$이므로 $h(0) = \dfrac{3}{2}h(1)$이다.

$h(x)$가 $x = 0$과 $x = 1$에서 연속이므로

$h(0) = \lim\limits_{x \to 0} h(x) = \lim\limits_{x \to 0} \dfrac{(x-3)(x-a)}{(x-4)} = \dfrac{3a}{-4}$

$h(1) = \lim\limits_{x \to 1} h(x) = \lim\limits_{x \to 1} \dfrac{(x-3)(x-a)}{(x-4)} = \dfrac{-2(1-a)}{-3} = \dfrac{2-2a}{3}$

$h(0) = \dfrac{3}{2}h(1)$이므로 $\dfrac{3a}{-4} = \dfrac{3}{2} \times \dfrac{2-2a}{3}$

$\dfrac{3a}{-4} = 1 - a$

$3a = -4 + 4a$

$\therefore \ a = 4$

따라서 $h(a) = h(4) = \lim\limits_{x \to 4} h(x) = \lim\limits_{x \to 4} (x-1)(x-3) = 3 \times 1 = 3$

이다.

08 정답 45

함수 $f(x)$의 그래프는 다음 그림과 같다.

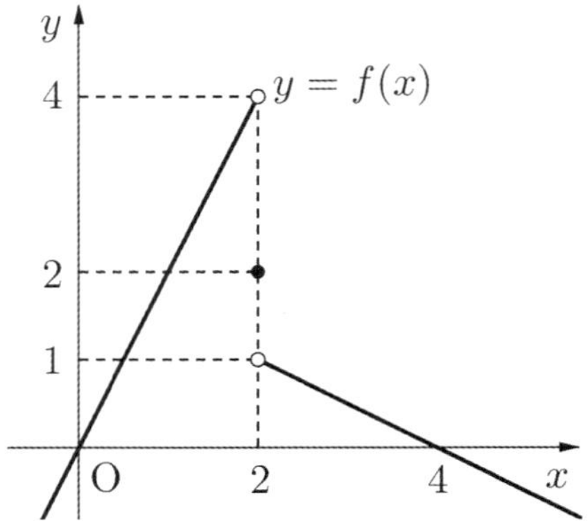

함수 $||f(x)+a|+b|$가 실수 전체의 집합에서 연속이기
위해서는 함수 $||f(x)+a|+b|$가 $x = 2$에서 연속이면 된다.
$g(x) = |f(x)+a|$라 할 때, $||f(x)+a|+b|$가 $x = 2$에서
연속이려면 $\lim\limits_{x \to 2-} g(x)$, $g(2)$, $\lim\limits_{x \to 2+} g(x)$의 세가지 값중에
두가지의 값이 일치하고 나머지 하나는 부호가 반대여야 한다.
따라서 $\lim\limits_{x \to 2-} g(x) = g(2)$, $\lim\limits_{x \to 2+} g(x) = g(2)$,
$\lim\limits_{x \to 2-} g(x) = \lim\limits_{x \to 2+} g(x)$가 성립할 수 있게 a를 정한 뒤
$h(x) = ||g(x)+b|$라 할 때, $h(x)$가 $x = 2$에서 연속이 되도록
b의 값을 정하도록 하자.

(i) $\lim\limits_{x \to 2-} g(x) = g(2)$일 때,

$\lim\limits_{x \to 2-} g(x) = |4+a|$, $g(2) = |2+a|$이므로

$|4+a| = |2+a|$

$4 + a = -2 - a$

$\therefore \ a = -3$

함수 $h(x)$가 $x = 2$에서 연속이기 위해서는

$|1+b| = |2+b|$

$-1 - b = 2 + b$

$-3 = 2b$

$\therefore \ b = -\dfrac{3}{2}$

따라서 $a + b = -\dfrac{9}{2}$

(ii) $\lim\limits_{x \to 2+} g(x) = g(2)$ 일 때,

$\lim\limits_{x \to 2+} g(x) = |1+a|$, $g(2) = |2+a|$ 이므로

$|1+a| = |2+a|$

$-1-a = 2+a$

$\therefore a = -\dfrac{3}{2}$

함수 $h(x)$ 가 $x=2$ 에서 연속이기 위해서는

$\left| \dfrac{5}{2} + b \right| = \left| \dfrac{1}{2} + b \right|$

$\dfrac{5}{2} + b = -\dfrac{1}{2} - b$

$\therefore b = -\dfrac{3}{2}$

따라서 $a+b = -3$

(iii) $\lim\limits_{x \to 2-} g(x) = \lim\limits_{x \to 2+} g(x)$ 일 때,

$\lim\limits_{x \to 2-} g(x) = |4+a|$, $\lim\limits_{x \to 2+} g(x) = |1+a|$ 이므로

$|4+a| = |1+a|$

$4+a = -1-a$

$\therefore a = -\dfrac{5}{2}$

함수 $h(x)$ 가 $x=2$ 에서 연속이기 위해서는

$\left| \dfrac{3}{2} + b \right| = \left| \dfrac{1}{2} + b \right|$

$\dfrac{3}{2} + b = -\dfrac{1}{2} - b$

$\therefore b = -1$

따라서 $a+b = -\dfrac{7}{2}$

(i), (ii), (iii)에서 $a+b = -\dfrac{9}{2}$ 또는 $a+b = -3$ 또는

$a+b = -\dfrac{7}{2}$ 이다.

따라서 $m = -\dfrac{9}{2}$ 이고

$10m = -45$

그러므로 $|10m| = 45$

09 정답 ③

(i) 이차함수 $f(x)$ 는 아래로 볼록이고 모든 실수 x 에 대하여 $f(x) \geq 0$ 이면

모든 실수 x 에 대하여 $|f(x)| = f(x)$

이므로 모든 점에서 좌우 미분계수의 값이 같으므로

$\lim\limits_{h \to 0-} \dfrac{|f(a+h)| - |f(a)|}{h} \times \lim\limits_{h \to 0+} \dfrac{|f(a+h)| - |f(a)|}{h} > 0$

이고 꼭짓점의 x 좌표가 a 가 아니라면

$\lim\limits_{h \to 0-} \dfrac{|f(a+h)| - |f(a)|}{h} \times \lim\limits_{h \to 0+} \dfrac{|f(a+h)| - |f(a)|}{h} = 0$

이므로

$\lim\limits_{h \to 0-} \dfrac{|f(a+h)| - |f(a)|}{h} \times \lim\limits_{h \to 0+} \dfrac{|f(a+h)| - |f(a)|}{h} < 0$을

만족하는 a 는 존재하지 않는다.

(ii) 이차함수 $f(x)$ 가 x 축과 서로 다른 두 점에서 만날 때,

방정식 $f(x) = 0$ 의 해를 $x = \alpha$, $x = \beta$ 라면 $y = |f(x)|$ 의

그래프에서 $x = \alpha$ 와 $x = \beta$ 에서 뾰족점이 생기므로

$\lim\limits_{h \to 0-} \dfrac{|f(a+h)| - |f(a)|}{h} \times \lim\limits_{h \to 0+} \dfrac{|f(a+h)| - |f(a)|}{h} < 0$ 을

만족하는 a 의 값이 α 와 β 이다.

$\alpha + \beta = 0$ 이고 $\alpha\beta = -4$ 에서 $\alpha = -2$, $\beta = 2$ 이다.

(i), (ii)에서 $f(x) = x^2 - 4$ 이다.

따라서 $g(x) = (x^2 - 1)(x^2 - 4)$ 에서

$\lim\limits_{h \to 0-} \dfrac{|g(b+h)| - |g(b)|}{h} \times \lim\limits_{h \to 0+} \dfrac{|g(b+h)| - |g(b)|}{h} < 0$

을 만족하는 b 의 값은 $g(x) = 0$ 의 해인 -2, -1, 1, 2 이다.

또한 $g'(x) = 2x(x^2 - 4) + 2x(x^2 - 1) = 2x(2x^2 - 5)$ 에서

$\lim\limits_{h \to 0-} \dfrac{|g(b+h)| - |g(b)|}{h} \times \lim\limits_{h \to 0+} \dfrac{|g(b+h)| - |g(b)|}{h} = 0$

을 만족하는 b 의 값은 $g'(x) = 0$ 의 해인 $-\dfrac{\sqrt{10}}{2}$, 0,

$\dfrac{\sqrt{10}}{2}$ 이다.

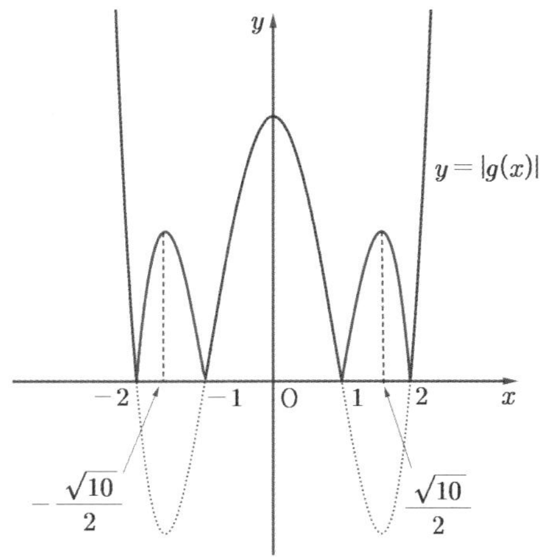

따라서

$b_1 = -2$, $b_2 = -\dfrac{\sqrt{10}}{2}$, $b_3 = -1$, $b_4 = 0$, $b_5 = 1$,

$b_6 = \dfrac{\sqrt{10}}{2}$, $b_7 = 2$ 이다.

$n = 7$ 이고 $f(x) = x^2 - 4$ 에서 $f(7) = 45$

$\sum\limits_{k=1}^{n} |b_k| = 2 \times \left(1 + \dfrac{\sqrt{10}}{2} + 2 \right) = 6 + \sqrt{10}$

$f(n) + \sum\limits_{k=1}^{n} |b_k| = 45 + 6 + \sqrt{10} = 51 + \sqrt{10}$

10 정답 14

(나)에서 10의 약수는 1, 2, 5, 10으로 자연수 중 2의 배수, 5의 배수는 10과 서로소가 아니다.

따라서 20이하의 자연수 중 2의 배수, 5의 배수는
$\lim\limits_{x \to n-} f(x) = f(n)$을 만족한다.

(다)에서 20이하의 소수가 아닌 수 인 1, 4, 6, 8, 9, 10, 12,
14, 15, 16, 18, 20에 대해서는
$\lim\limits_{x \to n+} f(x) = f(n)$이 성립한다.

함수 $f(x)$가 닫힌구간 $[m, m+1]$에서 연속이려면
$\lim\limits_{x \to m+} f(x) = f(m)$이고
$\lim\limits_{x \to (m+1)-} f(x) = f(m+1)$이어야 한다.

그림으로 표현하면 다음과 같다.

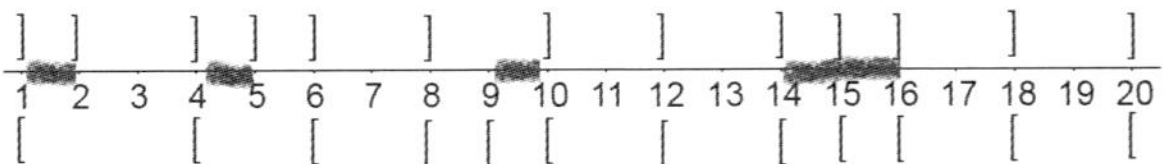

함수 $f(x)$는 닫힌구간 $[1, 2]$, $[4, 5]$, $[9, 10]$,
$[14, 16]$에서 연속이다.
따라서 20이하의 자연수 m에 대하여 닫힌구간
$[m, m+2]$에서 연속인 m의 값은 14이다.

11 정답 77

(i) $a > c$일 때,
$$\lim_{x \to c} \frac{|x-a|-|a-c|}{x-c}$$
$$= \lim_{x \to c} \frac{-(x-a)-(a-c)}{x-c}$$
$$= \lim_{x \to c} \frac{-(x-c)}{x-c} = -1 \ (모순)$$

(ii) $a = c$일 때,
$$\lim_{x \to c} \frac{|x-a|-|a-c|}{x-c}$$
$$= \lim_{x \to c} \frac{|x-c|}{x-c} \to \begin{cases} \lim\limits_{x \to c+} \dfrac{x-c}{x-c} = 1 \\ \lim\limits_{x \to c-} \dfrac{-(x-c)}{x-c} = -1 \end{cases} \Rightarrow (발산)$$

(iii) $a < c$일 때,
$$\lim_{x \to c} \frac{|x-a|-|a-c|}{x-c}$$
$$= \lim_{x \to c} \frac{(x-a)+(a-c)}{x-c}$$
$$= \lim_{x \to c} \frac{x-c}{x-c} = 1$$

따라서 $b = 1$이다.
$a+b \le 77$에서 $a \le 76$이므로 $c = 77$이다.

[랑데뷰팁]
만약 $c = 78$이면 $a < 78$인 자연수이므로 $a+b$의
최댓값은 $a = 77$, $b = 1$일 때 78이므로 모순이다.

12 정답 4

점 A에서 x축에 내린 수선의 발을 α, 점 D에서 x축에 내린
수선의 발을 β라 하면

α와 β는 $y = -x+t$와 $y = \dfrac{1}{x}$의 교점의 x좌표 이므로

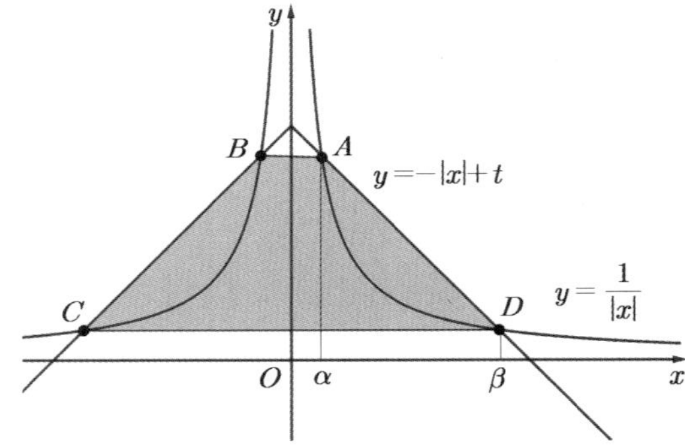

방정식 $-x+t = \dfrac{1}{x}$의 서로 다른 두 근이다.

따라서 $x^2 - tx + 1 = 0$의 두 근이 α와 β이다.
$\alpha + \beta = t$, $\alpha\beta = 1$이므로
$$\beta - \alpha = \sqrt{(\alpha+\beta)^2 - 4\alpha\beta} = \sqrt{t^2 - 4}$$
한편,
사각형 ABCD는 사다리꼴이고 $\overline{AB} = 2\alpha$, $\overline{CD} = 2\beta$이고
사다리꼴의 높이는 $(-\alpha+t)-(-\beta+t) = \beta - \alpha$이다.

따라서 $f(t) = 2(\alpha+\beta) \times (\beta-\alpha) \times \dfrac{1}{2} = t\sqrt{t^2-4}$

한편 A$(\alpha, -\alpha+t)$, D$(\beta, -\beta+t)$에서
$$\overline{AD} = \sqrt{2(\beta-\alpha)^2} = \sqrt{2}(\beta-\alpha) = \sqrt{2}\sqrt{t^2-4}$$
따라서 $f(t)g(t) = \sqrt{2}\,t(t^2-4)$
$$\lim_{t \to \infty} \frac{f(t)g(t)}{t^3} = \sqrt{2}$$
$k = \sqrt{2}$이므로 $k^4 = 4$

13 정답 ①

$y = f(x)$는 원점대칭함수이므로
$g(-x) = f(f(-x)) = (f(-f(x))) = -f(f(x)) = -g(x)$
즉, $y = g(x)$는 원점대칭함수이다.
따라서 $y = g(g(x))$ 또한 원점대칭함수이다.
$\therefore g(g(-1)) + g(g(1)) = 0 \cdots ①$
$\lim\limits_{x \to -1-} g(x)$에서 $t = -x$라 하자.

그러면 $x \to -1-$일 때, $t \to 1+$이므로
$$\lim_{x \to -1-} g(x) = \lim_{t \to 1+} g(-t) = -\lim_{t \to 1+} g(t)$$
$\therefore \lim\limits_{x \to -1-} g(x) + \lim\limits_{x \to 1+} g(x) = 0 \cdots ②$
따라서 ①, ②에 의하여
$$g(g(-1)) + g(g(1)) + \lim_{x \to -1-} g(x) + \lim_{x \to 1+} g(x) = 0$$

14 정답 10

함수 $f(x) = x^3 - 3x^2 + a$의 도함수는
$f'(x) = 3x^2 - 6x$이고
$f'(x) = 0$의 해는 $x = 0$, $x = 2$이므로 함수 $f(x)$는
$x = 0$에서 극대, $x = 2$에서 극소이다.
즉, $f(0) = a$는 극댓값이 된다.

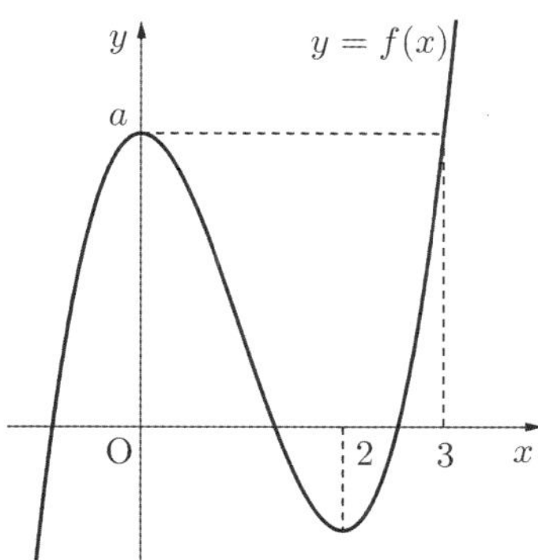

$(g \circ f)(x)$가 $x = 0$에서 연속이 되려면
$\lim\limits_{x \to 0} g(f(x)) = g(f(0))$이 만족해야한다.

$g(f(0)) = g(a)$, $\lim\limits_{x \to 0} g(f(x)) = \lim\limits_{x \to a-} g(x)$

$\lim\limits_{x \to a-} g(x) = g(a)$를 만족하는 정수 중에 최댓값은 1
$\therefore m = 1$
함수 $(f \circ g)(x)$가 $x = 2$에서 연속이 되려면
$\lim\limits_{x \to 2} f(g(x)) = f(g(2))$이 성립해야 한다.

$\lim\limits_{x \to 2-} f(g(x)) = \lim\limits_{x \to n-} f(x)$, $\lim\limits_{x \to 2+} f(g(x)) = \lim\limits_{x \to 0+} f(x) = a$
$(f \circ g)(2) = f(0) = a$이므로 $\lim\limits_{x \to n-} f(x) = a$ 이다.
삼차함수 $f(x)$는 모든 실수에서 연속이므로
$\lim\limits_{x \to n-} f(x) = f(n)$이다.
따라서 $f(n) = a$

삼차함수 $f(x)$는 $f(0) = f(3) = a$이고 $n > 0$이므로 $n = 3$
$\therefore m^2 + n^2 = 10$

15 정답 ④

이차방정식 $2x^2 - ax + a = 0$의 실근은
$y = 2x^2 - ax + a$와 x축의 교점의 x좌표이다.
$y = 2\left(x - \dfrac{a}{4}\right)^2 + a - \dfrac{a^2}{8}$

이차함수의 꼭짓점이 $\left(\dfrac{a}{4},\ a - \dfrac{a^2}{8}\right)$이므로

$a - \dfrac{a^2}{8} < 0 \Rightarrow a < 0$ 또는 $a > 8$일 때, $f(a) = 2$

$a - \dfrac{a^2}{8} = 0 \Rightarrow f(0) = 1$, $f(8) = 1$

$a - \dfrac{a^2}{8} > 0 \Rightarrow 0 < a < 8$일 때, $f(a) = 0$

따라서 함수 $f(a)$는 $a = 0$과 $a = 8$에서 불연속이다.
조건(나)에서 함수 $f(a) \sin\left\{\dfrac{g(a)}{3}\pi\right\}$가 $a = 8$에서 연속이기

위해서는 $\sin\left\{\dfrac{g(8)}{3}\pi\right\} = 0$이어야 한다.

(가)에서 $0 < \dfrac{g(8)}{3}\pi \leq \dfrac{10}{3}\pi$이므로

$g(8) = 3$일 때, $\sin\left\{\dfrac{g(8)}{3}\pi\right\} = \sin\pi = 0$이다.

$g(8) = 6$일 때, $\sin\left\{\dfrac{g(8)}{3}\pi\right\} = \sin 2\pi = 0$이다.

$g(8) = 9$일 때, $\sin\left\{\dfrac{g(8)}{3}\pi\right\} = \sin 3\pi = 0$이다.

따라서 $g(8)$로 가능한 값은 3, 6, 9이다.
$3 + 6 + 9 = 18$

16 정답 50

함수 $f(x)$가 연속함수이고 $\lim\limits_{x \to -1-} f(x) = 0$,
$\lim\limits_{x \to 1+} f(x) = 0$이므로
$y = ax^2 + b$는 $(-1, 0)$과 $(1, 0)$을 지나는 함수이다. b가
자연수이므로 $a < 0$이다.
$y = c||x - 2| - 1|$의 그래프는 $(2, c)$를 뾰족점으로 갖고
$(3, 0)$에서 음수 부분이 꺾여 올라가는 그래프이다.
따라서 자연수 b, c에 따라 함수 $f(x)$의 개형은 다음과 같이
6가지 경우로 나눌 수 있다.
(i) $1 = b = c \Rightarrow$ 함수 $g(t)$의 불연속인 t값은 1개
(ii) $1 = b < c \Rightarrow$ 함수 $g(t)$의 불연속인 t값은 2개
(iii) $1 = c < b \Rightarrow$ 함수 $g(t)$의 불연속인 t값은 2개
(iv) $1 < b = c \Rightarrow$ 함수 $g(t)$의 불연속인 t값은 2개
(v) $1 < c < b \Rightarrow$ 함수 $g(t)$의 불연속인 t값은 2개
(vi) $1 < b < c$

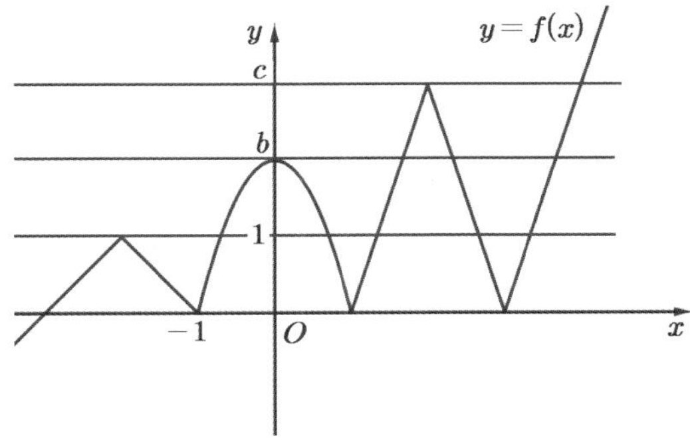

이 중 함수 $g(t)$의 불연속인 t값은 3개이려면
(vi) $1 < b < c$이어야 한다.

그럼 $t=1$, $t=b$, $t=c$에서 $g(t)$는 불연속이 된다.

그 세 값의 곱이 36이므로 $bc=36$이다.

만족하는 (b, c)의 순서쌍은 $(2, 18)$, $(3, 12)$, $(4, 9)$뿐이다.

그러므로 자연수 b, c중 b가 최대일 때는

$b=4$, $c=9$일 때다.

따라서

$$f(x)=\begin{cases} -|x+2|+1 & (x < -1) \\ -4x^2+4 & (-1 \leq x < 1) \\ 9||x-2|-1| & (x \geq 1) \end{cases}$$

$t=1$, $t=4$, $t=9$에서 $g(t)$는 불연속이다.

$$f\left(\frac{10}{3}\right)=9\left|\left|\frac{10}{3}-2\right|-1\right|=3$$

따라서 $g\left(f\left(\frac{10}{3}\right)\right)=g(3)$이고 $g(3)$은 $f(x)=3$의 가장 작은

근이므로 $3 < b=4$이므로

$-4x^2+4=3$에서 $x=-\dfrac{1}{2}$이다.

따라서 $g(3)=-\dfrac{1}{2}$

그러므로 $-100 \times g\left(f\left(\frac{10}{3}\right)\right)=-100 \times \left(-\frac{1}{2}\right)=50$

17 정답 ①

도형 A의 제3사분면에 위치한 직선 $x+y+1=0$에 접하는

원의 중심 (a, a)을 구해보면

$$\frac{|2a+1|}{\sqrt{2}}=1 \rightarrow |2a+1|=\sqrt{2} \rightarrow 2a+1=\pm\sqrt{2}$$

$$\rightarrow a=\frac{-1\pm\sqrt{2}}{2}$$이므로

$\left(\dfrac{-1-\sqrt{2}}{2}, \dfrac{-1-\sqrt{2}}{2}\right)$와 $\left(\dfrac{-1+\sqrt{2}}{2}, \dfrac{-1+\sqrt{2}}{2}\right)$이다.

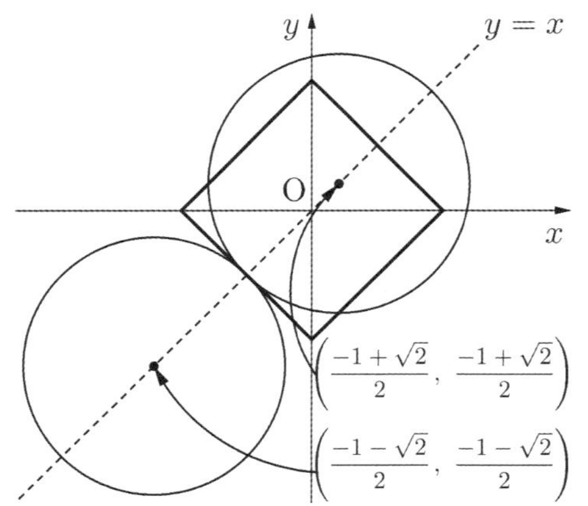

그림과 같이 중심이 $\left(\dfrac{-1-\sqrt{2}}{2}, \dfrac{-1-\sqrt{2}}{2}\right)$일 때

$f\left(\dfrac{-1-\sqrt{2}}{2}\right)=1$,

중심이 $\left(\dfrac{-1+\sqrt{2}}{2}, \dfrac{-1+\sqrt{2}}{2}\right)$일 때

$f\left(\dfrac{-1+\sqrt{2}}{2}\right)=3$이다.

도형 A의 제1사분면에 위치한 직선 $x+y-1=0$에 접하는

원의 중심 (a, a)을 구해보면

$$\frac{|2a-1|}{\sqrt{2}}=1 \rightarrow |2a-1|=\sqrt{2} \rightarrow 2a-1=\pm\sqrt{2} \rightarrow$$

$$a=\frac{1\pm\sqrt{2}}{2}$$이므로

$\left(\dfrac{1+\sqrt{2}}{2}, \dfrac{1+\sqrt{2}}{2}\right)$와 $\left(\dfrac{1-\sqrt{2}}{2}, \dfrac{1-\sqrt{2}}{2}\right)$이다.

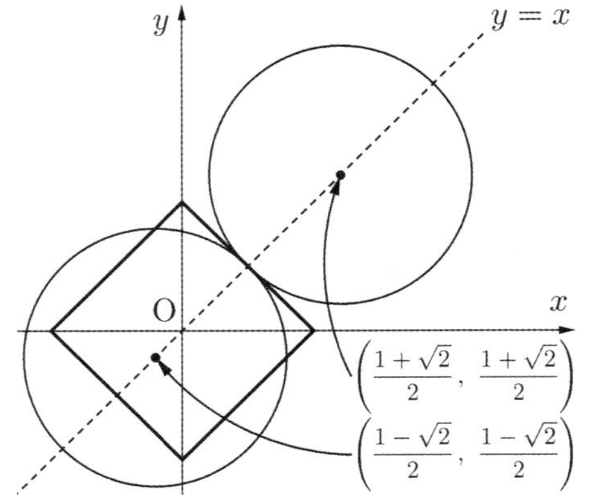

그림과 같이 중심이 $\left(\dfrac{1+\sqrt{2}}{2}, \dfrac{1+\sqrt{2}}{2}\right)$일 때

$f\left(\dfrac{1+\sqrt{2}}{2}\right)=1$,

중심이 $\left(\dfrac{1-\sqrt{2}}{2}, \dfrac{1-\sqrt{2}}{2}\right)$일 때 $f\left(\dfrac{1-\sqrt{2}}{2}\right)=3$이다.

$a=0$일 때, 즉 중심이 $(0, 0)$이면 $f(0)=4$이다.

따라서 $f(a)$는 다음 그림과 같다.

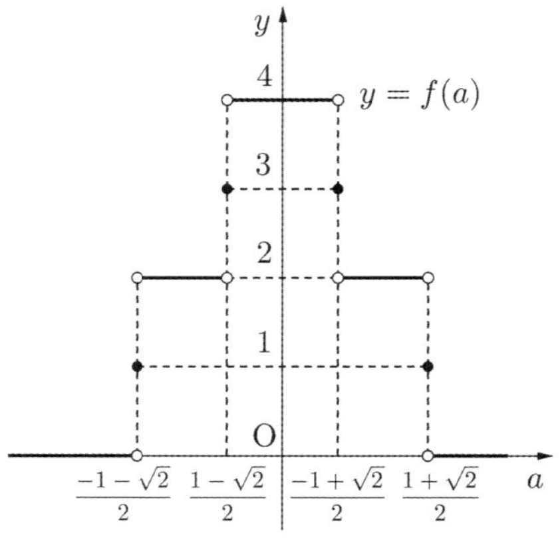

$g(t)=\lim\limits_{a \to t+}f(a)-f(t)=-1$을 만족하는 t는 $\dfrac{-1+\sqrt{2}}{2}$,

$$\dfrac{1+\sqrt{2}}{2}\ \text{이다.}$$

따라서 $g(t)=-1$을 만족하는 t의 최댓값은 $M=\dfrac{1+\sqrt{2}}{2}$

$g(t)=\displaystyle\lim_{a\to t+}f(a)-f(t)=1$을 만족하는 t는 $-\dfrac{1+\sqrt{2}}{2}$,

$\dfrac{1-\sqrt{2}}{2}\ \text{이다.}$

따라서 $g(t)=1$을 만족하는 t의 최댓값은 $N=\dfrac{1-\sqrt{2}}{2}$

$M+N=1$이다.

18 정답 ⑤

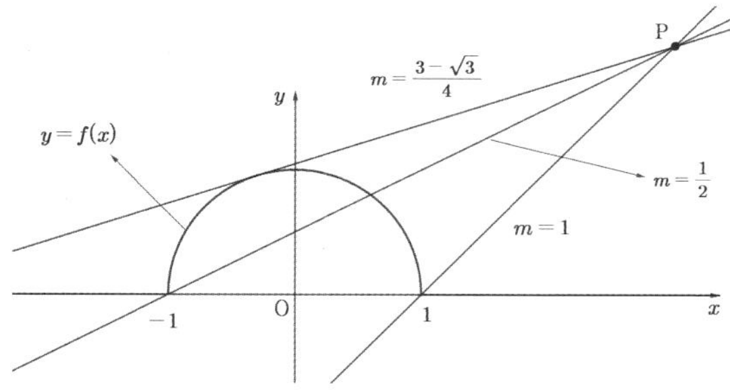

기울기가 m이고 점 $\mathrm{P}(3,\ 2)$를 지나는 직선의 방정식은
$y=m(x-3)+2$
함수 $f(x)$ 위의 점 $(1,\ 0)$을 지날 때의 기울기 m은
$0=m(1-3)+2$
$\therefore\ m=1$
함수 $f(x)$와 접할 때의 기울기 m은 중심이 $(0,\ 0)$인 반원과
직선 $y=m(x-3)+2$
즉, $mx-y-3m+2=0$와 접할 때이므로 $\dfrac{|-3m+2|}{\sqrt{m^2+1}}=1$,

$(-3m+2)^2=m^2+1$
$8m^2-12m+3=0$
$\therefore\ m=\dfrac{3\pm\sqrt{3}}{4}$

함수 $f(x)$의 $y>0$인 부분과 접하므로
$m=\dfrac{3-\sqrt{3}}{4}$

따라서 함수 $g(m)$은

$$g(m)=\begin{cases} 1 & (m<0) \\[4pt] 0 & (m=0) \\[4pt] 1 & \left(0<m<\dfrac{3-\sqrt{3}}{4}\right) \\[8pt] 2 & \left(m=\dfrac{3-\sqrt{3}}{4}\right) \\[8pt] 3 & \left(\dfrac{3-\sqrt{3}}{4}<m<\dfrac{1}{2}\right) \\[8pt] 2 & \left(m=\dfrac{1}{2}\right) \\[8pt] 1 & \left(m>\dfrac{1}{2}\right) \end{cases}$$

따라서 함수 $g(m)$은 $m=0,\ \dfrac{3-\sqrt{3}}{4},\ \dfrac{1}{2}$에서 불연속이다.

함수 $f(x-t)$는 $f(x)$를 축의 방향으로 t만큼 평행이동한
함수이므로 함수 $f(x)$의 뾰족점 $x=-1$과 $x=1$은 함수
$f(x-t)$에서는 뾰족점이 $x=-1+t$ 과 $x=1+t$이다.
$g(m)f(1-t)$의 불연속인 점의 개수가 1개가 되려면
아래 그림과 같이

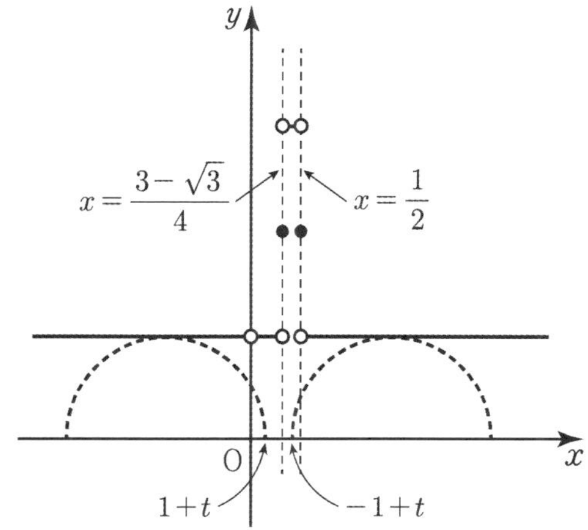

따라서

$0<1+t\leq\dfrac{3-\sqrt{3}}{4}$ 와 $\dfrac{3-\sqrt{3}}{4}\leq-1+t<\dfrac{1}{2}$ 일 때이다.

즉, $-1<t\leq\dfrac{3-\sqrt{3}}{4}$ 와 $\dfrac{7-\sqrt{3}}{4}\leq t<\dfrac{3}{2}$ 이므로

$a=-1,\ b=\dfrac{-1-\sqrt{3}}{4},\ c=\dfrac{7-\sqrt{3}}{4},\ d=\dfrac{3}{2}$ 이고

$$\begin{aligned} ab+c-d&=\dfrac{1+\sqrt{3}}{4}+\dfrac{7-\sqrt{3}}{4}-\dfrac{3}{2} \\[4pt] &=\dfrac{1}{2} \end{aligned}$$

19 정답 17

(가)에서 삼차함수 $f(x)$는
$f(x)=(x-1)^2(x-2)$ 또는 $f(x)=(x-1)(x-2)^2$
이다.
(i) $f(x)=(x-1)^2(x-2)$일 때,
$\displaystyle\lim_{x\to b}\dfrac{g(x)\times|f(x)|}{f(x)}$

$$= \lim_{x \to b} \frac{g(x) \times |(x-1)^2(x-2)|}{(x-1)^2(x-2)}$$

$$= \lim_{x \to b} \frac{g(x) \times |x-2|}{(x-2)}$$

에서 $b=2$일 때,

$\displaystyle\lim_{x \to 2} \dfrac{g(x) \times |x-2|}{(x-2)}$ 의 값이 존재하기 위해서는 $g(x)$는

$(x-2)$를 인수로 가져야 한다.

$g(x)=(x-2)(x^2+px+q)$라 할 수 있다.

$$\lim_{x \to b} \frac{|g(x)-f(x)|}{g(x)}$$

$$= \lim_{x \to b} \frac{|(x-2)(x^2+px+q)-(x-1)^2(x-2)|}{(x-2)(x^2+px+q)}$$

$$= \lim_{x \to b} \frac{|x-2||(x^2+px+q)-(x-1)^2|}{(x-2)(x^2+px+q)}$$

의 값에 실수 b에 값에 관계없이 존재하기 위해서는

모든 실수 x에 대하여 $x^2+px+q>0$이고

$(x^2+px+q)-(x-1)^2=k(x-2)$이어야 한다.

따라서

$x^2+px+q=(x-1)^2+k(x-2)=x^2+(k-2)x+1-2k$

이고

$(k-2)^2-4(1-2k)<0$

$k^2+4k<0$

$-4<k<0$ $\cdots\cdots$ ㉠

$g(x)=(x-2)\{x^2+(k-2)x+1-2k\}$

$g(3)=1 \times \{9+(k-2)\times 3+1-2k\}=k+4$

㉠에서 $0<g(3)<4$이므로 정수 $g(3)$의 최댓값은 3이다.

(ii) $f(x)=(x-1)(x-2)^2$일 때,

$$\lim_{x \to b} \frac{g(x) \times |f(x)|}{f(x)}$$

$$= \lim_{x \to b} \frac{g(x) \times |(x-1)(x-2)^2|}{(x-1)(x-2)^2}$$

$$= \lim_{x \to b} \frac{g(x) \times |x-1|}{(x-1)}$$

에서 $b=1$일 때,

$\displaystyle\lim_{x \to 1} \dfrac{g(x) \times |x-1|}{(x-1)}$ 의 값이 존재하기 위해서는 $g(x)$는

$(x-1)$를 인수로 가져야 한다.

$g(x)=(x-1)(x^2+px+q)$라 할 수 있다.

$$\lim_{x \to b} \frac{|g(x)-f(x)|}{g(x)}$$

$$= \lim_{x \to b} \frac{|(x-1)(x^2+px+q)-(x-1)(x-2)^2|}{(x-1)(x^2+px+q)}$$

$$= \lim_{x \to b} \frac{|x-1||(x^2+px+q)-(x-2)^2|}{(x-1)(x^2+px+q)}$$

의 값에 실수 b에 값에 관계없이 존재하기 위해서는

모든 실수 x에 대하여 $x^2+px+q>0$이고

$(x^2+px+q)-(x-2)^2=k(x-1)$이어야 한다.

따라서

$x^2+px+q=(x-2)^2+k(x-1)=x^2+(k-4)x+4-k$

이고

$(k-4)^2-4(4-k)<0$

$k^2-4k<0$

$0<k<4$ $\cdots\cdots$ ㉡

$g(x)=(x-1)\{x^2+(k-4)x+4-k\}$

$g(3)=2 \times \{9+(k-4)\times 3+4-k\}=4k+2$

㉡에서 $2<g(3)<18$이므로 정수 $g(3)$의 최댓값은 17이다.

(i), (ii)에서 $g(3)$의 최댓값은 17이다.

20 정답 42

[검토자 : 최현정T]

두 점 A, B의 x좌값을 a, b라 하면

(가)에서

$f(x)=(x-a)(x-b)(x+c)+x^2$

$g(x)=-(x-a)(x-b)(x+d)+x^2$

라 할 수 있다.

(나)에서

$$\lim_{x \to 0} \frac{\{f(x)-x^2\}\{g(x)-x^2\}}{x^3}$$

$$= \lim_{x \to 0} \frac{\{(x-a)(x-b)(x+c)\}\{-(x-a)(x-b)(x+d)\}}{x^3}$$

$$= \lim_{x \to 0} \frac{-(x-a)^2(x-b)^2(x+c)(x+d)}{x^3}=2 \neq 0$$이므로

a와 b의 값 중 하나가 0이고 c와 d의 값 중 하나가 0이어야

한다.

(i) $a=0$, $b \neq 0$이고 $c=0$, $d \neq 0$일 때,

$f(x)=x^2(x-b)+x^2$, $g(x)=-x(x-b)(x+d)+x^2$

① $\displaystyle\lim_{x \to 0} \dfrac{\{f(x)-x^2\}\{g(x)-x^2\}}{x^3}$

$$= \lim_{x \to 0} \frac{-x^3(x-b)^2(x+d)}{x^3}=-b^2 d$$

② $\displaystyle\lim_{x \to 0} \dfrac{\{f(x)+x^2\}\{g(x)+x^2\}}{x^3}$

$$= \lim_{x \to 0} \frac{\{x^2(x-b)+2x^2\}\{-x(x-b)(x+d)+2x^2\}}{x^3}$$

$$= \lim_{x \to 0} \frac{x^3\{(x-b)+2\}\{-(x-b)(x+d)+2x\}}{x^3}$$

$$= (2-b)bd$$

①, ②에서 $|-b^2 d|=|(2-b)bd|=2$

$-b^2 d=(2-b)bd \to -b=2-b$ (모순)

$-b^2 d=-(2-b)bd \to b=2-b \to b=1$

따라서 $b=1$일 때, $|d|=2$에서 $d=2$ 또는 $d=-2$이다.

㉠ $b=1$, $d=-2$일 때,

$f(x)=x^2(x-1)+x^2$, $g(x)=-x(x-1)(x-2)+x^2$

에서

$f(3)+g(3)=27+3=30$

ⓛ $b=1$, $d=2$

$f(x)=x^2(x-1)+x^2$, $g(x)=-x(x-1)(x+2)+x^2$
에서

$f(3)+g(3)=27-21=6$

(ii) $a=0$, $b \neq 0$이고 $c \neq 0$, $d=0$일 때,

$f(x)=x(x-b)(x+c)+x^2$, $g(x)=-x^2(x-b)+x^2$

① $\displaystyle\lim_{x \to 0} \frac{\{f(x)-x^2\}\{g(x)-x^2\}}{x^3}$

$=\displaystyle\lim_{x \to 0} \frac{-x^3(x-b)^2(x+c)}{x^3}=-b^2c$

② $\displaystyle\lim_{x \to 0} \frac{\{f(x)+x^2\}\{g(x)+x^2\}}{x^3}$

$=\displaystyle\lim_{x \to 0} \frac{\{x(x-b)(x+c)+2x^2\}\{-x^2(x-b)+2x^2\}}{x^3}$

$=\displaystyle\lim_{x \to 0} \frac{x^3\{(x-b)(x+c)+2x\}\{-(x-b)+2\}}{x^3}$

$=-(2+b)bc$

①, ②에서 $|-b^2c|=|-(2+b)bc|=2$

$b^2c=(2+b)bc \rightarrow b=2+b$ (모순)

$b^2c=-(2+b)bc \rightarrow b=-2-b \rightarrow b=-1$

따라서 $b=-1$일 때, $|c|=2$에서 $c=2$ 또는 $c=-2$이다.

㉠ $b=-1$, $c=2$일 때,

$f(x)=x(x+1)(x+2)+x^2$, $g(x)=-x^2(x+1)+x^2$

$f(3)+g(3)=69-27=42$

ⓛ $b=-1$, $c=-2$일 때,

$f(x)=x(x+1)(x-2)+x^2$, $g(x)=-x^2(x+1)+x^2$

$f(3)+g(3)=21-27=-6$

(i), (ii)에서 $f(3)+g(3)$의 최댓값은 42이다.

미분법

21 정답 ①

[출제자 : 이소영T]

[그림 : 서태욱T]

[검토자 : 김상호T]

최고차항 계수가 $\dfrac{4}{27}$이고 $x=a$ $(a>0)$, $x=0$에서 극값을
가지므로 $y=f(a)$와 $y=f(x)$의 또다른 교점은 비율관계에
의하여 $x=-\dfrac{1}{2}a$임을 알 수 있다.

따라서 $f(x)=\dfrac{4}{27}(x-a)^2\left(x+\dfrac{1}{2}a\right)+f(a)$이다.

아래 그림에서 A$(a, f(a))$에서 접선을 그으면 기울기가 0인
직선 AC : $y=f(a)$와 기울기가 m인 직선 AB :
$y=m(x-a)+f(a)$가 생긴다.

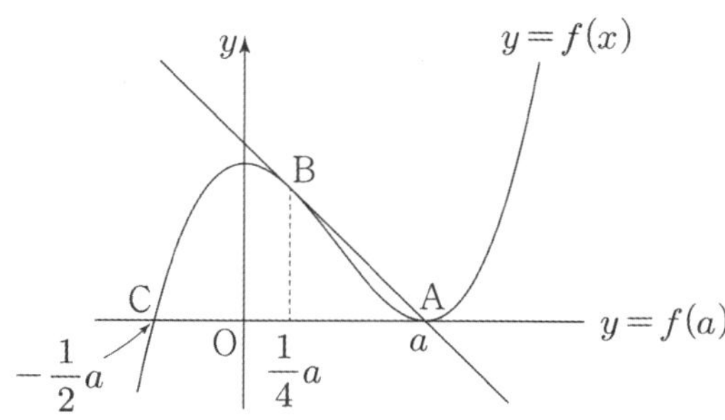

이때 함수 $f(x)$와 $y=m(x-a)+f(a)$의 교점 중 점 B의
x좌표를 t라하면

$\dfrac{4}{27}(x-a)^2\left(x+\dfrac{1}{2}a\right)+f(a)=m(x-a)+f(a)$의 해는

$x=t$ 또는 $x=t$ 또는 $x=a$임을 알 수 있다. 양변에 $\dfrac{27}{4}$를
곱하고 근과 계수와의 관계로 세 근의 합을 구하면

$2t+a=-\dfrac{-\dfrac{3}{2}a}{1}$가 되어 $2t=\dfrac{1}{2}a$, $t=\dfrac{1}{4}a$이고,

기울기 m은 $f'\left(\dfrac{1}{4}a\right)=-\dfrac{1}{12}a^2$이다.

이때, 함수 $f(x)$와 $y=m(x-a)+f(a)$ 모두 y축으로
$-f(a)$만큼 평행이동하여도 삼각형의 넓이나 P의 x좌표에
영향이 없으므로 모든 함수를 평행이동하여 생각하자. 이때
삼각형 APC가 이등변삼각형이 되려면 $\overline{PC}=\overline{PA}$ 또는
$\overline{PC}=\overline{AC}$ 또는 $\overline{AC}=\overline{AP}$가 되어야 한다.

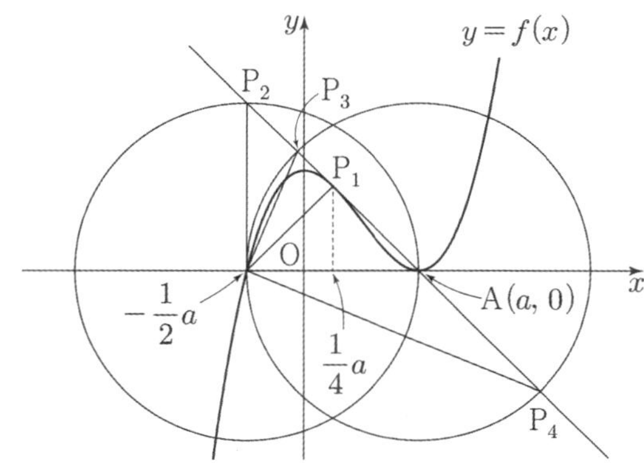

$\overline{PC}=\overline{PA}$일 때 가능한 점 P는 $B=P_1$일 때 이므로 x좌표는
$\dfrac{1}{4}a$이다.

$\overline{PC}=\overline{AC}$일 때 가능한 점 P는 중심이 C이고 반지름이 $\dfrac{3}{2}a$인
원과 직선 AB가 만나는 점 P_2

$\overline{AC}=\overline{AP}$일 때 가능한 점 P는 중심이 A이고 반지름이 $\dfrac{3}{2}a$인
원과 직선 AB가 만나는 점 P_3, P_4가 가능하다.

이때 가장 작은 삼각형은 P_1CA이므로 넓이 12을 사용하여 a를
구하면 아래와 같다.

$\dfrac{3}{2}a \cdot f\left(\dfrac{1}{4}a\right) \cdot \dfrac{1}{2}=12$

함숫값 $f\left(\dfrac{1}{4}a\right)$는 직선 $AB : y = -\dfrac{1}{12}a^2(x-a)$에

$x = \dfrac{1}{4}a$를 대입한 값이므로

$\dfrac{3}{2}a \cdot \left(-\dfrac{1}{12}a^2\right)\left(-\dfrac{3}{4}a\right) = 24$이므로 $a = 4$이다.

직선 AB는 $y = -\dfrac{4}{3}(x-4)$, $\overline{AC} = 6$이다.

P_1의 x좌표를 t_1이라 하면 점 B와 x좌표가 같으므로 1이고,

P_2의 x좌표를 t_2를 구하려면 직선 AB와 원

$(x+2)^2 + y^2 = 36$의 교점을 구해보자.

$(x+2)^2 + \dfrac{16}{9}(x-4)^2 = 36$의 해는 $x = t_2$ 또는 $x = 4$이므로

근과 계수와의 관계에서

$9(x+2)^2 + 16(x-4)^2 = 324$

$4 + t_2 = -\dfrac{-92}{25}$이고 $t_2 = -\dfrac{8}{25}$이다.

P_3, P_4의 x좌표를 t_3, t_4라 할 때 직선 P_3P_4이 중심인

$A(4,0)$을 지나므로 $\dfrac{t_3 + t_4}{2} = 4$가 된다.

$t_3 + t_4 = 8$임을 알 수 있다.

APC가 이등변삼각형이 되게 하는 점 P의 x좌표의 합은

$t_1 + t_2 + t_3 + t_4 = 1 - \dfrac{8}{25} + 8 = \dfrac{217}{25}$이다.

따라서 $p - q = 192$이다.

22 정답 ④

[출제자 : 박수혁T]

[검토자 : 이덕훈T]

ⅰ. $a \geq 2$ 또는 $a \leq -2$인 경우

두 삼차함수 $f(x) - g(x)$와 $f(x) + g(x)$의 최고차항의 계수의
부호가 같으나, (가), (나)에서 두 부등식 $f(x) - g(x) > 0$,
$f(x) + g(x) > 0$을

각각 만족시키는 x의 범위의 부등호 방향이 서로 반대이므로
모순이다.

따라서 정수 a는 $a = -1$ 또는 $a = 1$이다.

ⅱ. $a = -1$인 경우

(가)를 만족시키기 위해서 함수 $f(x) - g(x)$는 최고차항의
계수가 양수인 일차함수이므로

$f(x) - g(x) = kx - k \ (k > 0) \Rightarrow f'(x) - g'(x) = k$

이다. $f'(1) - g'(1) = 0$이므로, $k = 0$이고 $k > 0$에 모순이다.

ⅲ. $a = 1$인 경우

(가)에 의하여

$f(1) - g(1) = 0$, $f'(1) - g'(1) = 0$이므로

$f(x) - g(x) = 2(x-1)^2(x-p)$ (p는 상수)

$p < 1$이면

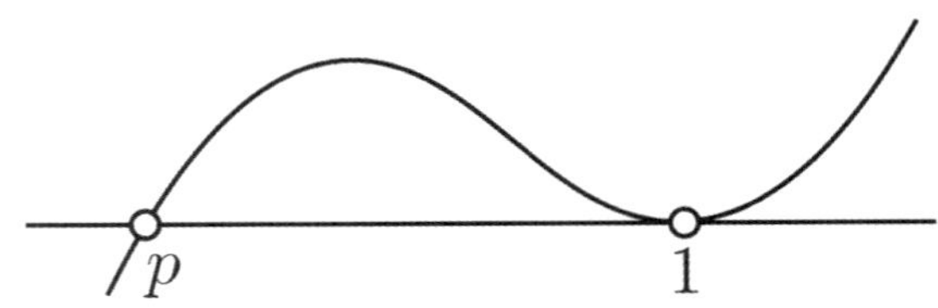

$\{x \mid f(x) - g(x) > 0\} = \{x \mid p < x < 1 \ 또는 \ x > 1\}$

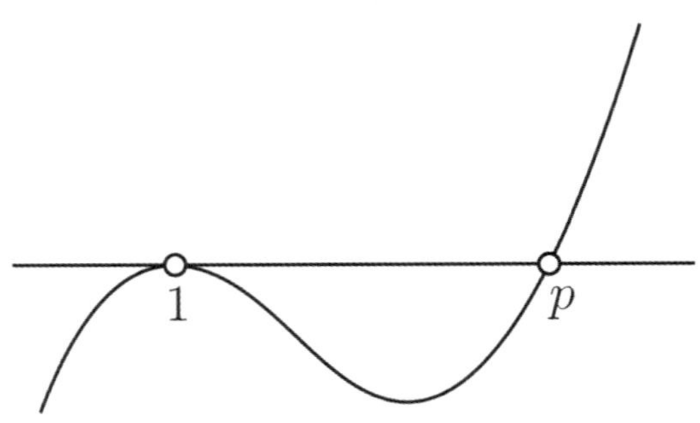

$p > 1$이면

$\{x \mid f(x) - g(x) > 0\} = \{x \mid x > p\}$

이므로 모순이다. 따라서 $p = 1$이다.

$f(x) - g(x) = 2(x-1)^3 \ \cdots \ ㉠$

(나)를 만족시키기 위해서 함수 $f(x) + g(x)$는

최고차항의 계수가 음수인 일차함수이므로

$f(x) + g(x) = kx + k \ (k < 0) \Rightarrow f'(1) + g'(1) = -2$

$\Rightarrow k = -2$

$\Rightarrow f(x) + g(x) = -2x - 2 \ \cdots \ ㉡$

㉠, ㉡에 의하여

$f(x) = (x-1)^3 - x - 1 \Rightarrow f(3a) = f(3) = 4$

23 정답 ⑤

[그림 : 도정영T]

삼차함수 $f(x)$는 모든 실수 x에 대하여 $f(x) + f(-x) = 0$을
만족시키므로 원점 대칭인 함수이다.

따라서 $f(0) = 0$이고 $f(a) = a$이므로 $f(-a) = -a$이다. $\cdots\cdots ㉠$

부등식 $f(g(x) - 2x) \leq g(x) - 2x$에서 $t = g(x) - 2x$라 하면
$f(t) \leq t$이다. $\cdots\cdots ㉡$

㉠, ㉡에서 다음 그림과 같은 상황을 생각할 수 있다.

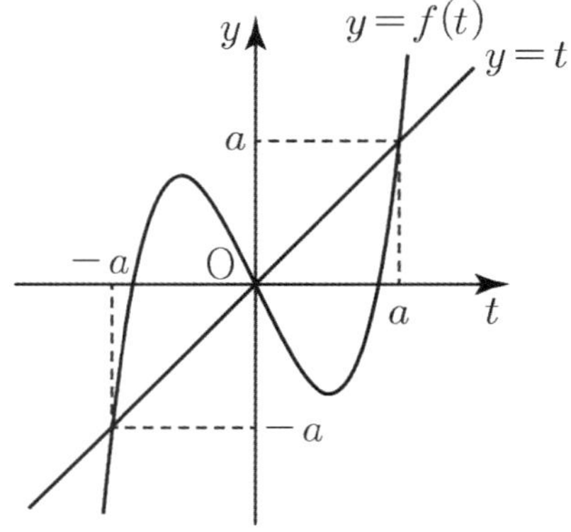

$f(t) \leq t$을 만족시키는 t의 범위는 $t \leq -a$ 또는
$0 \leq t \leq a$이다.
$t = g(x) - 2x$이므로
$g(x) - 2x \leq -a$ 또는 $0 \leq g(x) - 2x \leq a$ ······ ㉢
이다.
㉢의 해가 $x \leq -a$ 또는 $0 \leq x \leq a$이기 위해서는
$h(x) = g(x) - 2x$라 할 때 최고차항의 계수가 1인
삼차함수 $h(x)$의 그래프가 그림과 같이
$(-a, -a)$, $(0, 0)$, (a, a)를 지나고 극값을 갖지 않는
그래프여야 한다. ······ ㉣

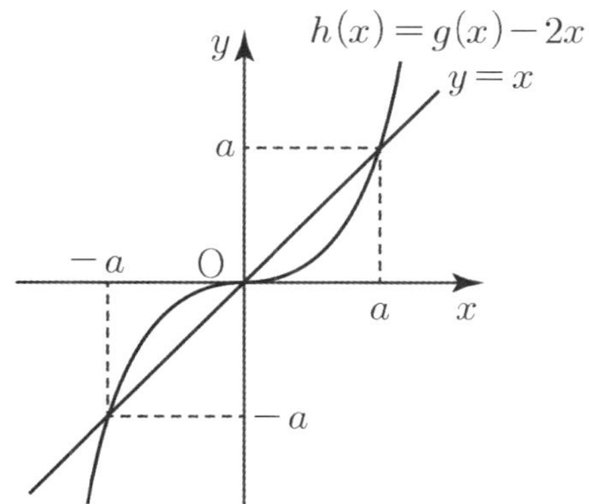

$h(x) - x = (x + a)x(x - a)$ 에서
$h(x) = x^3 + (1 - a^2)x$이므로 $h'(x) = 3x^2 + 1 - a^2$이다.
삼차함수 $h(x)$가 극값을 갖지 않기 위해서는 모든 실수 x에
대하여 $h'(x) \geq 0$이어야 하므로 $1 - a^2 \geq 0$이다.
따라서 $-1 \leq a \leq 1$
$a > 0$이므로 $0 < a \leq 1$이다.
$g(x) - 2x = x^3 + (1 - a^2)x$에서
$g(x) = x^3 + (3 - a^2)x$이다.
$g(3) = 27 + 9 - 3a^2 = 36 - 3a^2 \geq 33$

[추가 설명] ㉣−설명
$h(x) = g(x) - 2x$ 의 그래프가 그림과 같이 극값을 갖는다면

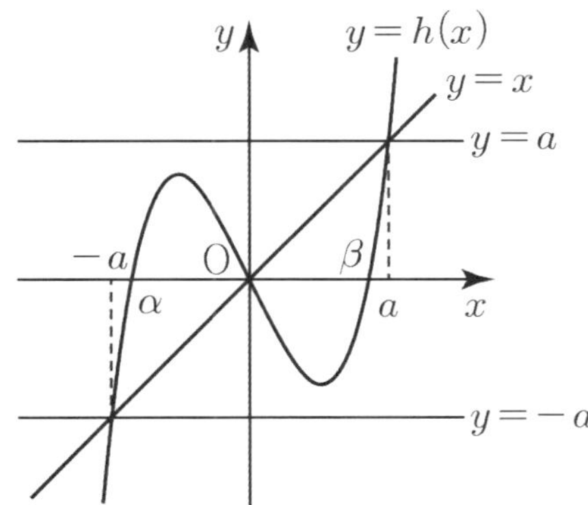

부등식 $h(x) \leq -a$의 해는 $x \leq -a$이지만
부등식 $0 \leq h(x) \leq a$ 의 해는 $\alpha \leq x \leq 0$ 또는 $\beta \leq x \leq a$으로
조건에 모순이다.

24 정답 ⑤

[그림 : 배용제T]
[검토 : 정찬도T]

$$\frac{g(x) - |g(x)|}{2} = \begin{cases} g(x) & (g(x) < 0) \\ 0 & (g(x) \geq 0) \end{cases} \text{이므로}$$

$$h(x) = \begin{cases} g(x) & (g(x) < 0) \\ 0 & (g(x) \geq 0) \end{cases} \text{이다.}$$

곡선 $y = f(x)$와 함수 $y = h(x)$가 만나는 점의 개수가 1이므로
함수 $y = f(x)$는 x축과 만나는 점의 개수는 1이어야 한다.
또한 두 그래프의 교점의 좌표가 $(1, 0)$이므로 $f(1) = 0$이다.
$y = f(x)$와 $y = h(x)$가 $(1, 0)$에서만 만나도록 하는 t의 범위가
$1 \leq t \leq 4$ 이면 그림과 같이 곡선 $y = f(x)$ 위의 점
$(4, f(4))$에서의 접선이 곡선 $y = f(x)$위의 점 $(1, 0)$을 지나야
한다.

$t < 1$ 일 때

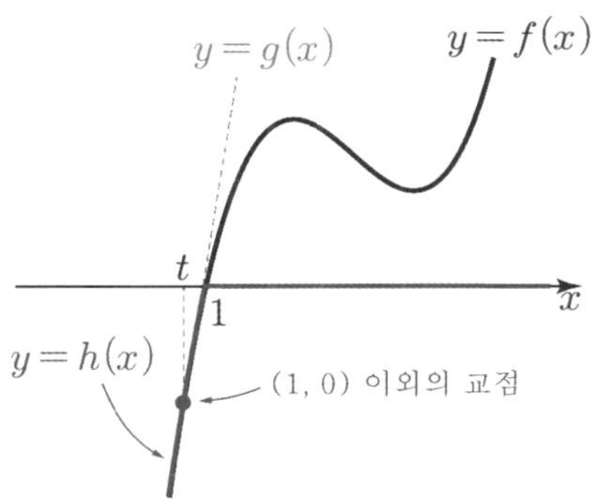

$t = 1$ 일 때 그림
$1 < t < 4$ 일 때

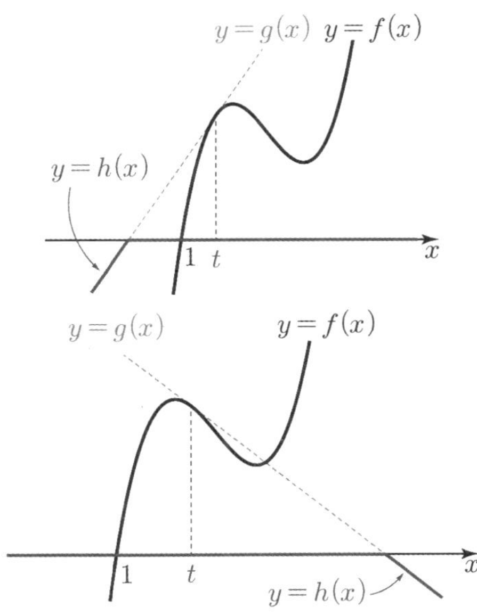

$t=4$ 일 때

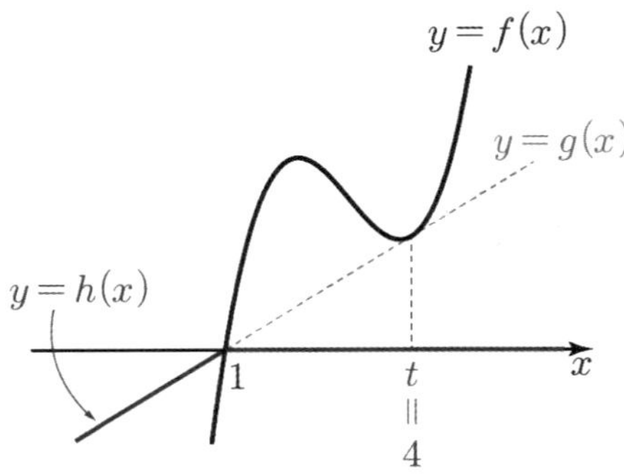

$t>4$ 일 때

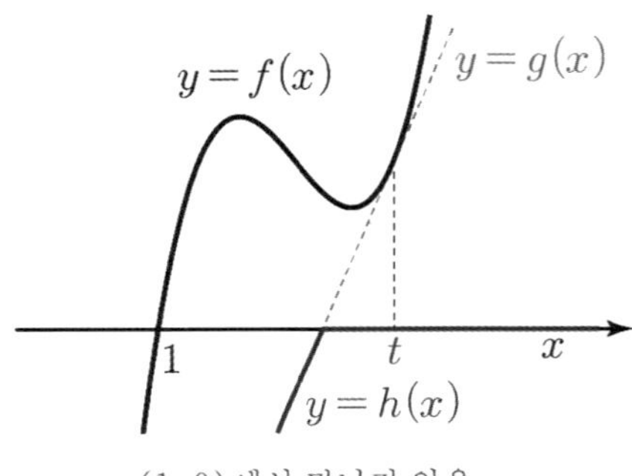

$(1, 0)$에서 만나지 않음

따라서 $(1, 0)$을 지나는 직선을 $y=m(x-1)$이라 할 때,
최고차항의 계수가 1이 삼차함수 $f(x)$와 직선 $y=m(x-1)$은
$(1, 0)$에서 만나고 $(4, f(4))$에서 접하므로
$f(x)-m(x-1)=(x-1)(x-4)^2$이다.
$$f(x)=(x-1)(x-4)^2+m(x-1)$$
$$=(x-1)\{(x-4)^2+m\}$$
$f(2)=4+m=5$이므로 $m=1$이다.
따라서 $f(x)=(x-1)\{(x-4)^2+1\}$
그러므로 $f(5)=4\times2=8$이다.

25 정답 9

[그림 : 도정영T]

[검토자 : 안형진T]

$h(x)=x^3-3x^2+4$라 하자.
$h'(x)=3x^2-6x=3x(x-2)$에서
방정식 $h'(x)=0$의 해가 $x=0$, $x=2$이므로
곡선 $h(x)=x^3-3x^2+4$는 $x=0$에서 극댓값 4, $x=2$에서
극솟값 0을 갖는다.
따라서 함수 $f(x)$에 따른 닫힌구간 $[t, t+2]$에서의
함수 $f(x)$의 최솟값을 $g(t)$의 그래프를 $\alpha<0$,
$h(\alpha)=h(\alpha+2)$을 만족시키는 α에 대하여 다음 그림과 같다.

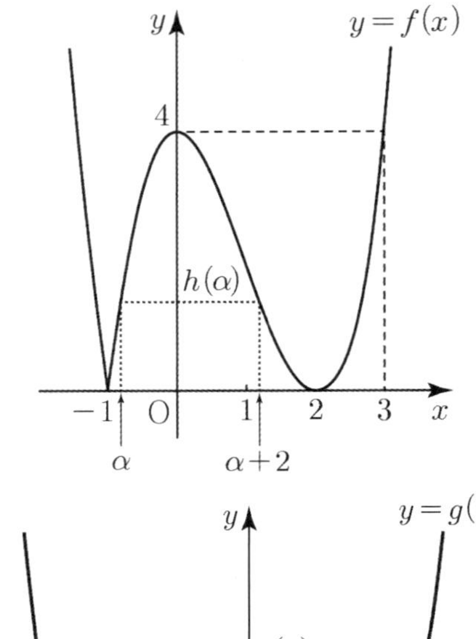

$h(\alpha)=\alpha^3-3\alpha^2+4$
$h(\alpha+2)=(\alpha+2)^3-3(\alpha+2)^2+4=\alpha^3+3\alpha^2$
$\alpha^3-3\alpha^2+4=\alpha^3+3\alpha^2$
$\alpha^2=\dfrac{2}{3}$
$\alpha=-\dfrac{\sqrt{6}}{3}$ $(\because \alpha<0)$
$h\left(-\dfrac{\sqrt{6}}{3}\right)=-\dfrac{2\sqrt{6}}{9}-2+4=2-\dfrac{2}{9}\sqrt{6}$
따라서 함수 $g(t)$의 극댓값은 0, $2-\dfrac{2}{9}\sqrt{6}$ 이고
극댓값의 최댓값은 $2-\dfrac{2}{9}\sqrt{6}$ 이다.
$p=2$, $q=-\dfrac{2}{9}$
$\left|\dfrac{p}{q}\right|=\left|2\times\left(-\dfrac{9}{2}\right)\right|=9$

26 정답 ③

[그림 : 서태욱T]

최고차항의 계수가 1인 삼차함수 $g(x)$에 대하여 $x\geq0$에서
$f(x)=g(x)$라 하자. 조건 (나)에서 모든 실수 x에 대하여
$f(x)=f(-x)$ 또는 $f(x)=-f(-x)$이므로 음수 x에 대하여
$f(x)=g(-x)$ 또는 $f(x)=-g(-x)$이다.

$x\geq0$일 때, $f(x)=g(x)$이고 $x<0$일 때, $f(x)=g(-x)$인
경우
함수 $f(x)$가 $x=0$에서 미분가능하기 위해서는 $f'(0)=0$이어야
한다.

$f'(0) \neq 0$이라는 조건에 모순이다.

따라서 $f'(0) \neq 0$이려면 양수 a에 대하여 열린구간
$(-a, a)$에서 함수 $y = f(x)$의 그래프는 원점에 대하여
대칭이어야 한다.

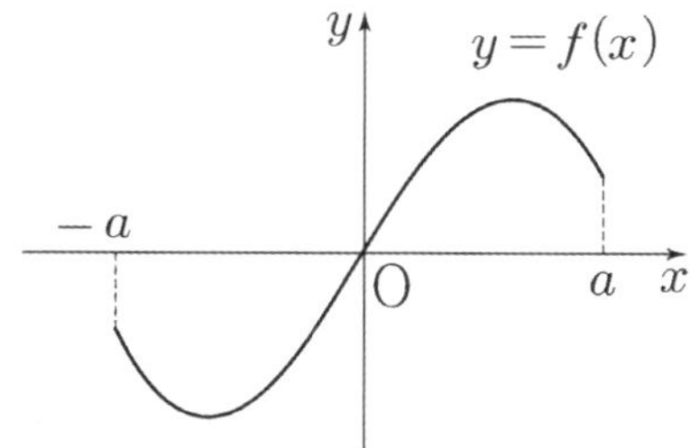

즉, $x \geq 0$일 때, $f(x) = g(x)$이고 $x < 0$일 때,
$f(x) = -g(-x)$이다.

또한, 어떤 양수 b에 대하여
두 열린구간 $(-\infty, -b)$, (b, ∞)에서의 함수 $y = f(x)$의
그래프가 원점에 대하여 대칭이면 $x > b$일 때
$f(x) - f(-x) = 2f(x) = 2g(x)$에서 $x \to \infty$일 때,
$2g(x) \to \infty$이므로
함수 $f(x) - f(-x)$가 $x = 1$에서 최댓값을 갖는다는 조건에
모순이다.
즉, 두 열린구간 $(-\infty, -b)$, (b, ∞)에서의 함수 $y = f(x)$의
그래프는 y축에 대칭이어야 한다.
따라서 $x > b$에서 $f(x) - f(-x) = 0$이다.
이때, 어떤 양수 c에 대하여 함수 $f(x)$가 $x = -c$의 좌우에서
$g(-x)$, $-g(-x)$로 달라지고, 함수 $f(x)$가 $x = -c$에서
연속이므로 $g(c) = -g(c)$에서 $g(c) = 0$이다.
두 함수 $y = g(-x)$, $y = -g(-x)$의 미분계수는 크기가 같고
부호가 서로 반대이다. 함수 $f(x)$가 $x = -c$에서
미분가능하므로 $g'(c) = 0$이다. 따라서 함수 $y = g(x)$의
그래프는 $x = c$에서 x축과 접하고, 함수 $y = f(x)$의 그래프의
개형은 다음과 같다.

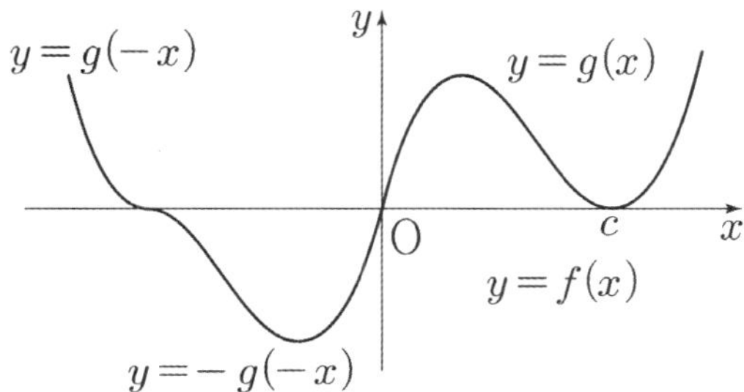

$g(x) = x(x-c)^2$이고
$x \geq 0$에서 $f(x) = g(x)$이고
함수 $f(x) - f(-x) = 2g(x)$가 $x = 1$에서 최댓값을 가지므로
함수 $g(x)$는 $x = 1$에서 극댓값을 갖는다.
즉, $g'(1) = 0$이다.
$g'(x) = (x-c)^2 + 2x(x-c)$

$g'(1) = (1-c)^2 + 2(1-c) = 0$
$(1-c)(3-c) = 0$
$\therefore \ c = 3$이다.
따라서 $g(x) = x(x-3)^2$이므로
$x \geq 0$일 때, $f(x) = x(x-3)^2$이다. $f(1) = 4$이므로
함수 $f(x)$의 최솟값은 $-f(1) = -4$이다.

27 정답 36

(가)에서 $f(0) = 0$이고 $g(0) = m$이므로 함수 $f(x)$는
$0 < x \leq 1$에서 최솟값 $m \, (m < 0)$을 가져야 한다.
또한 $f(1)$의 값은 0이하의 값이어야 한다.
즉, $m \leq f(1) \leq 0$ ...... ㉠
$g(1)$의 값은 $1 \leq x \leq 2$에서의 함수 $f(x)$의 최댓값과
최솟값의 합을 뜻하고 그 값이 함수 $f(x)$의 극댓값 M이다.
㉠에서 $f(1)$의 값이 0이하이므로 다음과 같은 경우로 생각할 수
있다.

(i) $f(1) < 0$일 때,
그림과 같이 구간 $(1, 2)$에서 극댓값과 극솟값을 모두 가지고
$f(2) = M - f(1)$이면 $1 \leq x \leq 2$에서 함수 $f(x)$의 최솟값이
$f(1)$이고 최댓값이 $M - f(1)$이므로
$g(1) = (M - f(1)) + f(1) = M$을 만족시킨다.

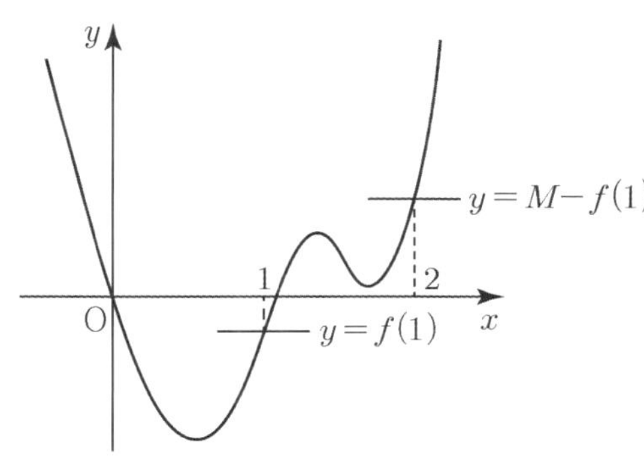

그런데 (나)에 모순이다.

(ii) $f(1) = 0$일 때,
그림과 같이 구간 $(1, 2]$에서 극댓값을 가지고
$0 \leq f(2) \leq M$이면 $1 \leq x \leq 2$에서 함수 $f(x)$의 최솟값이
0이고 최댓값이 M이므로 $g(1) = M + 0 = M$을 만족시킨다.

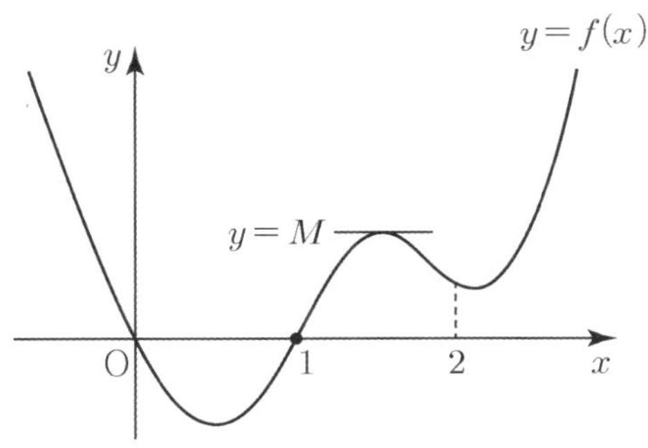

이때, 조건 (나)를 만족시키고 방정식 $f(x)=0$의 모든 실근의 합이 정수이기 위해서는 함수 $f(x)$가 $x=2$에서 극솟값 0을 가져야 한다. 방정식 $f(x)=M$의 실근 중 가장 큰 값을 α라 할 때, $1 \le t \le \alpha-1$에서 $g(t)=M$이므로 방정식 $g(t)=M$의 실근의 개수는 무수히 많으므로 조건을 만족시킨다.

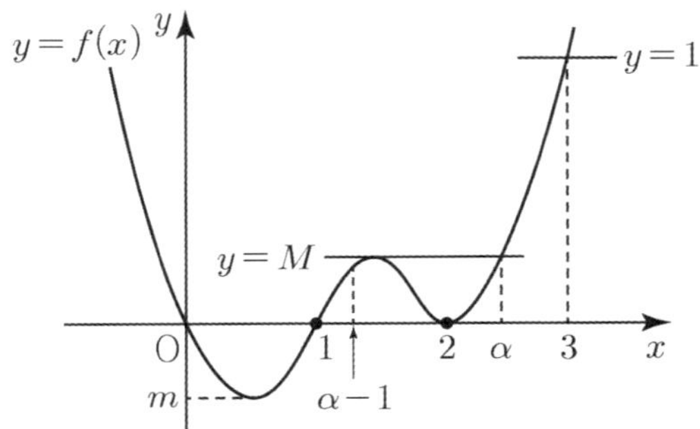

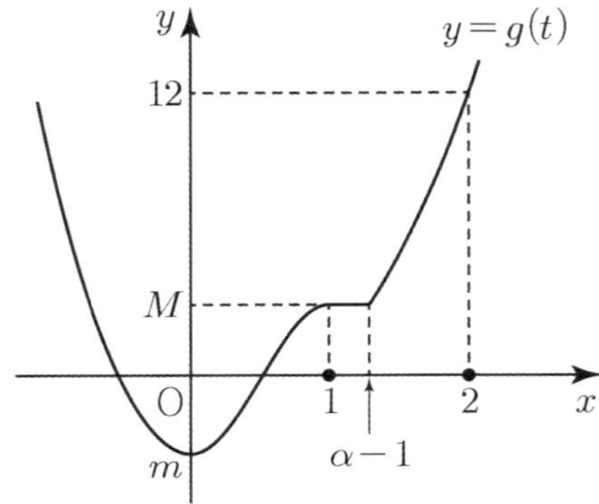

따라서 $f(x)=ax(x-1)(x-2)^2$이다.

$g(2)=12$에서 $f(2)=0$이므로 $f(3)=12$이어야 한다.

따라서 $f(3)=a \times 3 \times 2 \times 1^2 = 12$

$\therefore\ a=2$

$f(x)=2x(x-1)(x-2)^2$

$f(-1)=2 \times (-1) \times (-2) \times (-3)^2 = 36$

28 정답 ②

[그림 : 이정배T]

(가)에서 삼차방정식 $f(x)+8x-3=0$은 중근과 한 실근을 갖는다.

(나)에서 $f(0)=3$, $f'(0)=-7$이므로

$f(x)+8x-3=x(x-\alpha)^2$ $(\alpha \ne 0)$이라 할 수 있다.

$f(x)=x(x-\alpha)^2-8x+3$

$f'(x)=(x-\alpha)^2+2x(x-\alpha)-8$

$f'(0)=\alpha^2-8=-7$

$\alpha^2=1$

$\therefore\ \alpha=\pm 1$

(i) $\alpha=1$일 때,

$f(x)=x(x-1)^2-8x+3$

$\quad = x^3-2x^2-7x+3$

$f'(x)=3x^2-4x-7=(x+1)(3x-7)$

방정식 $f'(x)=0$의 해는 $x=-1$, $x=\dfrac{7}{3}$이다.

함수 $f(x)$는 $x=-1$에서 극대이므로

$f(-1)=-1-2+7+3=7$

(ii) $\alpha=-1$일 때,

$f(x)=x(x+1)^2-8x+3$

$\quad = x^3+2x^2-7x+3$

$f'(x)=3x^2+4x-7=(x-1)(3x+7)$

방정식 $f'(x)=0$의 해는 $x=-\dfrac{7}{3}$, $x=1$이다.

함수 $f(x)$는 $-\dfrac{7}{3}$에서 극대이므로

$f\left(-\dfrac{7}{3}\right)=-\dfrac{343}{27}+\dfrac{98}{9}+\dfrac{49}{3}+3$

$\quad = \dfrac{-343+294+441+81}{27}=\dfrac{473}{27}>7$

(i), (ii)에서

$f_2(x)=x^3-2x^2-7x+3$, $f_1(x)=x^3+2x^2-7x+3$

이고 $f_1(x)$의 극솟값은 $f_1(1)=-1$이다.

따라서

$g(x)=\begin{cases} x^3-2x^2-7x+3\ (x<0) \\ x^3+2x^2-7x+3\ (x \ge 0) \end{cases}$

이다.

그림과 같이 함수 $g(x)$의 극점은 $(-1, 7)$, $(1, -1)$이다.

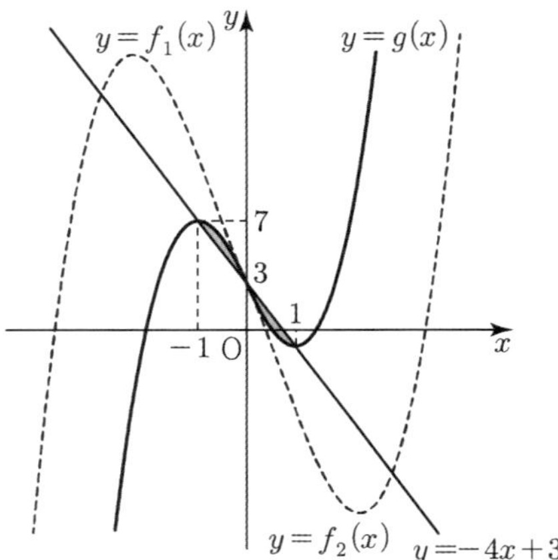

따라서 두 극점을 지나는 직선의 방정식은 $y=-4x+3$이다.

함수 $g(x)$는 $(0, 3)$에 대칭이므로 $y=g(x)$의 그래프와 직선 $y=-4x+3$으로 둘러싸인 부분의 넓이는

$\displaystyle \int_{-1}^{1} |f(x)-(-4x+3)|\,dx$

$\displaystyle = 2 \times \int_{0}^{1} \{(4x-3)-f_1(x)\}\,dx$

$\displaystyle = 2\int_{0}^{1} (-x^3-2x^2+3x)\,dx$

$\displaystyle = 2\left[-\dfrac{1}{4}x^4-\dfrac{2}{3}x^3+\dfrac{3}{2}x^2\right]_{0}^{1}$

$$= 2\left(-\frac{1}{4} - \frac{2}{3} + \frac{3}{2}\right)$$

$$= 2\left(\frac{-3 - 8 + 18}{12}\right)$$

$$= \frac{7}{6}$$

29 정답 ③

[출제자 : 오세준T]

[검토자 : 강동희T]

$g(x)$는 최고차항의 계수가 양수인 사차함수이므로
$g(x) = ax^4 + bx^3 + cx^2 + dx + e$ 라 하면
$g'(x) = 4ax^3 + 3bx^2 + 2cx + d$ 이다.

조건 (가)에 의해 $g'(x)$는 삼차식이고
$g'(x) = 4ax^2(x - k)$ 또는 $g'(x) = 4ax(x - k)^2$ 이다.
$g(k) + k = g(0)$ 에서 $g(k) - g(0) = -k$ 이고
$\dfrac{g(k) - g(0)}{k - 0} = -1$ 이므로
두 점 $(k, \, g(k))$, $(0, \, g(0))$의 기울기가 -1이다. …… ㉠

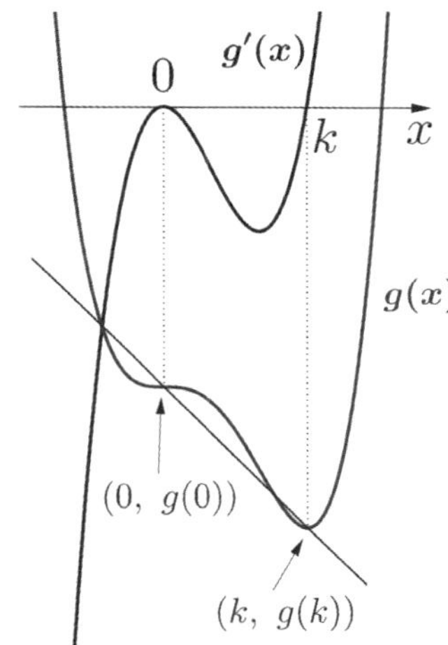

이때 가능한 $g'(x)$는 $g'(x) = 4ax^2(x - k)$ 이고
$4ax^3 - 4akx^2 = 4ax^3 + 3bx^2 + 2cx + d$ 에서
$b = -\dfrac{4}{3}ak$, $c = d = 0$ 이므로 $g(x) = ax^4 - \dfrac{4}{3}akx^3 + e$

함수 $f(x)$가 $x = 0$에서 연속이면
조건 (나)가 성립하지 않으므로 함수 $f(x)$는 $x = 0$에서
불연속이고
$f(0) \neq \lim_{x \to 0} f(x) = g(0) = e$

함수 $|f(x) - f(\alpha)|$가 $x = 0$에서 연속이려면
$\lim_{x \to 0} |f(x) - f(\alpha)| = |f(0) - f(\alpha)|$ 이어야 한다.

$$\lim_{x \to 0} |f(x) - f(\alpha)| = \lim_{x \to 0}\left| ax^4 - \frac{4}{3}akx^3 + e - f(\alpha)\right|$$
$$= |f(0) - f(\alpha)|$$

이므로 $|e - f(\alpha)| = |f(0) - f(\alpha)|$
$e - f(\alpha) = f(0) - f(\alpha)$ 또는 $e - f(\alpha) = -f(0) + f(\alpha)$

$e \neq f(0)$이므로
$e - f(\alpha) = -f(0) + f(\alpha)$ 이고 $f(a) = \dfrac{e + f(0)}{2}$

조건(나)에 의해 $f(\alpha) = \dfrac{e + f(0)}{2}$ 을 만족시키는
α는 2뿐이므로
함수 $f(x)$의 그래프는 다음과 같다.

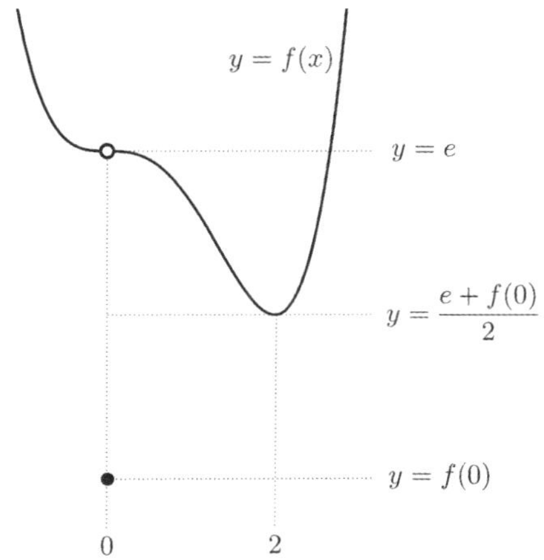

$g(x) = ax^4 - \dfrac{4}{3}akx^3 + e$ 에서 $k = 2$이고 ㉠에 의해 $e = 3$ 이다.

$g(x) = ax^4 - \dfrac{8}{3}ax^3 + 3$ 에서 $f(2) = g(2) = 1$ 이므로

$16a - \dfrac{64}{3}a + 3 = 1$, $-16a = -6$

$a = \dfrac{3}{8}$ 이므로 $g(x) = \dfrac{3}{8}x^4 - x^3 + 3$ 이다.

$\therefore f(-2) = g(-2) = 6 - (-8) + 3 = 17$

[다른 풀이]

조건 (가)에서
① $g'(x) = 0$을 만족시키는 x의 값은 0과 $k(k > 0)$뿐 →
$g(x) = ax^3\left(x - \dfrac{4}{3}k\right) + b$ 또는 $g(x) = a\left(x + \dfrac{k}{3}\right)(x - k)^3 + b$
이다.
② $g(k) + k = g(0)$ → $g(k) < g(0)$ →
$g(x) = ax^3\left(x - \dfrac{4}{3}k\right) + b$ 이다. → $g(k) = -\dfrac{a}{3}k^4 + b$ 이므로

$g(k) + k = b$ 에서 $a = \dfrac{3}{k^3}$

$\therefore g(x) = \dfrac{3}{k^3}x^3\left(x - \dfrac{4}{3}k\right) + b$

(나)에서
실수 α의 값은 2뿐, $f(2) = 1$ → 사차함수 $g(x)$가 $x = 2$에서
최솟값 1을 갖는다.
따라서 $k = 2$, $b = 3$

$\therefore g(x) = \dfrac{3}{8}x^3\left(x - \dfrac{8}{3}\right) + 3$

$f(-2) = g(-2) = \dfrac{3}{8} \times (-8) \times \left(-\dfrac{14}{3}\right) + 3 = 17$

[그림 : 서태욱T]

[검토자 : 정찬도T]

(i) 곡선 $y=f(x)$가 x축과 만나는 점의 개수가 1인 경우

$f(\alpha)=0$일 때, $\displaystyle\lim_{x\to\alpha+}g(x)=2\alpha$, $\displaystyle\lim_{x\to\alpha-}g(x)=0$으로 $\alpha\neq0$이면

함수 $g(x)$는 $x=\alpha$에서 불연속이다. 그 외 불연속점이 존재하지 않으므로 조건을 만족시키지 못한다.

(ii) 곡선 $y=f(x)$가 x축과 만나는 점의 개수가 3인 경우

$f(\alpha)=0$, $f(\beta)=0$, $f(\gamma)=0$일 때,

함수 $g(x)$가 불연속인 점의 개수가 2이기 위해서는 α, β, γ $(\alpha<\beta<\gamma)$중 하나는 0이어야 한다.

$$g'(x)=\begin{cases}f'(x)+2\ (f(x)>0)\\ 2f'(x)\quad (f(x)<0)\end{cases}$$

$f(t)=0$일 때, $\displaystyle\lim_{x\to t-}g'(x)=\lim_{x\to t+}g'(x)$이기 위해서는

$f'(t)+2=2f'(t)$에서 $f'(t)=2$이어야 한다.

① $\alpha=0$일 때,

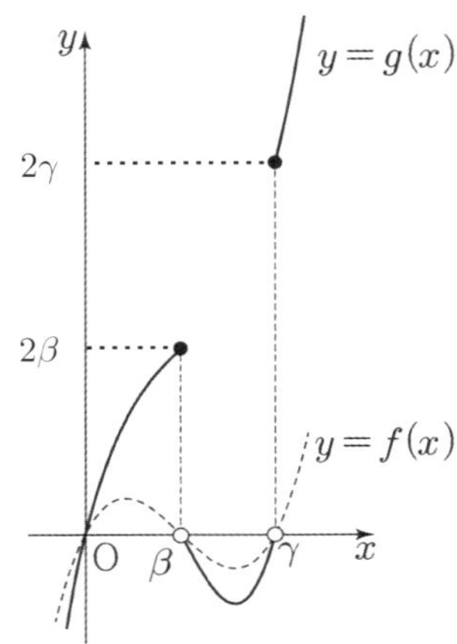

$f'(\beta)<0$이므로 $f'(0)=f'(\gamma)=2$이어야

$\displaystyle\lim_{x\to a-}g'(x)\neq\lim_{x\to a+}g'(x)$인 실수 a는 β뿐이므로 개수가 1이다.

$f(x)=x(x-\beta)(x-\gamma)$에서 $f'(0)=2$, $f'(\gamma)=2$이다.

$f'(x)=(x-\beta)(x-\gamma)+x(x-\gamma)+x(x-\beta)$

$f'(0)=\beta\gamma=2$

$f'(\gamma)=\gamma(\gamma-\beta)=2\ \to\ \gamma^2-2=2\ \to\ \therefore\ \gamma=2,\ \beta=1$

따라서 $f(x)=x(x-1)(x-2)$이다.

$\therefore\ f(3)=6$

② $\beta=0$일 때,

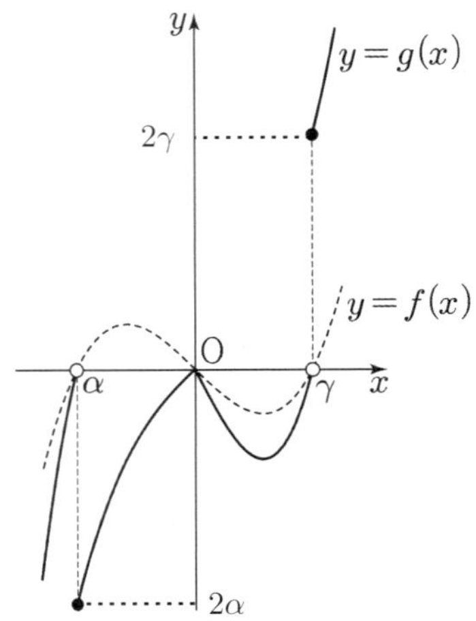

$f'(\beta)=f'(0)<0$

이므로 $\displaystyle\lim_{x\to0-}g'(x)=f'(0)+2>2f'(0)=\lim_{x\to0+}g'(x)$이다.

따라서 $f'(\alpha)=f'(\gamma)=2$이어야 $\displaystyle\lim_{x\to a-}g'(x)\neq\lim_{x\to a+}g'(x)$인

실수 a는 0뿐이므로 개수가 1이다.

$f(x)=(x-\alpha)x(x-\gamma)$에서 $f'(\alpha)=2$, $f'(\gamma)=2$이다.

$f'(x)=x(x-\gamma)+(x-\alpha)(x-\gamma)+(x-\alpha)x$

$f'(\alpha)=\alpha(\alpha-\gamma)=2$, $f'(\gamma)=(\gamma-\alpha)\gamma=2$

에서 변변 나누면

$-\dfrac{\alpha}{\gamma}=1$에서 $\alpha=-\gamma\ \to\ \alpha=-1,\ \gamma=1$

따라서 $f(x)=(x+1)x(x-1)$이다.

$\therefore\ f(3)=24$

③ $\gamma=0$일 때,

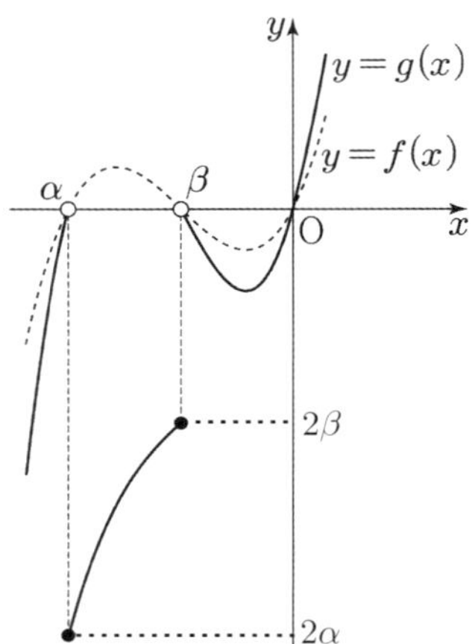

$f'(\beta)<0$이므로 $f'(\alpha)=f'(0)=2$이어야

$\displaystyle\lim_{x\to a-}g'(x)\neq\lim_{x\to a+}g'(x)$인 실수 a는 β뿐이므로 개수가 1이다.

$f(x)=(x-\alpha)(x-\beta)x$에서 $f'(0)=2$, $f'(\alpha)=2$이다.

$f'(x)=(x-\beta)x+(x-\alpha)x+(x-\alpha)(x-\beta)$

$f'(0)=\alpha\beta=2$

$f'(\alpha)=(\alpha-\beta)\alpha=2\ \to\ \alpha^2-2=2\ \to\ \therefore\ \alpha=-2,\ \beta=-1$

따라서 $f(x)=(x+2)(x+1)x$이다.

$\therefore\ f(3)=60$

(i), (ii)에서 $M=60$, $m=6$이다.

$\therefore\ M+m=66$

[그림 : 서태욱T]

[검토 : 이진우T]

$f(x) = x^3 - 3x^2 + 2$에서 $f'(x) = 3x^2 - 6x = 3x(x-2)$

$f'(x) = 0$의 해는 $x = 0$과 $x = 2$이고 증감표를 작성해보면

$x = 0$에서 극댓값 $f(0) = 2$, $x = 2$에서 극솟값 $f(2) = -2$를 갖는다.

방정식 $f(x) = 0$의 해는

$x^3 - 3x^2 + 2 = 0$

$(x-1)(x^2 - 2x - 2) = 0$

$x = 1$ 또는 $x = 1 - \sqrt{3}$ 또는 $x = 1 + \sqrt{3}$

이다.

따라서 $y = f(x)$의 그래프와 $y = -f(x)$의 그래프는 그림과 같다.

(i) $t \leq -1$일 때, $f(t) \leq -2$이므로 함수 $g(x)$의 그래프는 그림과 같다.

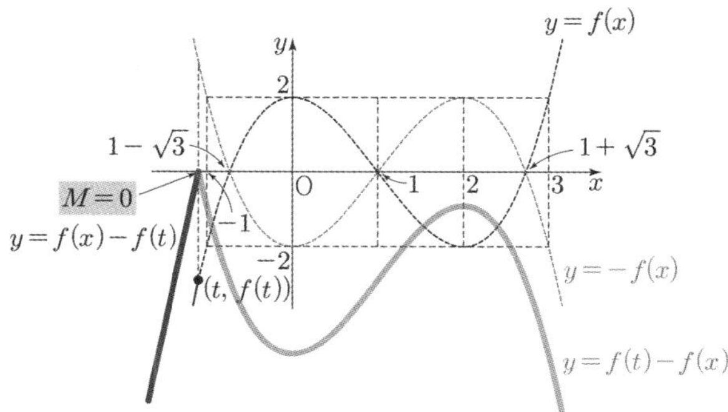

따라서 $h(t) = 0$

(ii) $-1 < t \leq 1 - \sqrt{3}$일 때, $-2 < f(t) \leq 0$이므로 함수 $g(x)$의 그래프는 그림과 같다.

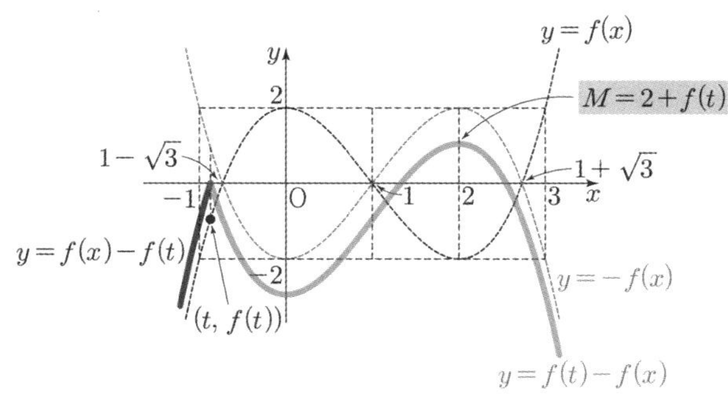

따라서 $h(t) = 2 + f(t)$

(iii) $1 - \sqrt{3} < t \leq 1$일 때, $0 \leq f(t) \leq 2$이므로 함수 $g(x)$의 그래프는 그림과 같다.

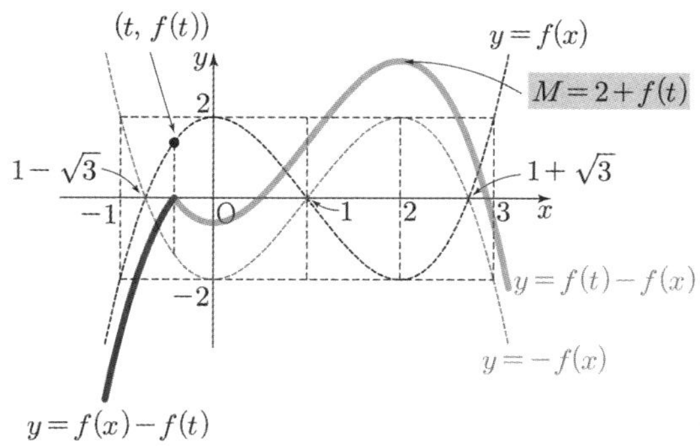

따라서 $h(t) = 2 + f(t)$

(iv) $1 < t \leq 1 + \sqrt{3}$일 때, $-2 \leq f(t) \leq 0$이므로 함수 $g(x)$의 그래프는 그림과 같다.

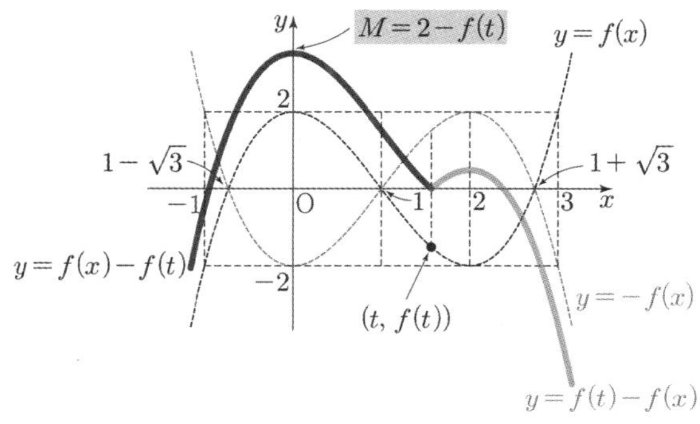

따라서 $h(t) = 2 - f(t)$

(v) $1 + \sqrt{3} < t \leq 3$일 때, $0 < f(t) \leq 2$이므로 함수 $g(x)$의 그래프는 그림과 같다.

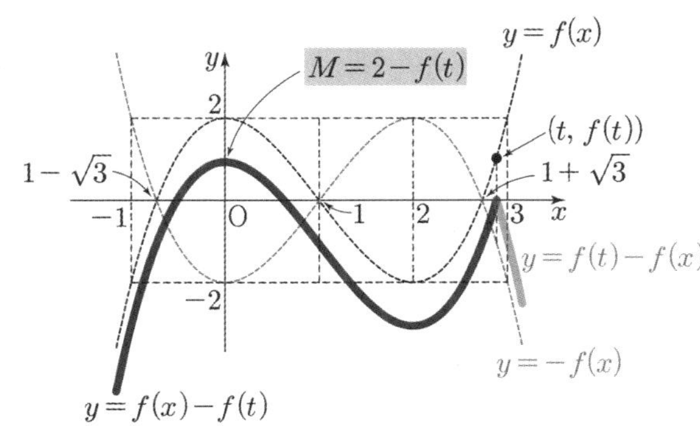

따라서 $h(t) = 2 - f(t)$

(vi) $t > 3$일 때, $f(t) > 2$이므로

함수 $g(x)$의 그래프는 그림과 같다.

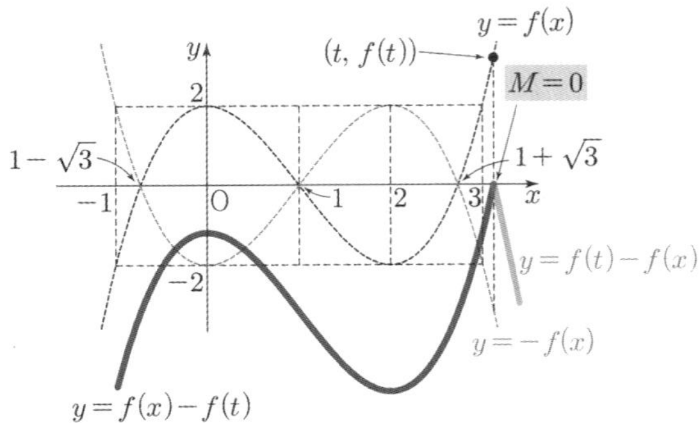

따라서 $h(t) = 0$

그러므로 $h(t) = \begin{cases} 0 & (t \leq -1) \\ 2 + f(t) & (-1 < t \leq 1) \\ 2 - f(t) & (1 < t \leq 3) \\ 0 & (t > 3) \end{cases}$

따라서

$h(x) = \begin{cases} 0 & (x \leq -1) \\ x^3 - 3x^2 + 4 & (-1 < x \leq 1) \\ -x^3 + 3x^2 & (1 < x \leq 3) \\ 0 & (x > 3) \end{cases}$

그러므로 방정식 $h(x) = mx$의 실근의 개수가 2이기 위해서는 그림과 같이 직선 $y = mx$가 곡선 $y = -x^3 + 3x^2$에 접하거나 $(1, 2)$를 지나야 한다.

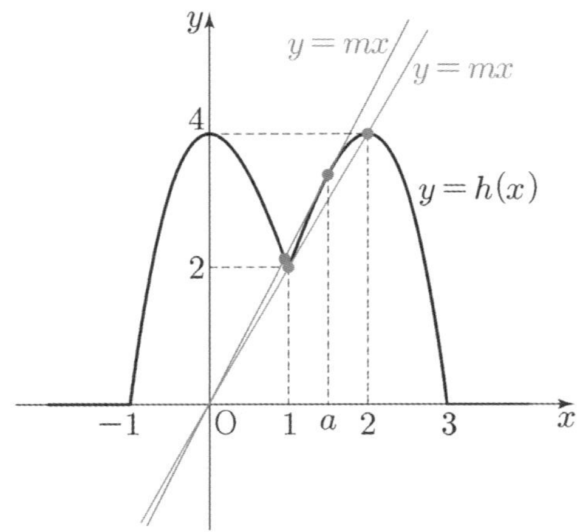

(i) $y = mx$가 곡선 $y = -x^3 + 3x^2$에 접할 때, 접점의 좌표를 $(a, -a^3 + 3a^2)$ $(1 < a < 2)$이라 하면

$\dfrac{-a^3 + 3a^2}{a} = h'(a)$

$-a^2 + 3a = -3a^2 + 6a$

$2a^2 - 3a = 0$

$a(2a - 3) = 0$

$\therefore a = \dfrac{3}{2}$

$m = h'(a) = h'\left(\dfrac{3}{2}\right) = -3\left(\dfrac{3}{2}\right)^2 + 6\left(\dfrac{3}{2}\right) = \dfrac{-27 + 36}{4} = \dfrac{9}{4}$

이다.

(ii) $y = mx$가 $(1, 2)$를 지날 때, $m = 2$이다.

따라서

$\dfrac{9}{4} + 2 = \dfrac{17}{4}$

32 정답 ③

[그림 : 이정배T]

$\lim\limits_{x \to \infty} \dfrac{f(x)}{x^4 + 1} = 3$

에서 함수 $f(x)$는 최고차항의 계수가 3인 사차함수이다.

$\lim\limits_{x \to 0} \dfrac{af(x)}{x^3} = 3$

에서 함수 $f(x)$는 x^3을 인수로 갖는다.

따라서

$f(x) = 3x^3(x + 4k)$ $(k \neq 0)$ 라 할 수 있다.

$12ak = 3$에서 $ak = \dfrac{1}{4}$ $\cdots \bigcirc$

방정식 $f(f(x)) = f(x)$에서 $f(x) = t$라 할 때, $f(t) = t$을 만족시키는 t에 대하여 사차함수 $y = f(x)$와 상수함수 $y = t$의 교점의 개수가 방정식 $(f \circ f)(x) = f(x)$의 실근의 개수이다.

(i) $k < 0$일 때,

$y = f(x)$와 $y = x$는 $x = 0$과 $x = \alpha$에서 만난다.

따라서 $f(x) = 0$과 $f(x) = \alpha$의 해의 개수는 4로 조건 (나)에 모순이다.

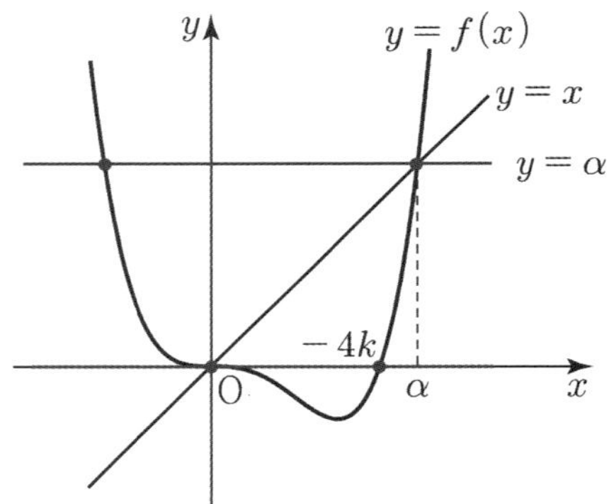

(ii) $k > 0$일 때,

(나) 조건을 만족시키기 위해서는 사차함수 $f(x)$의 극솟점이 $y = x$위에 있어야 한다.

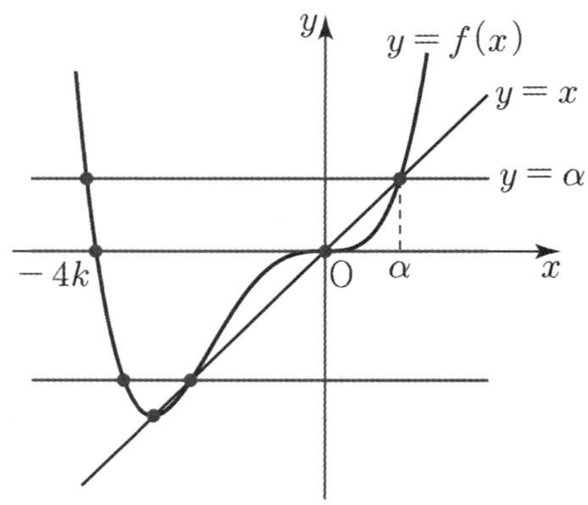

사차함수 비율에서 $f'(-3k)=0$이므로 $f(-3k)=-3k$

$f(-3k)=3(-3k)^3(-3k+4k)=-3k$

$(-3k)^3=-1$

$\therefore \ k=\dfrac{1}{3}$

따라서 $f(x)=3x^3\left(x+\dfrac{4}{3}\right)$

㉠에서 $a=\dfrac{3}{4}$

$f\left(\dfrac{4}{3}a\right)=f(1)=3\times 1^3\times\left(1+\dfrac{4}{3}\right)=7$

33 정답 17

$|g(x)-3x|=|f(x)|$에서

$g(x)-3x=f(x)$ 또는 $g(x)-3x=-f(x)$이므로

어떤 실수 k에 대하여 함수 $g(x)$는

$g(x)=\begin{cases} f(x)+3x & (x \le k) \\ -f(x)+3x & (x > k) \end{cases}$ 또는

$g(x)=\begin{cases} -f(x)+3x & (x \le k) \\ f(x)+3x & (x > k) \end{cases}$

이다.

(i) $g(x)=\begin{cases} f(x)+3x & (x \le k) \\ -f(x)+3x & (x > k) \end{cases}$ 일 때,

$g'(x)=\begin{cases} f'(x)+3 & (x < k) \\ -f'(x)+3 & (x > k) \end{cases}$ 이다.

① $k \ge 3$이면 $g'(-2)=g'(3)=0$에서

$f'(-2)=f'(3)=-3$이다.

$f'(4)=-3$이므로 모순이다.

② $-2 < k < 3$이면 $f'(-2)=-3$, $f'(3)=3$이다.

$f'(4)=-3$이므로 양수 a에 대하여

$f'(x)=a(x+2)(x-4)-3$이라 할 수 있다.

$f'(3)=-5a-3=3$에서 $a=-\dfrac{6}{5}$ 으로 모순이다.

③ $k \le -2$이면 $f'(-2)=f'(3)=3$이다.

$f'(4)=-3$이므로 양수 a에 대하여

$f'(x)=a(x+2)(x-3)+3$라 할 수 있다.

$f'(4)=6a+3=-3$에서 $a=-1$로 모순이다.

(ii) $g(x)=\begin{cases} -f(x)+3x & (x \le k) \\ f(x)+3x & (x > k) \end{cases}$ 일 때,

$g'(x)=\begin{cases} -f'(x)+3 & (x < k) \\ f'(x)+3 & (x > k) \end{cases}$ 이다.

① $k \ge 3$이면 $g'(-2)=g'(3)=0$에서

$f'(-2)=f'(3)=3$이다.

$f'(4)=-3$이므로 양수 a에 대하여

$f'(x)=a(x+2)(x-3)+3$이라 할 수 있다.

$f'(4)=6a+3=-3$에서 $a=-1$로 모순이다.

② $-2 < k < 3$이면 $f'(-2)=3$, $f'(3)=-3$이다.

$f'(4)=-3$이므로 양수 a에 대하여

$f'(x)=a(x-3)(x-4)-3$이라 할 수 있다.

$f'(-2)=30a-3=3$에서 $a=\dfrac{1}{5}$이다.

$\therefore \ f'(x)=\dfrac{1}{5}(x-3)(x-4)-3$

③ $k \le -2$이면 $f'(-2)=f'(3)=-3$이다.

$f'(4)=-3$이므로 모순이다.

(i), (ii)에서 $-2 < k < 3$인 실수 k에 대하여

$g(x)=\begin{cases} -f(x)+3x & (x \le k) \\ f(x)+3x & (x > k) \end{cases}$,

$g'(x)=\begin{cases} -f'(x)+3 & (x < k) \\ f'(x)+3 & (x > k) \end{cases}$ 이고

$f'(x)=\dfrac{1}{5}(x-3)(x-4)-3$이다.

함수 $g(x)$가 실수 전체의 집합에서 미분가능하므로

함수 $g'(x)$가 $x=k$에서 연속이다. 따라서 $f'(k)=0$이다.

따라서 $f'(x)=\dfrac{1}{5}x^2-\dfrac{7}{5}x-\dfrac{3}{5}$에서 $f'(k)=0$

$k^2-7k-3=0$

에서 $-2 < k < 3$이므로 $k=\dfrac{7-\sqrt{61}}{2}$이다.

$k<0$이므로 $g'(0)=f'(0)+3=-\dfrac{3}{5}+3=\dfrac{12}{5}$

$p=5$, $q=12$이므로 $p+q=17$이다.

34 정답 19

[출제자 : 오세준T]

$f(x)=\log_2(|\sin x|+a)$, $g(x)=\dfrac{1}{\log_2(|\sin x|+b)}$이므로

조건(가)에서

$4^{f(x)}\times 2^{\frac{1}{g(x)}}=(|\sin x|+a)^2(|\sin x|+b) \ge 200$

$|\sin x|=t$라 하면 $|\sin x|\ne 0$이므로 $0<t\le 1$이고

$y=(t+a)^2(t+b)$라 하면 그래프는 아래와 같다.

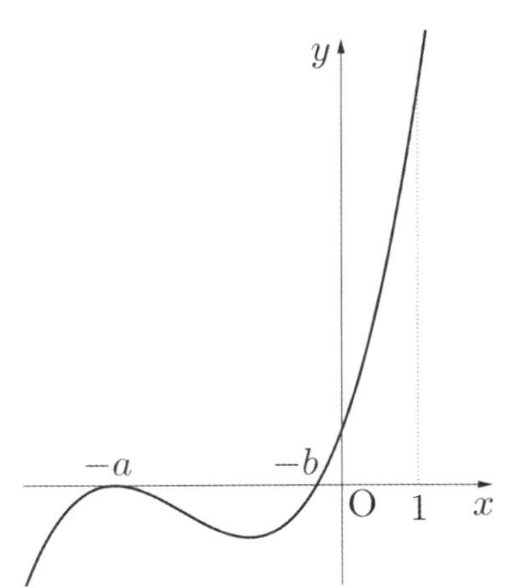

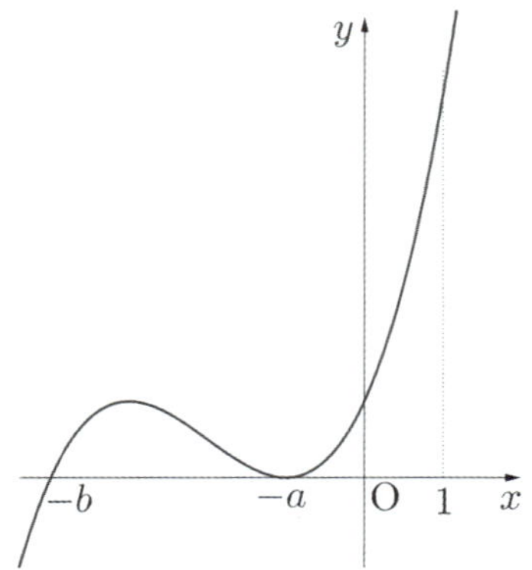

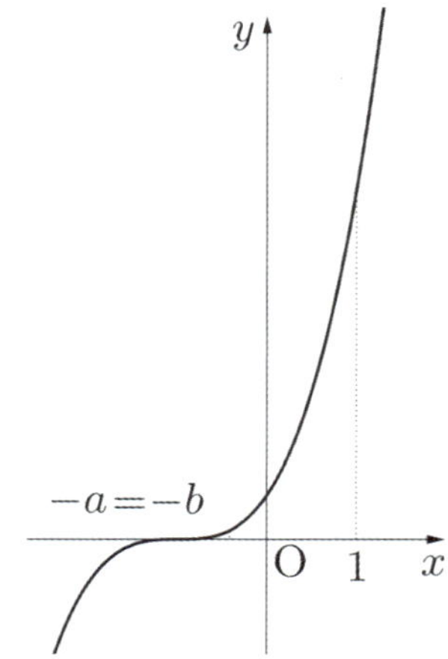

따라서 $t=1$에서 최댓값을 가지므로
$(1+a)^2(1+b)=200=2^3\times5^2$ …… ㉠
조건(나)에서
$2^{f(x)+1}+2^{\frac{1}{g(x)}}=2(|\sin x|+a)+(|\sin x|+b)$
$\leq 3+2a+b \leq 30$
$\therefore\ 2a+b \leq 27$ …… ㉡

㉠에서

$(1+a)^2$	$(1+b)$	a	b	$2a+b$	
1	$2^3\times5^2$	0	199		a 자연수 아니다.
2^2	2×5^2	3	49	54	
5^2	2^3	4	7	15	
$2^2\times5^2$	2	9	1	19	

㉡에서 가능한 순서쌍 $(a,\ b)$는 $(4,\ 7)$, $(9,\ 1)$이고
$2a+b$의 최댓값은 19이다.

35 정답 ②

[그림 : 배용제T]

[검토자 : 최병길T]
$h_1(x)=-(x+2a)^2(x-a)$, $h_2(x)=(x+b)(x-2b)^2+c$라
하자.

① $a>0$
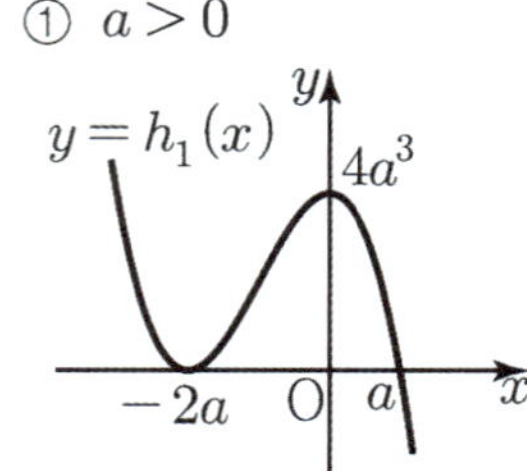

② $a<0$
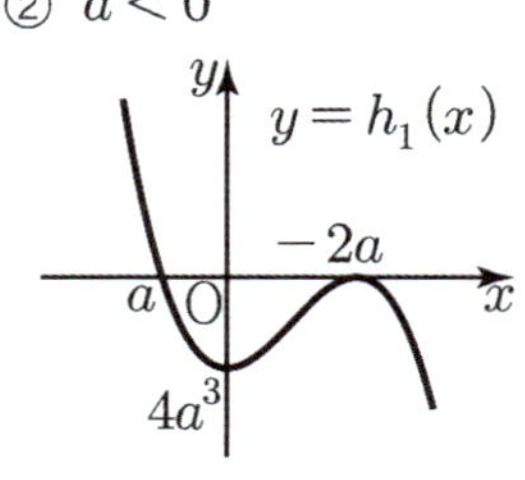

③ $b>0$
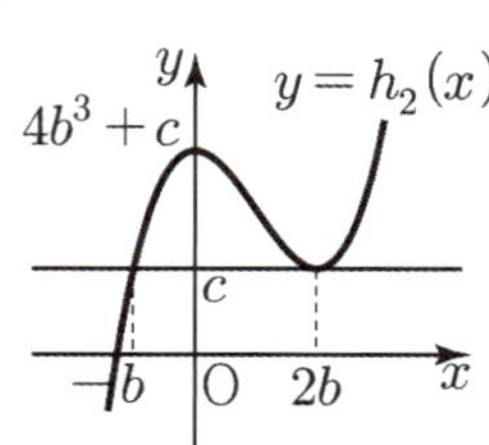

④ $b<0$
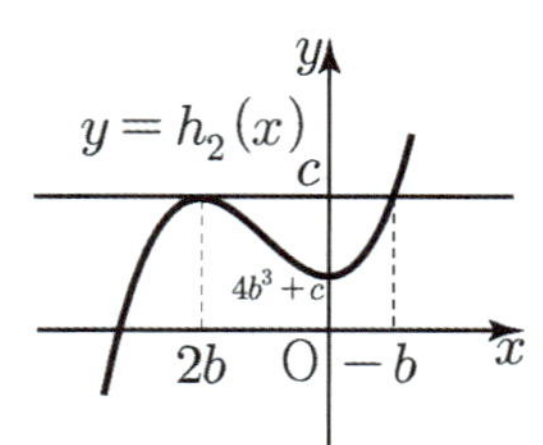

(i) $a>0$, $b<0$일 때,
함수 $h_1(x)=-(x+2a)^2(x-a)$는 $x=-2a$에서
극솟값 0, $x=0$에서 극댓값 $4a^3$을 갖는다.
함수 $h_2(x)=(x+b)(x-2b)^2+c$는 $x=2b$에서
극댓값 c, $x=0$에서 극솟값 $4b^3+c$를 갖는다.

①+④ $a>0$, $b<0$
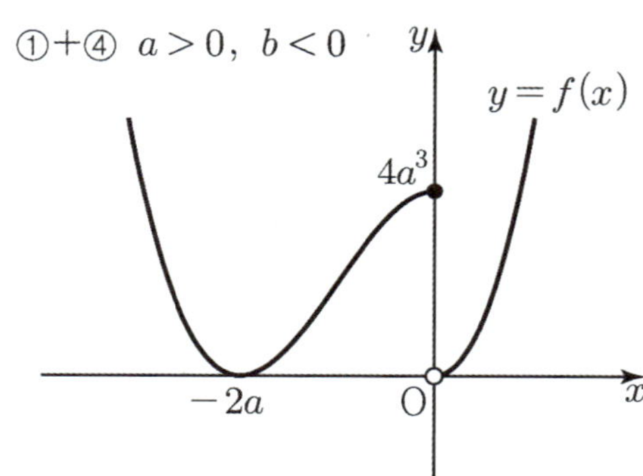

함수 $g(t)$가 불연속인 점의 개수가 4이기 위해서는
두 함수 $h_1(x)$와 $h_2(x)$의 극솟값이 같아야 한다.
즉, 함수 $h_2(x)$의 극솟값이 0이어야 한다. $4b^3+c=0$
따라서 $b=-1$, $c=4$이다.
(ii) $a<0$, $b>0$
함수 $h_1(x)=-(x+2a)^2(x-a)$는 $x=0$에서
극솟값 $4a^3$, $x=-2a$에서 극댓값 0을 갖는다.
함수 $h_2(x)=(x+b)(x-2b)^2+c$는 $x=0$에서
극댓값 $4b^3+c$, $x=2b$에서 극솟값 c를 갖는다.

②+③ $a < 0$, $b > 0$

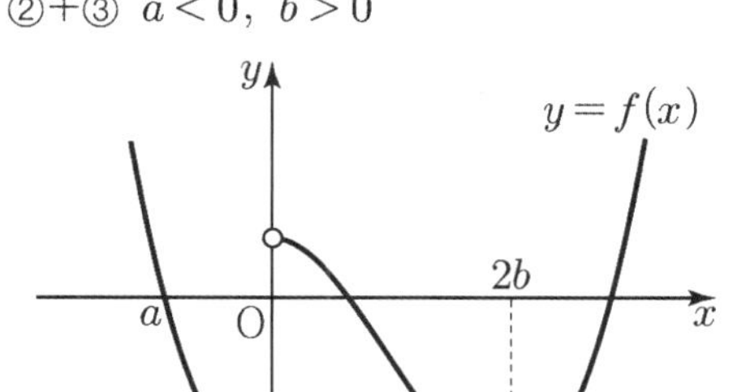

함수 $g(t)$가 불연속인 점의 개수가 4이기 위해서는
두 함수 $h_1(x)$와 $h_2(x)$의 극솟값이 같아야 한다.
즉, 함수 $h_2(x)$의 극솟값이 $4a^3$이어야 한다. $c = 4a^3$
따라서 $a = -1$, $c = -4$이다.
(i), (ii)에서 c의 최댓값은 4이고 c의 최솟값은 -4이다.
c의 최댓값과 최솟값의 곱은 -16이다.

36 정답 4

[그림 : 배용제T]

$f(0) = 0$인 최고차항의 계수가 1인 삼차함수 $f(x)$가
(가)에서 양수 a에 대하여 $f(a) = 0$, $f'(a) = 0$이므로
$f(x) = x(x-a)^2$이다. $\cdots$ ㉠

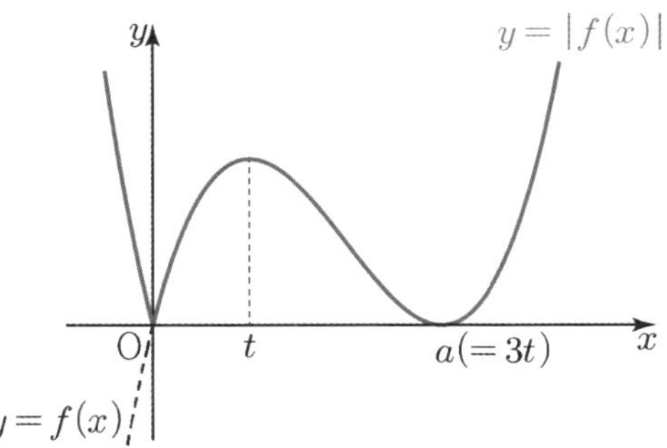

함수 $|f(x)|$는 $x = 0$에서 미분가능하지 않고 $x = a$에서는
미분가능하다.
(나)에서 함수 $||f(x)| - k|$의 미분가능성은
함수 $y = |f(x)|$의 그래프와 $y = k$의 교점 중 접점이 아닌
점에서 미분가능하지 않다. 함수 $|f(x)| - k$는 k의 값에
관계없이 $x = 0$에서 미분가능하지 않으므로 함수
$||f(x)| - k|$가 미분가능하지 않은 실수 x의 개수는 3이기
위해서는 함수 $|f(x)|$의 극댓값을 M이라 할 때, $k \geq M$이어야
한다.

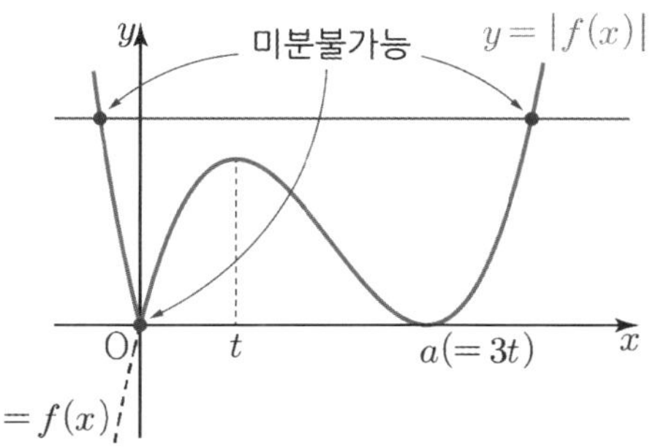

㉠에서
삼차함수 비율을 고려해서 $a = 3t$라 하면
$f(x) = x(x-3t)^2$이고 $f'(t) = 0$으로 $x = t$에서 극값을 갖는다.
$f(t) = 4t^3$이다.
(다)에서
$4|f(x)| + f(-1) = 0$에서
$f(-1) = -(-1-3t)^2 = -(3t+1)^2$이므로
$4|f(x)| = -f(-1)$
$4|f(t)| = 9t^2 + 6t + 1$의 서로 다른 실근의 개수가 3이다.
$a > 0$이므로 $t > 0$이다.
따라서
$16t^3 = 9t^2 + 6t + 1$
$16t^3 - 9t^2 - 6t - 1 = 0$
$(t-1)(16t^2 + 7t + 1) = 0$
$16t^2 + 7t + 1 = 0$의 $D < 0$이므로 $t = 1$뿐이다.
따라서 $a = 3$
$f(x) = x(x-3)^2$이다.
k의 최솟값이 $f(x)$의 극댓값 $f(1)$이므로 $f(1) = 4$에서
$m = 4$이다.
$f(m) = f(4) = 4 \times 1^2 = 4$이다.

37 정답 ①

[그림 : 최성훈T]

(i)
$x \geq 0$일 때, $g(x) = f(x)$이고 $f(x) \geq a^2$이므로
$x \geq 0$일 때, $t \geq a^2$인 t에 대하여
$(g \circ g)(x) = g(g(x)) = f(f(x)) = f(t)$, $t \geq a^2$
함수 $f(t)$가 $x = -a$에 대칭이므로
$t \geq a^2$일 때, $f(t)$와 $t \leq -a^2 - 2a$일 때, $f(t)$가 같은 값을
갖는다.
따라서
$x \geq 0$일 때, $(g \circ g)(x) = f(t)$ $(t \leq -a^2 - 2a)$이다.

(ii)
$x \geq 0$일 때,
$y = -f(x) - b$의 치역은 $\{y \mid y \leq -a^2 - b\}$이므로
$s = -a^2 - b$라 하면

$x \geq 0$일 때, $f(-f(x)-b)=f(s)\ (s \leq -a^2-b)$이다.

(i), (ii)에서

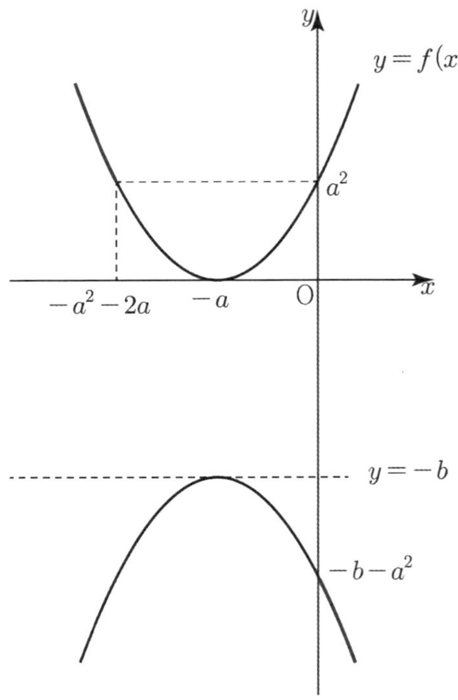

$-a^2-2a=-a^2-b$

$\therefore\ b=2a\ (a>0)$

따라서 $h(a)=2a$이다.

$\therefore\ h(2)+h'(2)=4+2=6$

[다른 풀이]–정찬도T

$x \geq 0$일 때, $(g \circ g)(x)=f(-f(x)-b)$

$x \geq 0$일 때 $g(x)=f(x)=(x+a)^2$이므로

$(g \circ g)(x)=(g(x)+a)^2=\{f(x)+a\}^2$

$f(-f(x)-b)=\{-f(x)-b+a\}^2$

$\{f(x)+a\}^2=\{-f(x)-b+a\}^2$에서

$f(x)+a=-f(x)-b+a$ 또는 $f(x)+a=f(x)+b-a$

따라서 $b=-2f(x)$ 또는 $b=2a$

$b=-2f(x)$는 b가 음이 아닌 실수라는 사실에 모순이므로

$b=h(a)=2a$이다.

38 정답 ⑤

[그림 : 최성훈T]

사차방정식 $f(x)=0$의 서로 다른 실근의 개수는 4이하이고

삼차방정식 $f'(x)=0$의 서로 다른 실근의 개수는 3이하이다.

(나)에서 삼차방정식 $f'(x)=0$은 -1과 2를 근으로 갖는다.

따라서 $2 \leq n \leq 3$

$m+n \leq 7$이므로

$m+n=4$ 또는 $m+n=6$이 가능하다.

(i) $n=2$일 때, $m=2$이어야 한다.

함수 $f(x)$의 그래프는 다음과 같다.

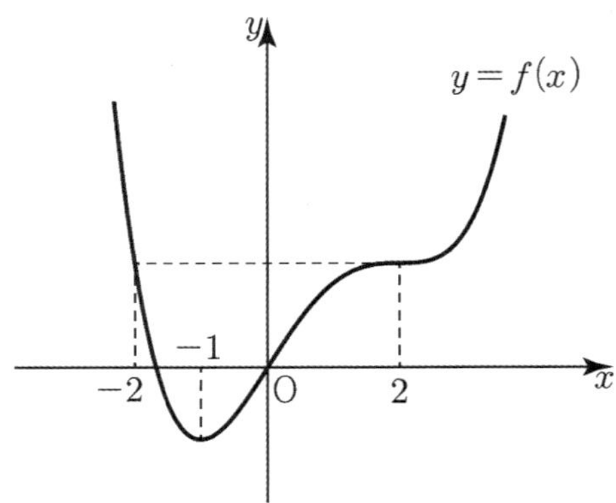

$f(x)=(x+2)(x-2)^3+f(2)$

$f'(x)=(x-2)^3+3(x+2)(x-2)^2$

$f'(0)=-8+24=16$

(ii) $n=3$일 때, $m=3$이어야 한다.

$f'(x)=4(x+1)(x-2)(x-\alpha)$에서 $f'(0)=8\alpha$ $\cdots$㉠이고

$f'(0)$의 최댓값을 구해야 하므로 $\alpha>0$일 때만 생각하면 되겠다.

① $0<\alpha<2$일 때,

$m=3$이므로 $f(x)=(x-b)x(x-2)^2\ (b<-1)$꼴이다.

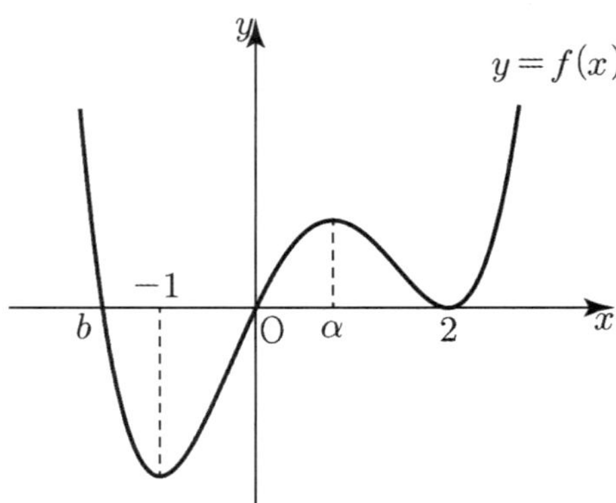

$f'(x)=x(x-2)^2+(x-b)(x-2)^2+2(x-b)x(x-2)$

$\qquad =(x-2)\{x^2-2x+x^2-(b+2)x+2b+2x^2-2bx\}$

$\qquad =(x-2)\{4x^2-(3b+4)x+2b\}$

방정식 $4x^2-(3b+4)x+2b=0$의 두 근이 -1과 α이다.

근과 계수와의 관계에서

$-1+\alpha=\dfrac{3b+4}{4}$, $-\alpha=\dfrac{b}{2}$

$b=-\dfrac{8}{5}$, $\alpha=\dfrac{4}{5}$이다.

따라서 ㉠에서 $f'(0)=\dfrac{32}{5}$

② $\alpha>2$일 때,

$f(x)=(x-c)x(x-\alpha)^2\ (c<-1,\ \alpha>2)$이다.

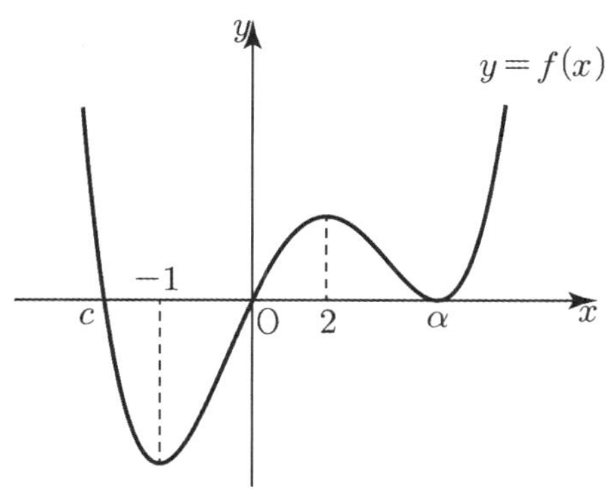

$$f'(x) = x(x-\alpha)^2 + (x-c)(x-\alpha)^2 + 2(x-c)x(x-\alpha)$$
$$= (x-\alpha)\{x^2 - \alpha x + x^2 - (c+\alpha)x + c\alpha + 2x^2 - 2cx\}$$
$$= (x-\alpha)\{4x^2 - (3c+2\alpha)x + c\alpha\}$$

방정식 $4x^2 - (3c+2\alpha)x + c\alpha = 0$의 두 근이 -1과 2이다.
근과 계수와의 관계에서
$$1 = \frac{3c+2\alpha}{4}, \ -2 = \frac{c\alpha}{4}$$
$$3c = 4 - 2\alpha$$
$$c = \frac{4-2\alpha}{3}$$
$$-8 = \frac{4-2\alpha}{3}\alpha$$
$$-24 = 4\alpha - 2\alpha^2$$
$$2\alpha^2 - 4\alpha - 24 = 0$$
$$\alpha^2 - 2\alpha - 12 = 0$$
$$\alpha = 1 + \sqrt{13} \ (\because \alpha > 2)$$
㉠에서 $f'(0) = 8(1 + \sqrt{13}) = 8 + 8\sqrt{13}$
(i), (ii)에서 $f'(0)$의 최댓값은 $8 + 8\sqrt{13}$ 이다.

39 정답 147

[그림 : 이정배T]

$$g'(x) = \begin{cases} f'(x-p) & (x < 0) \\ -f'(x+2p) & (x > 0) \end{cases} \text{에서 } g'(0) = 0 \text{이므로}$$

$f'(-p) = -f'(2p) = 0$이다.
$x \geq -p$인 실수 x에 대하여 $f'(x) \geq 0$이므로 $x \geq -p$에서
사차함수 $f(x)$의 그래프는 증가해야 한다.

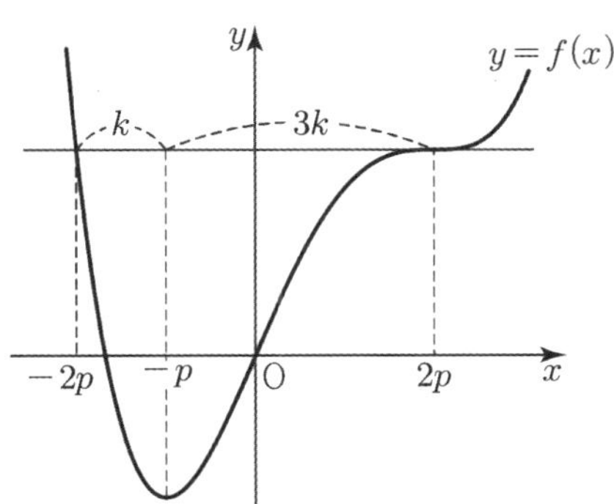

$$f(x) = (x+2p)(x-2p)^3 + f(2p)$$

$$f(0) = 2p \times (-8p^3) + f(2p) = 0$$
$$\therefore \ f(2p) = 16p^4$$
따라서
$$f(x) = (x+2p)(x-2p)^3 + 16p^4$$
사차함수 $f(x)$의 최솟값은 유일한 극솟값인 $f(-p)$이다.
따라서
$$f(-p) = p \times (-27p^3) + 16p^4 = -11p^4 = -11$$
$$\therefore \ p = 1 \cdots ㉠$$
그러므로
$$f(x) = (x+2)(x-2)^3 + 16,$$
$$g(x) = \begin{cases} f(x-1) + 11 & (x < 0) \\ -f(x+2) + 16 & (x \geq 0) \end{cases} \text{이다.}$$
$$g(-2) = f(-3) + 11 = \{-1 \times (-125) + 16\} + 11 = 152$$
$$g(1) = -f(3) + 16 = -(5+16) + 16 = -5$$
$$\therefore \ g(-2) + g(1) = 147$$

[랑데뷰팁]-㉠부분 추가 설명 [정찬도T]

$f'(-p) = f'(2p) = 0$이고 $x \geq -p$인 실수 x에 대하여
$f'(x) \geq 0$이므로
$f'(x) = 4(x+p)(x-2p)^2 = 4x^3 - 12px^2 + 16p^3$이고
$f(0) = 0$이므로
$f(x) = x^4 = 4px^3 + 16p^3$이다.
$f(-p) = -11p^4 = -11$에서 $p = 1$이다.

---

40 정답 ④

(가)에서 방정식 $|f(x) - f(0)| = 0$의 해가 $x = a$와 $x = 0$이므로
함수 $f(x) - f(0)$은 $x = a$에서 x축과 만나고 $x = a$에서
미분가능하지 않으므로 $(x-a)$을 인수로 갖는다.
또한 $x = 0$에서 x축에 접해야 하므로 x^2을 인수로 갖는다.
함수 $f(x)$가 최고차항의 계수가 1인 삼차함수이므로
$f(x) - f(0) = (x-a)x^2$라 할 수 있다.
$$f(x) = (x-a)x^2 + f(0)$$
$f(0) = f(a)$이므로 $f(x) = (x-a)x^2 + f(a)$이다.
$f'(x) = x^2 + 2x(x-a) \Rightarrow f'(a) = a^2$이다.
따라서 접선의 방정식은 $y = a^2(x-a) + f(a)$이다.
(나)에서 $(x-a)x^2 + f(a) = a^2(x-a) + f(a)$의 해가
$x = a$와 $x = b$이다.
$$(x-a)^2(x+a) = 0$$
$$x = a \text{ 또는 } x = -a$$
따라서 $b = -a \cdots ㉠$
한편, (나)에서 $|f(a)| = 1$이므로 $|f(0)| = 1$이다.

(i) $f(0) = -1$일 때, $f(a) = -1$이므로 $f(b) = f(-a) = 1$이다.

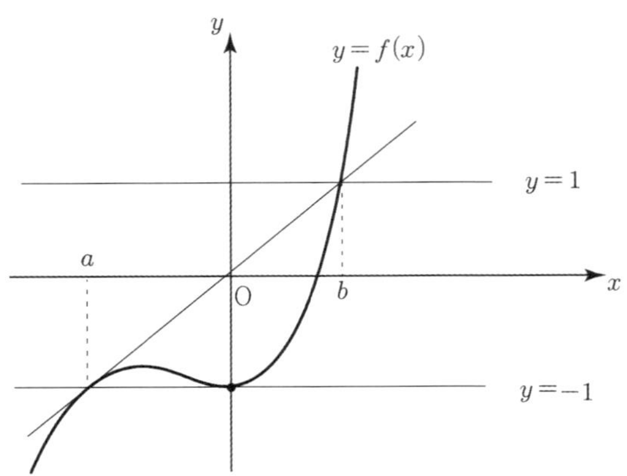

$f(x)=(x-a)x^2-1$ 이고

$f(-a)=-2a \times a^2-1=1$

$a^3=-1$

$a=-1$

$\therefore \ f(x)=(x+1)x^2-1$

그러므로 $f(2)=3 \times 4-1=11$

(ii) $f(0)=1$ 일 때, $f(a)=1$ 이므로 $f(b)=f(-a)=-1$ 이다.

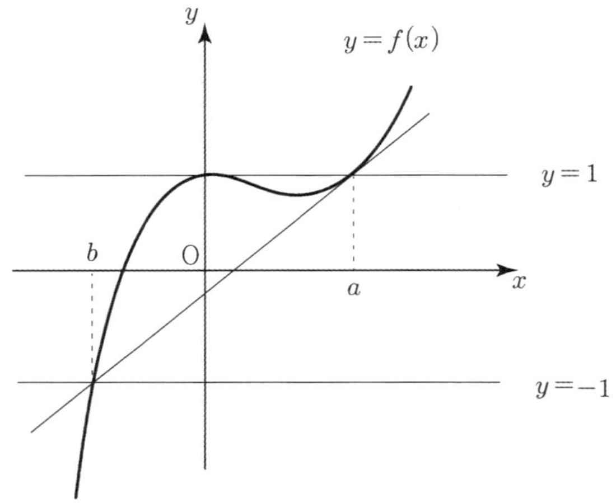

$f(x)=(x-a)a^2+1$

$f(-a)=-2a \times a^2+1=-1$

$a^3=1$

$a=1$

$\therefore \ f(x)=(x-1)x^2+1$

그러므로 $f(2)=1 \times 4+1=5$

(i), (ii)에서 $f(2)$의 최댓값은 11이다.

[랑데뷰팁]

삼차함수 비율에서 삼차함수 위의 점 $x=a$(증가하는 위로 볼록한 부분의 한 점) 에서 그은 접선이 $y=f(x)$와 만나는 점의 x좌표를 b, c $(a<b<c)$라

$\dfrac{a+c}{2}=b$이다.

따라서 ㉠에서 $\dfrac{a+b}{2}=0$이므로 $b=-a$

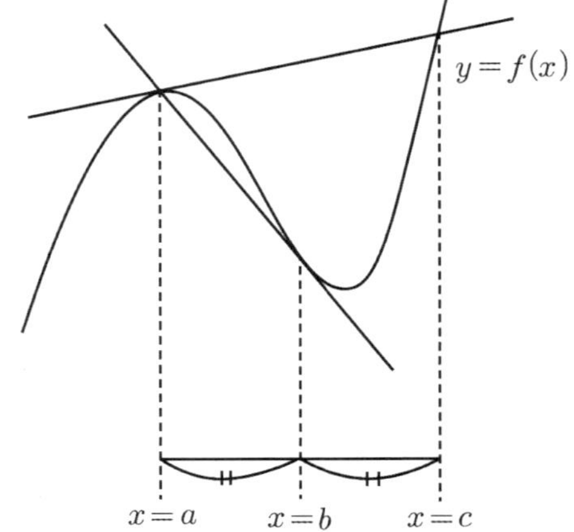

$y=f(x)$ 위의 점 $(a,\ f(a))$를 지나고 $y=f(x)$에 접하는 직선을 2개 그을 수 있을 때,

각 직선이 $y=f(x)$와 만나는 $(a,\ f(a))$가 아닌 점을 $(b,\ f(b))$, $(c,\ f(c))$라 하자. (단, $a<b<c$혹은 $c<b<a$)

이때, $2b=a+c$는 항상 성립한다.

$\therefore$ ㉠에서 $0=a+b$이므로 $b=-a$

41 정답 5

[그림 : 최성훈T]

$f(x)$는 최고차항의 계수가 a $(a>0)$인 삼차함수이므로

$\displaystyle\lim_{h \to 0}\frac{|f(x+h)|-|f(x-h)|}{h}$ 의 의미를 생각해보자.

$k(x)=|f(x)|$라 두면,

$\displaystyle\lim_{h \to 0+}\frac{k(x+h)-k(x-h)}{h}$

$=\displaystyle\lim_{h \to 0+}\frac{k(x+h)-k(x)}{h}-\frac{k(x-h)-k(x)}{h}$

$=\displaystyle\lim_{h \to 0+}\frac{k(x+h)-k(x)}{h}+\lim_{h \to 0+}\frac{k(x-h)-k(x)}{-h}$

$=k'(x+)+k'(x-)$

$\displaystyle\lim_{h \to 0-}\frac{k(x+h)-k(x-h)}{h}$

$=\displaystyle\lim_{h \to 0-}\frac{k(x+h)-k(x)}{h}-\frac{k(x-h)-k(x)}{h}$

$=\displaystyle\lim_{h \to 0-}\frac{k(x+h)-k(x)}{h}+\lim_{h \to 0-}\frac{k(x-h)-k(x)}{-h}$

$=k'(x-)+k'(x+)$

이므로 $\displaystyle\lim_{h \to 0}\frac{|f(x+h)|-|f(x-h)|}{h}$ 은 함수 $k(x)$에 대한 x에서의 우미분계수와 좌미분계수의 합임을 알 수 있다.

따라서 $g(x) = k'(x+) + k'(x-)$

$$\therefore\ g(x) = \begin{cases} -2f'(x) & (x < b-1) \\ 0 & (x = b-1) \quad \cdots\ \bigcirc \\ 2f'(x) & (x > b-1) \end{cases}$$

[랑데뷰세미나(87), (124) 참고]

조건(가)에서 최고차항의 계수가 a인 삼차함수 $f(x)$를
$f(x) = a(x-b)^3 + a$이라 할 수 있다.
$f(x) = 0$의 해는 $x = b-1$이고
$f'(x) = 3a(x-b)^2$에서 $f'(b-1) = 3a$이다.
그러므로 $\bigcirc$에서 $\displaystyle\lim_{x \to (b-1)+} g(x) = 3a + 3a = 6a$이다.

따라서 두 함수 $f(x)$와 $g(x)$의 그래프 개형은 다음과 같다.

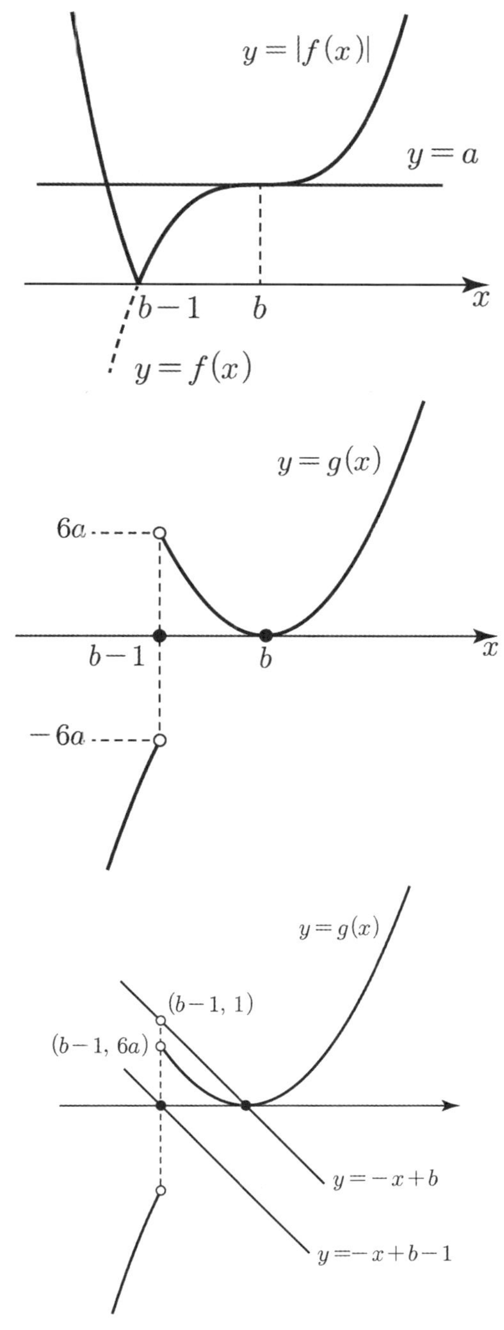

$g(b-1) = 0$, $g(b) = 0$이므로
조건(나)에서
$x + g(x) = b-1$, $x + g(x) = b$을 동시에 만족하는 x의 개수가
2이어야 한다.
즉, $g(x) = -x+b-1$, $g(x) = -x+b$에서
$y = g(x)$와 $y = -x+b-1$는 오직 한 점에서만 만나므로
$y = g(x)$와 $y = -x+b$도 한 점 $(b,\,0)$에서만 만나야 한다.
$y = -x+b$가 $(b-1,\,1)$을 지나므로 $6a \le 1$이어야 한다.

따라서 $a \le \dfrac{1}{6}$이다.

a가 최대일 때
$f(x) = \dfrac{1}{6}(x-b)^3 + \dfrac{1}{6}$이고

$f(1) = \dfrac{1}{6}$에서 $b = 1$이다.

$$\therefore\ f(x) = \dfrac{1}{6}(x-1)^3 + \dfrac{1}{6}$$

$$f(3) = \dfrac{8}{6} + \dfrac{1}{6} = \dfrac{3}{2}$$

$p = 2$, $q = 3$이므로 $p+q = 5$이다.

42 정답 4

[그림 : 배용제T]

$y = f(x)$와 $y = x$의 교점의 x좌표는
$-x^2 + 2 = x$
$x^2 + x - 2 = 0$
$(x+2)(x-1) = 0$
$x = -2$ 또는 $x = 1$

$y = f(x)$와 $y = -x$의 교점의 x좌표는
$-x^2 + 2 = -x$
$x^2 - x - 2 = 0$
$(x-2)(x+1) = 0$
$x = 2$ 또는 $x = -1$
따라서 $g(x) = |f(x)+x| - |f(x)-x| + f(x) - 2x$는 다음과
같다.

(i) $x \le -2$ 또는 $x \ge 2$일 때, $f(x)+x < 0$,
$f(x)-x < 0$이므로
$g(x) = -f(x)-x+f(x)-x+f(x)-2x$
$\quad = f(x) - 4x$
$\quad = -x^2 - 4x + 2$

(ii) $-2 < x < -1$일 때, $f(x)+x < 0$, $f(x)-x > 0$이므로
$g(x) = -f(x)-x-f(x)+x+f(x)-2x$
$\quad = -f(x) - 2x$
$\quad = x^2 - 2x - 2$

(iii) $-1 \le x < 1$일 때, $f(x)+x > 0$, $f(x)-x > 0$이므로

$$g(x) = f(x) + x - f(x) + x + f(x) - 2x$$
$$\quad = f(x) = -x^2 + 2$$

(vi) $1 \leq x < 2$일 때, $f(x) + x > 0$, $f(x) - x < 0$
$$g(x) = f(x) + x + f(x) - x + f(x) - 2x$$
$$\quad = 3f(x) - 2x$$
$$\quad = -3x^2 - 2x + 6$$

(i), (ii), (iii), (iv)에서
함수 $g(x)$는 다음과 같다.

$$g(x) = \begin{cases} -x^2 - 4x + 2 & (x \leq -2,\ x \geq 2) \\ x^2 - 2x - 2 & (-2 < x < -1) \\ -x^2 + 2 & (-1 \leq x < 1) \\ -3x^2 - 2x + 6 & (1 \leq x < 2) \end{cases}$$

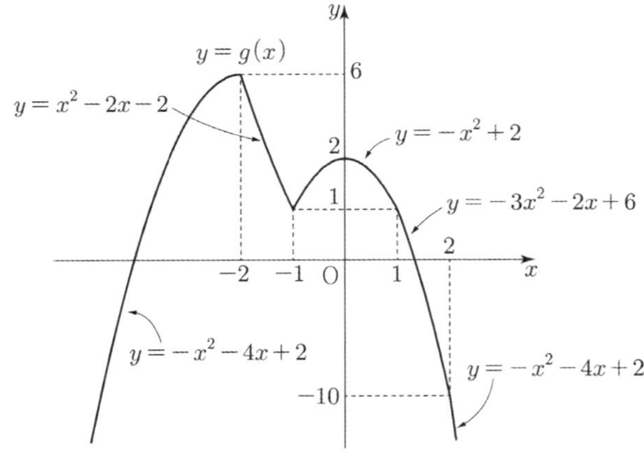

함수 $g(x)$는 $x = -2$, $x = -1$, $x = 1$, $x = 2$에서 미분가능하지
않고 그 점을 제외한 구간에서의 $g'(x)$는 다음과 같다.

$$g'(x) = \begin{cases} -2x - 4 & (x < -2,\ x > 2) \\ 2x - 2 & (-2 < x < -1) \\ -2x & (-1 < x < 1) \\ -6x - 2 & (1 < x < 2) \end{cases} \quad \cdots \text{㉠}$$

한편,
$h(x) = \lim\limits_{k \to 0} \dfrac{g(x+k) - g(x-k)}{k}$ 의 의미를 생각해보자.

$$\lim_{k \to 0+} \frac{g(x+k) - g(x-k)}{k}$$
$$= \lim_{k \to 0+} \frac{g(x+k) - g(x)}{k} - \frac{g(x-k) - g(x)}{k}$$
$$= \lim_{k \to 0+} \frac{g(x+k) - g(x)}{k} + \lim_{k \to 0+} \frac{g(x-k) - g(x)}{-k}$$
$$= g'(x+) + g'(x-)$$

$$\lim_{k \to 0-} \frac{g(x+k) - g(x-k)}{k}$$
$$= \lim_{k \to 0-} \frac{g(x+k) - g(x)}{k} - \frac{g(x-k) - g(x)}{k}$$
$$= \lim_{k \to 0-} \frac{g(x+k) - g(x)}{k} + \lim_{k \to 0-} \frac{g(x-k) - g(x)}{-k}$$
$$= g'(x-) + g'(x+)$$

이므로 $h(x) = \lim\limits_{k \to 0} \dfrac{g(x+k) - g(x-k)}{k}$ 은 함수 $h(x)$에 대한
x에서의 우미분계수와 좌미분계수의 합임을 알 수 있다.
따라서 $h(x) = g'(x+) + g'(x-) \cdots \text{㉡}$
[랑데뷰세미나(87), (124) 참고]

㉠, ㉡에서 함수 $h(x)$는 다음과 같다.

$$h(x) = \begin{cases} -4x - 8 & (x < -2) \\ -6 & (x = -2) \\ 4x - 4 & (-2 < x < -1) \\ -2 & (x = -1) \\ -4x & (-1 < x < 1) \\ -10 & (x = 1) \\ -12x - 4 & (1 < x < 2) \\ -22 & (x = 2) \\ -4x - 8 & (x > 2) \end{cases}$$

따라서 함수 $|h(x)|$는 다음과 같다.

$$|h(x)| = \begin{cases} -4x - 8 & (x < -2) \\ 6 & (x = -2) \\ -4x + 4 & (-2 < x < -1) \\ 2 & (x = -1) \\ |4x| & (-1 < x < 1) \\ 10 & (x = 1) \\ 12x + 4 & (1 < x < 2) \\ 22 & (x = 2) \\ 4x + 8 & (x > 2) \end{cases}$$

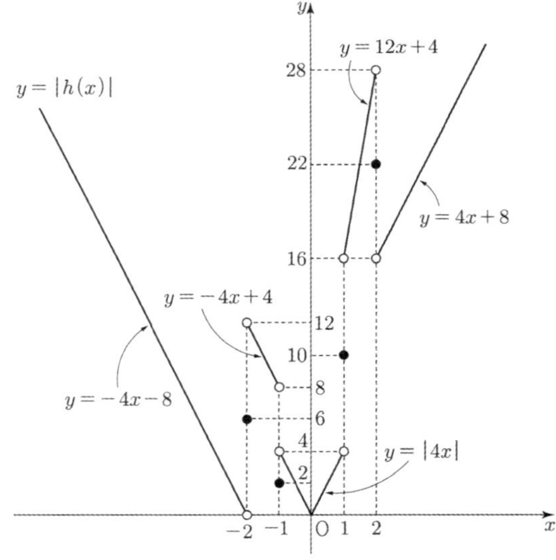

① $|h(-2)| = 6$에 대해 알아보자.
$\lim\limits_{x \to -2-} |h(x)| = 0$, $\lim\limits_{x \to -2+} |h(x)| = 4$에서
$\lim\limits_{x \to -2-} |h(x)| < |h(-2)| < \lim\limits_{x \to -2+} |h(x)|$ 이다.
즉, $x = -2$을 포함하는 어떤 열린구간에 속하는 모든 x에
대하여 $|h(x)| \geq |h(-2)|$을 만족시키지 못한다.

따라서 6은 극값이 아니다.

② $|h(-1)|=2$에 대해 알아보자.

$$\lim_{x \to -1-}|h(x)|=8, \quad \lim_{x \to -1+}|h(x)|=12$$에서

$$\lim_{x \to -1-}|h(x)|<|h(1)|, \quad \lim_{x \to -1+}|h(x)|<|h(1)|$$이다.

즉, $x=1$을 포함하는 어떤 열린구간에 속하는 모든 x에 대하여
$|h(x)| \geq |h(1)|$을 만족시킨다.

따라서 2는 극솟값이다.

③ $|h(1)|=10$에 대해 알아보자.

$$\lim_{x \to 1-}|h(x)|=4, \quad \lim_{x \to 1+}|h(x)|=16$$에서

$$\lim_{x \to 1-}|h(x)|<|h(1)|<\lim_{x \to 1+}|h(x)|$$이다.

즉, $x=1$을 포함하는 어떤 열린구간에 속하는 모든 x에 대하여
$|h(x)| \geq |h(1)|$을 만족시키지 못한다.

따라서 10은 극값이 아니다.

④ $|h(2)|=22$에 대해 알아보자.

$$\lim_{x \to 2-}|h(x)|=28, \quad \lim_{x \to 2+}|h(x)|=16$$에서

$$\lim_{x \to 2+}|h(x)|<|h(2)|<\lim_{x \to 2-}|h(x)|$$이다.

즉, $x=2$을 포함하는 어떤 열린구간에 속하는 모든 x에 대하여
$|h(x)| \geq |h(2)|$을 만족시키지 못한다.

따라서 22는 극값이 아니다.

⑤ $x=0$에서 $|h(0)|=0$이고 극솟값이다.

①~⑤에서

모든 극값의 개수 $n=2$이고 모든 극값의 합은
$S=2+0=2$이다.

따라서 $n+S=2+2=4$

43 정답 154

[출제자 : 김진성T]

첫째, $f(t)=0$ 일 때,

$$h(t)=\lim_{x \to 1}\frac{\sqrt{(x-1)g(x)}}{(x-1)^2}$$

$$=\lim_{x \to 1}\sqrt{\frac{g(x)}{(x-1)^3}}=\lim_{x \to 1}\sqrt{\frac{f(x)}{(x-1)^2}}$$

가 존재하기 위해서는 $f(x)=(x-1)^2$ 이어야 한다.

둘째, $f(t)\neq 0$ 일 때,

$$h(t)=\lim_{x \to 1}\frac{\sqrt{(x-1)g(x)+\{f(t)\}^2}-|f(t)|}{(x-1)^2}$$

$$=\lim_{x \to 1}\frac{(x-1)g(x)}{(x-1)^2\left(\sqrt{(x-1)g(x)+\{f(t)\}^2}+|f(t)|\right)}$$

$$=\lim_{x \to 1}\frac{g(x)}{(x-1)(2|f(t)|)}=\lim_{x \to 1}\frac{f(x)}{(2|f(t)|)}=0 \quad ($$

$$\therefore g(x)=(x-1)f(x) \text{ 이고 } f(x)=(x-1)^2\ )$$

함수 $g(x)$가 $x=0$에서 연속이므로 $-f(0)=-af(b)=-1$
이고 $a(b-1)^2=1$ 이다.

한편 $g(-4)=(-4-a)f(4+b)=0$ 이므로

$$f(4+b)=(4+b-1)^2=0 \text{ 이고}$$

$$\therefore b=-3, \ a=\frac{1}{16}$$

따라서

$$h(1)=\lim_{x \to 1}\frac{\sqrt{(x-1)g(x)}}{(x-1)^2}=\lim_{x \to 1}\sqrt{\frac{f(x)}{(x-1)^2}}=1 \text{ 이고}$$

$$16g(-1)=16(-1-a)f(1+b)=16\left(-1-\frac{1}{16}\right)f(-2)=-17\times 9$$

$$=-153 \text{ 이다.}$$

$$\therefore h(1)-16g(-1)=154$$

44 정답 56

$g(x)=|f(x)-tx|\ (-1 \leq x \leq 2)$의 최댓값과 최솟값은
두 함수 $y=f(x)$와 $y=tx$의 함숫값의 차이로 생각할 수 있다.
따라서 두 그래프를 그려 비교해보자.

(i) $t<-2$일 때, 최솟값(m)은 0, 최댓값(M)은 $1-2t$이다.
$h(t)=-2t+1$

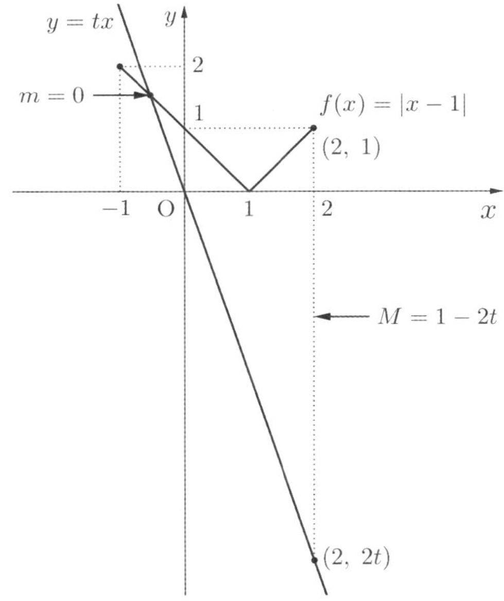

(ii) $-2 \leq t < -1$일 때, $m = 2+t$, $M = 1-2t$이다.

$h(t) = 1 - 2t - (2+t) = -3t - 1$

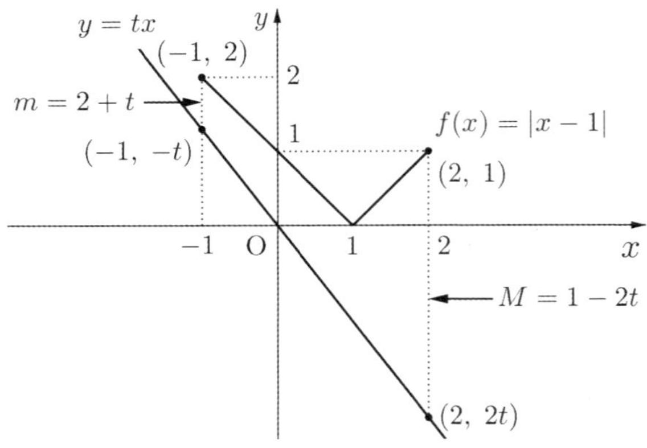

$x = -1$일 때의 차이 $2+t$와 $x = 2$일 때의 차이 $1-2t$이고,

$$2+t = 1-2t$$

$$t = -\frac{1}{3}$$

(iii) $-1 \leq t < -\dfrac{1}{3}$일 때, $m = -t$, $M = 1-2t$이다.

$h(t) = -t + 1$

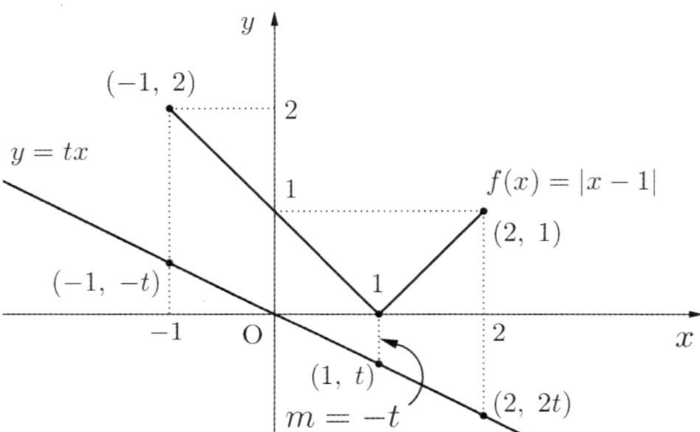

(iv) $-\dfrac{1}{3} \leq t < 0$일 때, $m = -t$, $M = t+2$이다.

$h(t) = 2t + 2$

(그림은 (iii)의 그림 참고)

한편, $t \geq 0$일 때, $x = -1$에서의 차이는 $t+2$

$x = 2$일 때의 차이는 $2t-1$이므로

$t+2 = 2t-1$에서 $t = 3$일 때 같은 값을 갖는다.

(v) $0 \leq t < 3$일 때, $m = 0$, $M = t+2$이다. $h(t) = t+2$

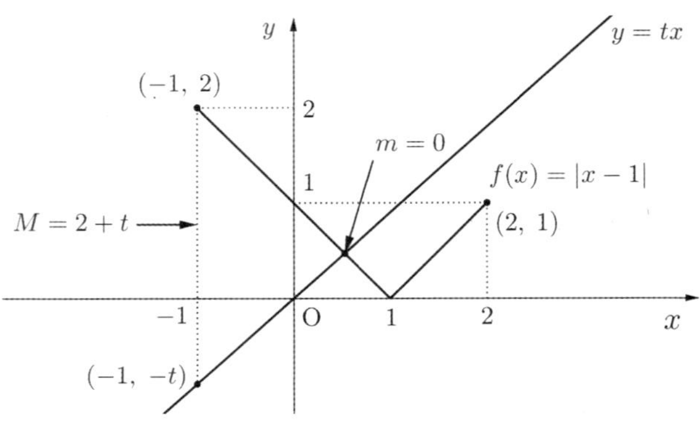

(vi) $t \geq 3$일 때, $m = 0$, $M = 2t-1$이다.

$h(t) = 2t - 1$

따라서 함수 $h(t)$는 다음과 같다.

$$h(t) = \begin{cases} -2t+1 & t < -2 \\ -3t-1 & -2 \leq t < -1 \\ -t+1 & -1 \leq t < -\dfrac{1}{3} \\ 2t+2 & -\dfrac{1}{3} \leq t < 0 \\ t+2 & 0 \leq t < 3 \\ 2t-1 & t \geq 3 \end{cases}$$

그러므로 $y = h(t)$의 그래프는 다음과 같다.

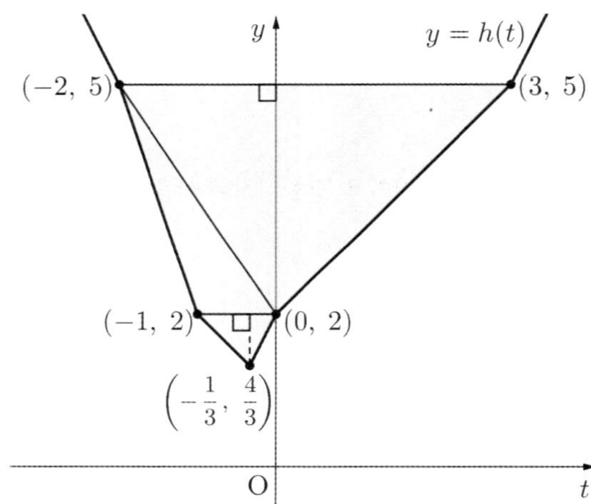

도형의 넓이

$$S = \frac{1}{2} \times 1 \times \frac{2}{3} + \frac{1}{2} \times 1 \times 3 + \frac{1}{2} \times 5 \times 3$$

$$= \frac{1}{3} + \frac{3}{2} + \frac{15}{2} = \frac{28}{3}$$

따라서 $6S = 56$

45 정답 27

삼차함수 $f(x)$와 x축과의 교점을 $\mathrm{A}(a, 0)$, $\mathrm{B}(b, 0)$이라 하자.

(단, $b = a+3$)

$f(x) = (x-a)(x-b)^2$ 또는 $f(x) = (x-a)^2(x-b)$꼴인데

함수 $f(x)$의 극댓값이 양수이므로

$f(x) = (x-a)(x-b)^2$이다.

함수 $g(x)$가 $x = 0$에서 연속이므로 $\displaystyle\lim_{x \to 0} \dfrac{f(x)+f'(x)}{x} = k$에서

$f(0)=-f'(0)$이다.
$$f'(x)=(x-b)^2+2(x-a)(x-b)=(x-b)(3x-2a-b)$$
에서 $f(0)=-ab^2$, $f'(0)=b(2a+b)$
$f(0)=-f'(0)$에서 $ab^2-b(2a+b)=0$
$b(ab-2a-b)=0$
$(a+3)(a^2+3a-2a-a-3)=0$ ($\because b=a+3$)
$(a+3)(a^2-3)=0$
$a=-3$ 또는 $a=-\sqrt{3}$ 또는 $a=\sqrt{3}$ 이다.

(i) $a=-3$이면
$f(x)=(x+3)x^2=x^3+3x^2$이고 $f'(x)=3x^2+6x$
$$g(x)=\begin{cases} x^2+6x+6 & (x\neq 0) \\ k & (x=0) \end{cases}$$
$g(x)$가 $x=0$에서 연속이기 위해서는 $k=6$이다.
$k<0$라는 조건에 모순이다.

(ii) $a=-\sqrt{3}$ 일 때,
$f(x)=(x+\sqrt{3})(x+\sqrt{3}-3)^2$
$f'(x)=(x+\sqrt{3}-3)^2+2(x+\sqrt{3})(x+\sqrt{3}-3)$
$\quad=(x+\sqrt{3}-3)(3x+3\sqrt{3}-3)$
따라서
$f(x)+f'(x)=(x+\sqrt{3}-3)(x^2+2\sqrt{3}x)$

그러므로 $g(x)=\begin{cases} (x+\sqrt{3}-3)(x+2\sqrt{3}) & (x\neq 0) \\ k & (x=0) \end{cases}$
$k=\lim_{x\to 0}g(x)=(\sqrt{3}-3)\times 2\sqrt{3}=6-6\sqrt{3}$
$k<0$라는 조건을 만족한다.

(iii) $a=\sqrt{3}$ 일 때,
$f(x)=(x-\sqrt{3})(x-\sqrt{3}-3)^2$
$f'(x)=(x-\sqrt{3}-3)^2+2(x-\sqrt{3})(x-\sqrt{3}-3)$
$\quad=(x-\sqrt{3}-3)(3x-3\sqrt{3}-3)$
따라서
$f(x)+f'(x)=(x-\sqrt{3}-3)(x^2-2\sqrt{3}x)$
그러므로 $g(x)=\begin{cases} (x-\sqrt{3}-3)(x-2\sqrt{3}) & (x\neq 0) \\ k & (x=0) \end{cases}$
$k=\lim_{x\to 0}g(x)=(-\sqrt{3}-3)\times(-2\sqrt{3})=6+6\sqrt{3}$
$k<0$라는 조건에 모순

(i), (ii), (iii)에서
$\therefore\ k=6-6\sqrt{3}$
$\therefore\ g(x)=\begin{cases} (x+\sqrt{3}-3)(x+2\sqrt{3}) & (x\neq 0) \\ k & (x=0) \end{cases}$
따라서 $x\neq 0$일 때
$g'(x)=x+2\sqrt{3}+x+\sqrt{3}-3=2x+3\sqrt{3}-3$
$g'\left(\dfrac{3}{2}\right)=3\sqrt{3}$
따라서 $\left\{g'\left(\dfrac{3}{2}\right)\right\}^2=27$

46 정답 ⑤

$f'(a)(a-t)=f(a)\ \Rightarrow\ 0=f'(a)(t-a)+f(a)$
이 식은 $y=f(x)$ 위의 점 $(a, f(a))$에서 접선의
방정식 $y=f'(a)(x-a)+f(a)$에 $(t, 0)$을 대입한 식이므로
사차함수 $f(x)$의 접선이 $(t, 0)$을 지나는 접점이
$(-2, f(-2))$로 하나뿐인 경우이다.
따라서 등식 $0=f'(-2)(t+2)+f(-2)$이 $k<t<2$의 t에
대해 항상 성립하기 위해서는
$f'(-2)=0$, $f(-2)=0$이고 사차함수 $f(x)$가 아래로 볼록 안쪽
부분에 t가 존재해야 한다.
따라서 $f(x)=(x+2)^3(x-2)$에서
$f'(x)=3(x+2)^2(x-2)+(x+2)^3$
$f''(x)=6(x+2)(x-2)+6(x+2)^2$
$\quad=6(x+2)(2x)$
변곡점의 위치는 $(0, -16)$이고 에서 $f'(0)=-16$이므로
변곡접선의 방정식은 $y=-16x-16$

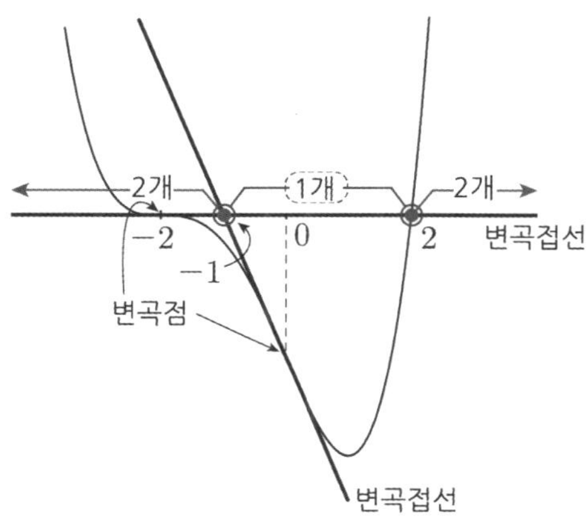

변곡접선의 x절편은 -1이다.
$\therefore\ k=-1$
따라서 $f(-1)=-27$이므로
$k\times f(-1)=27$

47 정답 45

(가), (나)에서 함수 $g(t)$는 $t=0$에서 미분가능하고 $t<0$일 때,
증가하고 함수 $g(t)$가 $t=0$에서 미분가능하므로
함수 $f(x)$는 $x=0$에서 극댓값을 가져야 된다.
(가)에서 함수 $g(t)$가 $t=2$에서 미분가능하지 않으므로
$f(0)=f(2)$이다.
(나)에서 $2<t<4$에서 $g'(t)>0$이므로 $f(x)$는 $x=4$에서
극댓값을 갖는다. 즉, $f'(4)=0$
함수 $f(x)$의 그래프는 다음 그림과 같다.

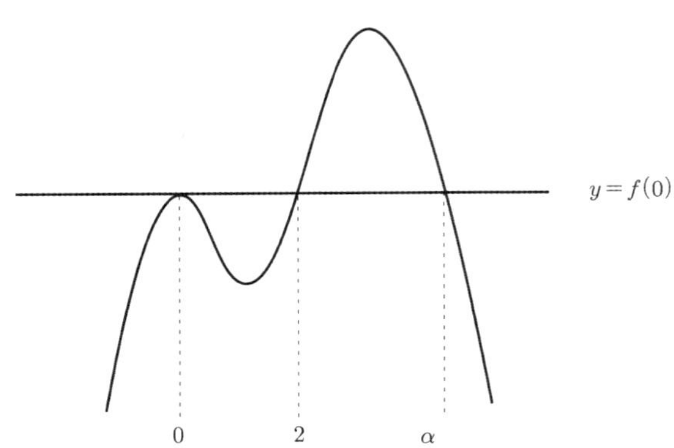

$f(x)=ax^2(x-2)(x-\alpha)+f(0) \ (a<0, \ \alpha>4)$에서

$f'(x)=a\{2x(x-2)(x-\alpha)+x^2(x-\alpha)+x^2(x-2)\}$

$f'(4)=0$이므로

$16(4-\alpha)+16(4-\alpha)+32=0$

$4-\alpha+4-\alpha+2=0$

$2\alpha=10$

$\therefore \ \alpha=5$

따라서

$f(x)=ax^2(x-2)(x-5)+f(0)$이다.

(i) $t \le 0$일 때, $x \le t$에서의 $M_1=f(t)$이고

$x \ge t$일 때의 $M_2=f(4)$이다.

따라서 $g(t)=f(t)+f(4)$

(ii) $0 \le t \le 2$일 때, $M_1=f(0)$이고 $M_2=f(4)$이다.

따라서 $g(t)=f(0)+f(4)$

(iii) $t \ge 2$일 때, $M_1=f(t)$이고 $M_2=f(4)$이다.

따라서 $g(t)=f(t)+f(4)$

그러므로 함수 $g(t)$의 그래프는 다음 그림과 같다.

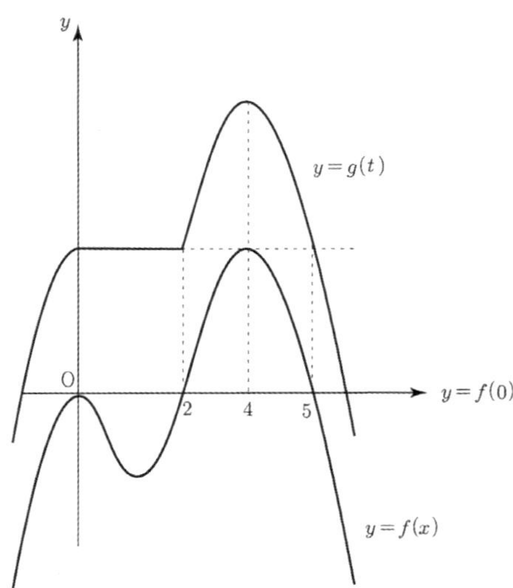

$g(0)=g(1)=M_1=f(0)+f(4)$, $g(4)=M_2=2f(4)$이므로

$g(4)-g(1)=4$에서 $2f(4)-f(0)-f(4)=4$

즉, $f(4)-f(0)=4$이다.

$f(x)=ax^2(x-2)(x-5)+f(0)$에서

$f(4)=-32a+f(0)$이므로 $-32a=4$

$\therefore \ a=-\dfrac{1}{8}$

그러므로

$f(x)=-\dfrac{1}{8}x^2(x-2)(x-5)+f(0)$이다.

$f(5)=f(0)$이고

$f(-3)=-\dfrac{1}{8}\times(-3)^2\times(-5)\times(-8)+f(0)$

$\qquad =-45+f(0)$ 이므로

$f(5)-f(-3)=45$

48 정답 43

[그림 : 서태욱T]

삼차함수 $f(x)$가 극값이 존재하지 않으면 함수 $g(t)=1$로
모든 실수 t에 대하여 연속이므로 함수 $f(x)g(x)$는 모든 실수
x에 대하여 연속이며 미분가능한 함수가 된다.
따라서 삼차함수 $f(x)$는 극값이 존재한다.

그림과 같이 함수 $f(x)$의 극솟값을 m, 극댓값을 M이라 할 때,
함수 $g(t)$는 $t=m$, $t=M$에서 불연속이다.

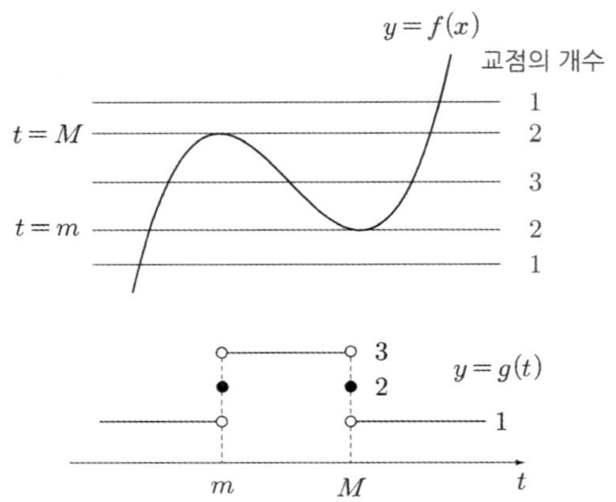

함수 $f(x)g(x)$가 실수 전체의 집합에서 연속이므로
$f(m)=0$, $f(M)=0$이어야 한다.
즉, 함수 $f(x)g(x)$는 $(x-m)(x-M)$을 인수로 가져야 한다.
또한 $f(x)g(x)$의 미분가능하지 x의 개수가 1이므로
$f(x)g(x)=a(x-m)(x-M)^2$ 또는
$f(x)g(x)=a(x-m)^2(x-M)$꼴이다.
즉, 극값 중 하나는 0이다.
함수 $f(x)g(x)$가 $x=3$에서만 미분가능하지 않으므로
함수 $g(t)$는 $t=3$에서 불연속이다.
따라서 함수 $f(x)$는 극솟값이 0, 극댓값이 3이어야 하고
$x=0$에서 함수 $f(x)g(x)$가 미분가능해야 하므로
$f(x)=ax^2(x-3)$이다.

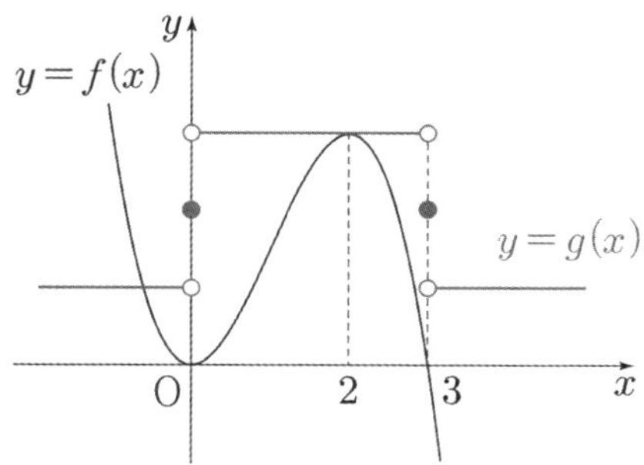

삼차함수 비율에서 $f'(2)=0$이고 $f(2)=3$이다.

$f(2)=-4a=3$

$a=-\dfrac{3}{4}$

$\therefore\ f(x)=-\dfrac{3}{4}x^2(x-3)$

$f(kx-f(x))=0$의 해는

$kx-f(x)=0$, $kx-f(x)=3$을 만족시키는 x값들이다.

삼차함수 $f(x)$와 두 직선 $y=kx$, $y=kx-3$가 만나는 점의 개수의 합이 3이어야 한다.

두 직선의 기울기 k의 값이 최소일 때는 $y=kx$가 곡선 $y=f(x)$와 만나는 점의 개수가 2이고 직선 $y=kx-3$이 $y=f(x)$와 만나는 점의 개수가 1일 때다.

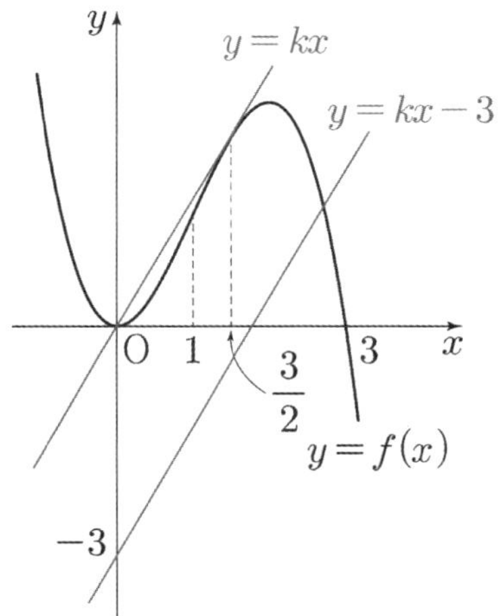

삼차함수 비율에서 접점의 x좌표는 $x=\dfrac{3}{2}$

$f'(x)=-\dfrac{3}{2}x(x-3)-\dfrac{3}{4}x^2$에서

$f'\left(\dfrac{3}{2}\right)=-\dfrac{3}{2}\times\dfrac{3}{2}\times\left(-\dfrac{3}{2}\right)-\dfrac{3}{4}\times\left(\dfrac{3}{2}\right)^2$

$\qquad=\dfrac{27}{8}-\dfrac{27}{16}=\dfrac{27}{16}$

따라서 $y=\dfrac{27}{16}x$

그러므로 k의 값은 $\dfrac{27}{16}$이다.

$p=16$, $q=27$이므로 $p+q=43$

49 정답 8

$f(x)=(x+5)|x+a|$ 그래프는

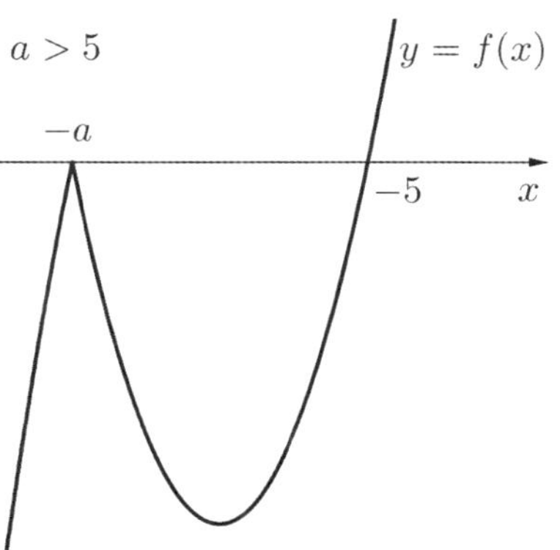

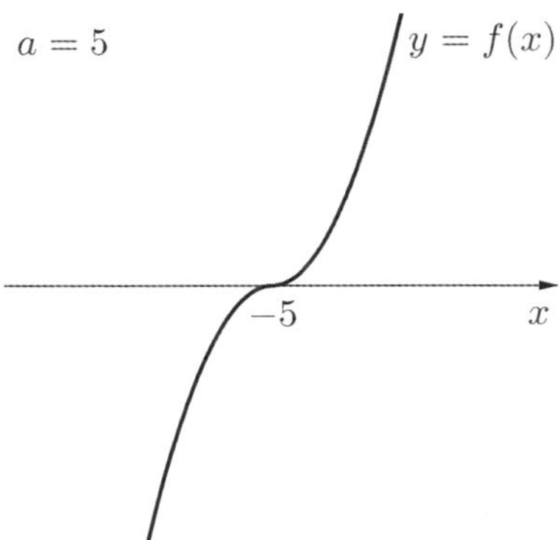

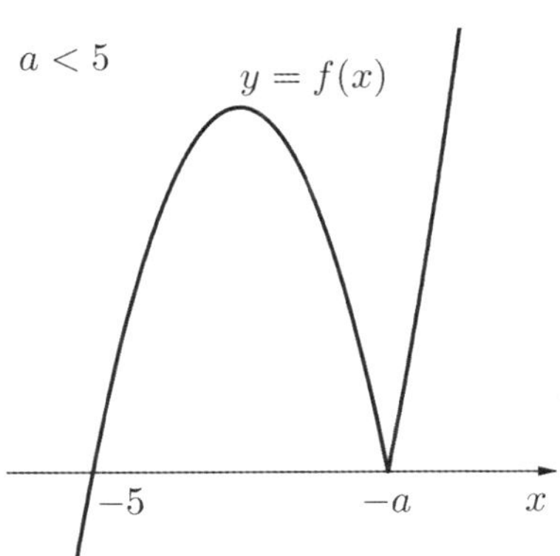

a의 값의 범위에 따라서 위 세 가지 경우가 있지만 함수 $f(x)$가 극댓값 9를 가지려면 $f(x)$의 그래프는 세 번째인 $a<5$인 경우이다.

(가)조건에서 극댓값은 $x=\dfrac{-5-a}{2}$ 에서 가지므로

$$f\left(\dfrac{-5-a}{2}\right)=\left(\dfrac{-5-a}{2}+5\right)\left(\dfrac{-5-a}{2}+a\right)=\dfrac{1}{4}(a-5)^2$$

$\dfrac{1}{4}(a-5)^2=9$ 이므로

$(a-5)^2=36$

$a-5=\pm6$

$a=-1$ 또는 $a=11$ 에서

$a<5$ 이므로 $a=-1$

$f(x)=(x+5)|x-1|$ 은

$x<0$ 일 때, $f(x)=-(x+5)(x-1)=-x^2-4x+5$ 이다.

이차함수 $g(x)$ 를 $g(x)=px^2+qx+r$ 이라 하면

함수 $h(x)$ 와 $h'(x)$ 는

$$h(x)=\begin{cases}-x^2-4x+5 & (x\le0)\\ px^2+qx+r & (x>0)\end{cases}$$

$$h'(x)=\begin{cases}-2x-4 & (x<0)\\ 2px+q & (x>0)\end{cases}$$

이다.

함수 $h(x)$ 가 실수 전체에서 미분 가능하므로 $f(0)=g(0)$ 이고 $f'(0)=g'(0)$ 이다.

$f(0)=5$, $g(0)=r$ 이므로 $r=5$

$f'(0)=-4$, $g'(0)=q$ 이므로 $q=-4$

$f'(-1)=-2$, $g'(1)=2p-4$ 이므로

(나)조건 $f'(-1)+g'(1)=-2$ 에 의하여 $2p-6=-2$ 이므로

$p=2$

그러므로 $g(x)=2x^2-4x+5$

$\therefore\ f(-4)+g(1)=5+3=8$

50 정답 4

(가)에서 사차함수 $f(x)$ 는 y축 대칭이다. ···㉠

(나)에서 $g(x)=(x-1)^2+3$ 으로

$g(f(x))=\{f(x)-1\}^2+3$ 이므로

$f(x)=1$ 을 만족하는 x 에 대해 $g(f(x))$ 는 최솟값 3을 갖는다.

$\therefore\ m=3$

$g(f(x))=3$ 의 실근의 개수가 3이므로 $f(x)=1$ 의 실근의 개수가 3이다.

㉠에서 사차함수 $f(x)$ 의 최고차항의 계수가 양수일 때는 극댓값 $f(0)=1$ 이고 최고차항의 계수가 음수일 때는 극솟값 $f(0)=1$ 이다. ···㉡

(다)에서 $g(f(x))=\{f(x)-1\}^2+3=12$

$f(x)-1=\pm3$

$f(x)=4$ 또는 $f(x)=-2$

(i) 사차함수 $f(x)$ 의 최고차항의 계수가 양수일 때

㉡에서 극댓값이 $f(0)=1$ 이므로 다음 그림과 같은 그래프이다.

방정식 $f(x)=4$ 은 서로 다른 두 실근을 가지므로

방정식 $g(f(x))=12$ 이 서로 다른 네 실근을 가지기 위해서는 $f(x)=-2$ 이 서로 다른 두 실근을 가져야 한다.

즉, 사차함수 $f(x)$ 의 극솟값이 -2 이다.

따라서 극댓값과 극솟값의 합은 $P=1+(-2)=-1$ 이다.

(ii) 사차함수 $f(x)$ 의 최고차항의 계수가 음수일 때

㉡에서 극솟값이 $f(0)=1$ 이므로 다음 그림과 같은 그래프이다.

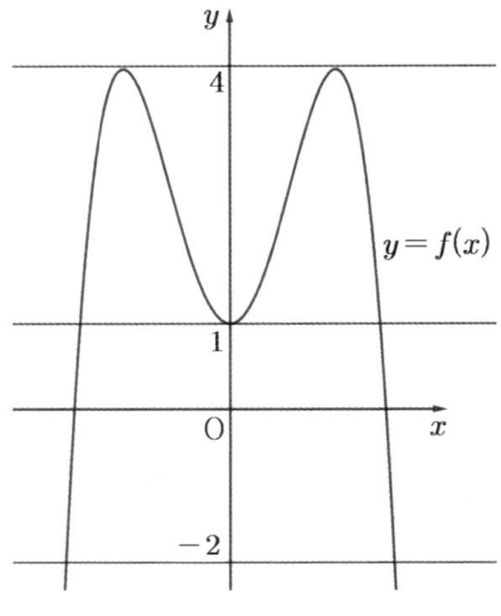

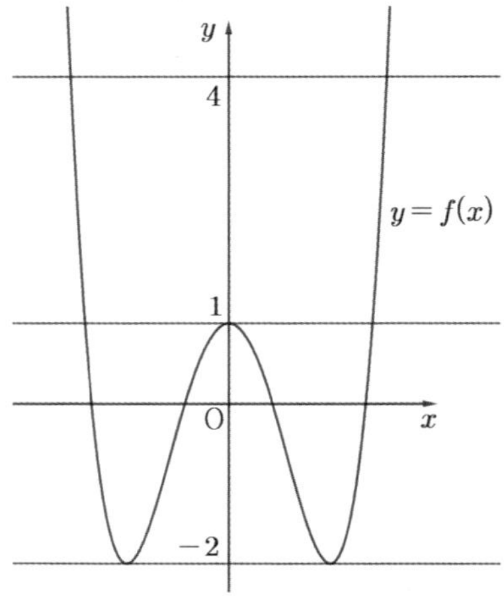

방정식 $f(x)=-2$ 은 서로 다른 두 실근을 가지므로

방정식 $g(f(x))=12$ 이 서로 다른 네 실근을 가지기 위해서는 $f(x)=4$ 이 서로 다른 두 실근을 가져야 한다.

즉, 사차함수 $f(x)$ 의 극댓값이 4이다.

따라서 극댓값과 극솟값의 합은 $P=4+1=5$ 이다.

(i), (ii)에서 P 의 값으로 가능한 값은 -1, 5이다.

$(-1)+5=4$

51 정답 ④

$f'(x)=2x(x-3)+x^2=3x(x-2)$

$f'(x)=0$ 을 만족하는 x값은 $x=0$, $x=2$ 이고 도함수의 그래프 개형은 아래와 같다.

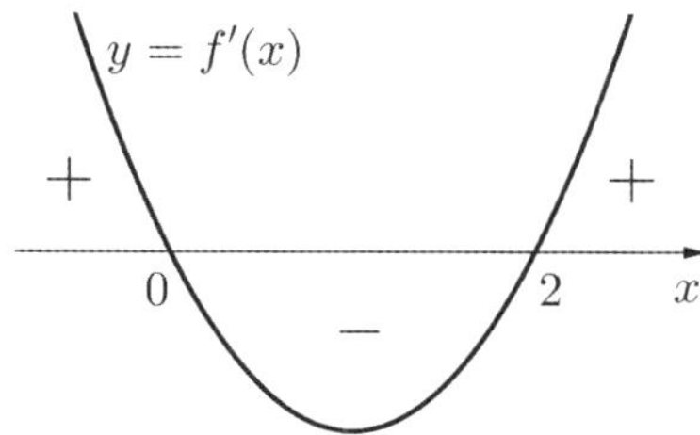

따라서 $f(x)$의 극댓값 $f(0)=a$, 극솟값 $f(2)=a-4$이므로
그래프 개형은 아래와 같다.

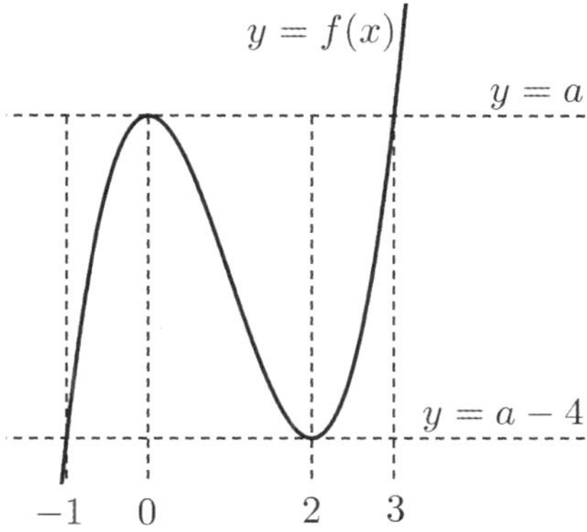

이제 $g(t)$에 대해 알아보자.
$t < -1$일 때 상수함수 $y=f(t)$와 $y=f(x)$의 교점을
생각해보면 1개다.
$t = -1$일 때 상수함수 $y=f(t)$와 $y=f(x)$의 교점을
생각해보면 2개다.
이와 같은 과정을 반복하여 $g(t)$를 찾아보면 아래와 같다

$$g(t)=\begin{cases}1 & (t < -1\,\text{or}\,t > 3)\\2 & (t=-1\,\text{or}\,t=0\,\text{or}\,t=2\,\text{or}\,t=3)\\3 & (-1 < t < 0\,\text{or}\,0 < t < 2\,\text{or}\,2 < t < 3)\end{cases}$$

이제 조건을 해석해보자.
방정식 $f(k)+g(k)=0$을 만족하는 k값을 $y=f(x)+g(x)$와
x축과의 교점의 x좌표로 볼 수 있다.

$y=f(x)+g(x)$의 그래프를 그려보자.

$f(x)+g(x)$
$$=\begin{cases}x^2(x-3)+a+1 & (x < -1\,\text{or}\,x > 3)\\x^2(x-3)+a+2 & (x=-1\,\text{or}\,x=0\,\text{or}\,x=2\,\text{or}\,x=3)\\x^2(x-3)+a+3 & (-1 < x < 0\,\text{or}\,0 < x < 2\,\text{or}\,2 < x < 3)\end{cases}$$

이고

그래프는 다음 그림과 같다.

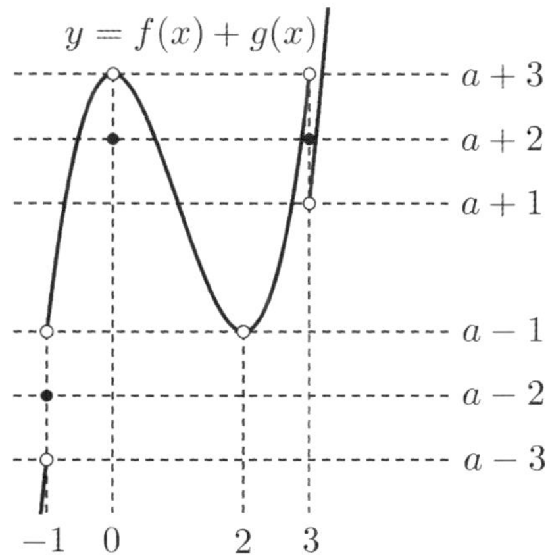

$y=f(x)+g(x)$의 그래프가 x축과 만나지 않기 위해서는 x축이
아래의 그림과 같이 위치해야 한다.

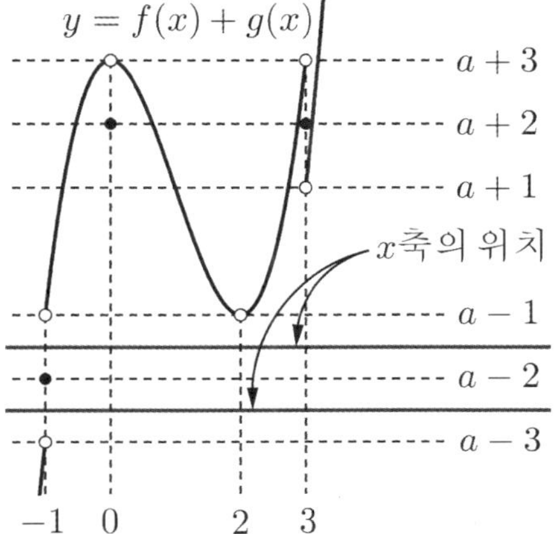

따라서
$a-2 < 0 \leq a-1$ or $a-3 \leq 0 < a-2$
$\Rightarrow -2 < -a \leq -1$ or $-3 \leq -a < -2$
$1 \leq a < 2$ or $2 < a \leq 3$ 이고 a의 최솟값은 1이다.

52 정답 2

이차함수 $f(x)$의 그래프를 구간 $[n-1, n)$인 즉 구간의 길이가
1인 부분으로 연결하며 $x > 0$의 모든 실수 x에 대하여
미분가능하고 최대 최소를 가지려면 다음 그림과 같은 개형이다.

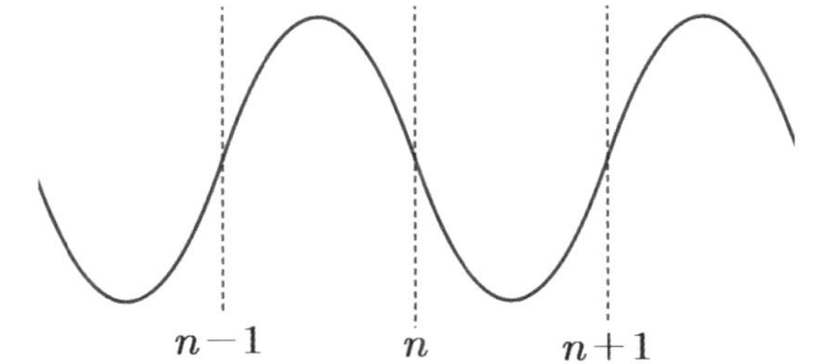

따라서 함수 $g(x)$는 $x = n - \dfrac{1}{2}$ (n은 자연수)에서 극값을 가지므로 $a_n = n - \dfrac{1}{2}$이다.

(다)에서 최댓값과 최솟값의 합이 1이므로 아래로 볼록 개형과 위로 볼록 개형의 교차점이 $y = \dfrac{1}{2}$에서 생긴다.

$n = 1$일 때, $0 \le x < 1$에서 $g(x) = 3\left(x - \dfrac{1}{2}\right)^2 - 3 + b_1$

$\displaystyle\lim_{x \to 1-} g(x) = \dfrac{1}{2}$이므로 $\dfrac{3}{4} - 3 + b_1 = \dfrac{1}{2}$

$\therefore \ b_1 = \dfrac{11}{4}$

$n = 2$일 때, $1 \le x < 2$에서

$g(x) = -3\left(x - \dfrac{3}{2}\right)^2 + 3 + b_2$

$\displaystyle\lim_{x \to 1+} g(x) = \dfrac{1}{2}$이므로 $-\dfrac{3}{4} + 3 + b_2 = \dfrac{1}{2}$

$\therefore \ b_2 = -\dfrac{7}{4}$

또한 $g'(x) = \begin{cases} 6\left(x - \dfrac{1}{2}\right) & (0 \le x < 1) \\ -6\left(x - \dfrac{3}{2}\right) & (1 \le x < 2) \end{cases}$

에서 $\displaystyle\lim_{x \to 1-} g'(x) = \lim_{x \to 1+} g'(x) = 3$이므로 $x = 1$에서 미분가능하다.

따라서 $b_n = \begin{cases} \dfrac{11}{4} & (n\text{이 홀수}) \\ -\dfrac{7}{4} & (n\text{이 짝수}) \end{cases}$

그러므로 $a_{21} = 21 - \dfrac{1}{2} = \dfrac{41}{2}$, $b_{21} = \dfrac{11}{4}$

$a_{21} - b_{21} = \dfrac{71}{4} \cdots \bigcirc$

$n = 4$일 때, $3 \le x < 4$에서

$a_4 = \dfrac{7}{2}$, $b_4 = -\dfrac{7}{4}$이므로

$g(x) = (-1)^4 f(x - a_4) + b_4$

$\qquad = -3\left(x - \dfrac{7}{2}\right)^2 + \dfrac{5}{4}$이다.

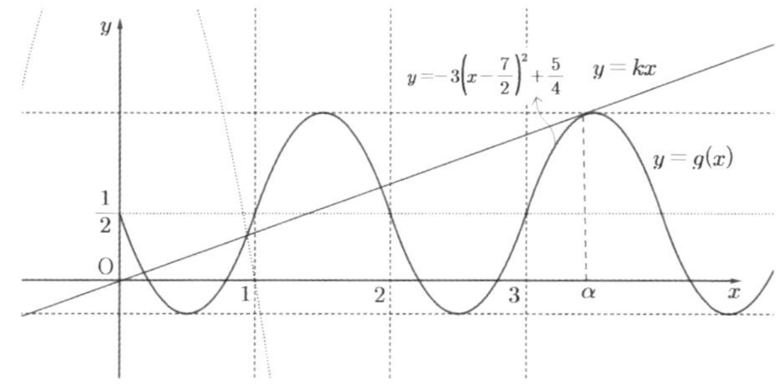

접점을 $(\alpha, \ g(\alpha))$라 하면 $\dfrac{g(\alpha)}{\alpha} = g'(\alpha)$가 성립한다.

$\dfrac{-3\left(\alpha - \dfrac{7}{2}\right)^2 + \dfrac{5}{4}}{\alpha} = -6\left(\alpha - \dfrac{7}{2}\right)$

$-3\alpha^2 + 21\alpha - \dfrac{71}{2} = -6\alpha^2 + 21\alpha$

$3\alpha^2 = \dfrac{71}{2}$

$\therefore \ \alpha^2 = \dfrac{71}{6}$이므로 $\dfrac{3\alpha^2}{a_{21} - b_{21}} = \dfrac{\dfrac{71}{2}}{\dfrac{71}{4}} = 2$

53 정답 ①

$f(x) = -\dfrac{1}{4}x^4 - \dfrac{1}{3}x^3 + x^2$에서

$f'(x) = -x^3 - x^2 + 2x = -x(x+2)(x-1)$

$f'(x) = 0$에서 $x = -2$, $x = 0$, $x = 1$

x	$\cdots$	-2	$\cdots$	0	$\cdots$	1	$\cdots$
$f'(x)$	$+$	0	$-$	0	$+$	0	$-$
$f(x)$	$\nearrow$	$\dfrac{8}{3}$	$\searrow$	0	$\nearrow$	$\dfrac{5}{12}$	$\searrow$

따라서 함수 $f(x)$의 그래프는 다음 그림과 같다.

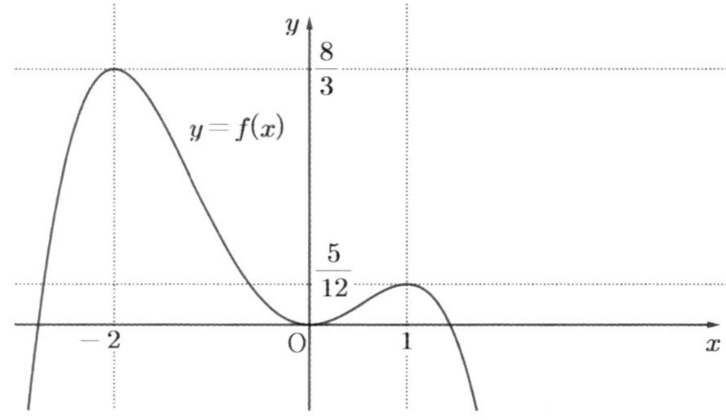

(i) $0 < k \le \dfrac{9}{4}$일 때.

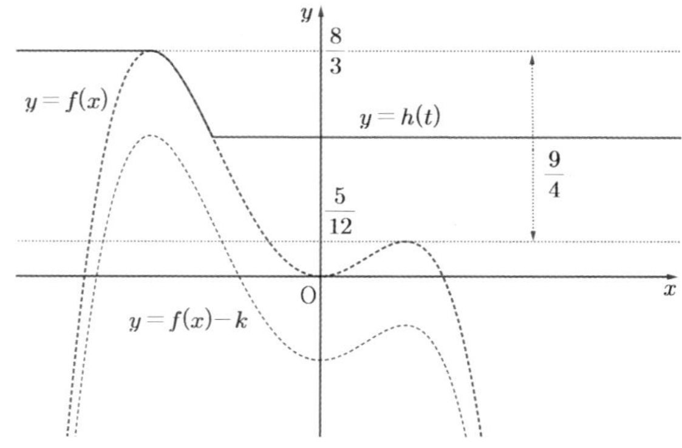

그림과 같이 함수 $h(t)$의 미분 가능하지 않은 점의 개수가 1이다.

(ii) $k > \dfrac{9}{4}$일 때,

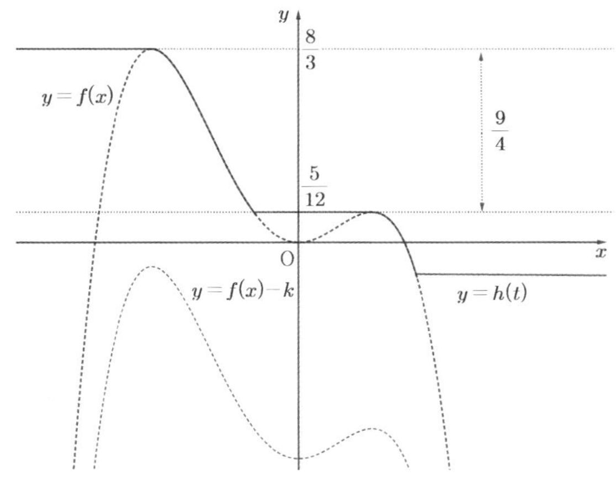

그림과 같이 함수 $h(t)$의 미분 가능하지 않은 점의 개수가
2이다.

(i), (ii)에서 함수 $h(t)$의 미분 가능하지 않은 점의 개수가 1이게
하는 k의 최댓값은 $\dfrac{27}{12} = \dfrac{9}{4}$이다. k가 최대일 때,

α가 최대이다.

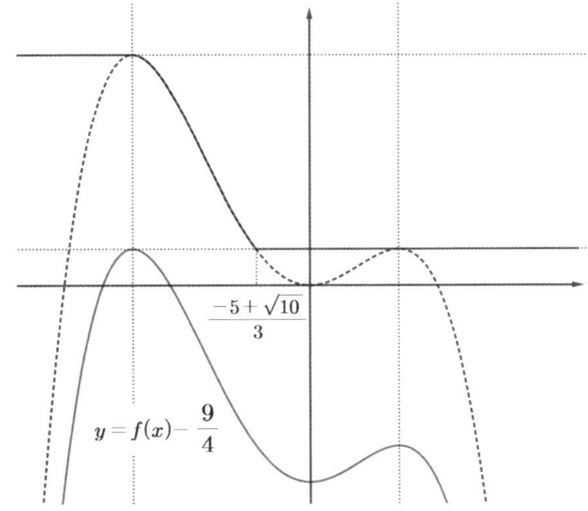

$-\dfrac{1}{4}x^4 - \dfrac{1}{3}x^3 + x^2 = \dfrac{5}{12}$에서 양변에 12을 곱하고 정리하면

$3x^4 + 4x^3 - 12x^2 + 5 = 0$

$(x-1)^2(3x^2 + 10x + 5) = 0$

$x = 1$, $x = \dfrac{-5 \pm \sqrt{10}}{3}$

$-2 < \alpha < 0$이므로 $\alpha = \dfrac{-5 + \sqrt{10}}{3}$

54 정답 4

$h(x) = f(x) - g(x) - k$라 두면 함수 $h(x)$는 최고차항의 계수가
1인 사차함수이다.

또한, (나), (다)에서 $h(\alpha) = h'(\alpha) = 0$,

$h(\alpha+1) = h'(\alpha+1) = 0$이 성립하므로

$h(x) = (x-\alpha)^2(x-\alpha-1)^2$이다.

$h'(x) = 2(x-\alpha)(x-\alpha-1)^2 + 2(x-\alpha)^2(x-\alpha-1)$

$\qquad = 2(x-\alpha)(x-\alpha-1)(2x-2\alpha-1)$

$h'(x) = 0$의 근은 $x = \alpha$, $x = \alpha + \dfrac{1}{2}$, $x = \alpha+1$이므로

$h(x)$는 닫힌구간 $[\alpha, \alpha+1]$의 $x = \alpha + \dfrac{1}{2}$에서 극대이자

최댓값을 가지므로

$h\!\left(\alpha+\dfrac{1}{2}\right) = \left(\dfrac{1}{2}\right)^2\left(-\dfrac{1}{2}\right)^2 = \dfrac{1}{16}$이다.

한편, $h\!\left(\alpha+\dfrac{1}{2}\right) = f\!\left(\alpha+\dfrac{1}{2}\right) - g\!\left(\alpha+\dfrac{1}{2}\right) - k$이고

$f\!\left(\alpha+\dfrac{1}{2}\right) - g\!\left(\alpha+\dfrac{1}{2}\right) = \dfrac{65}{16}$이므로

$\dfrac{65}{16} - k = \dfrac{1}{16}$이다.

따라서 $k = 4$

$h(x) = f(x) - g(x) - 4 = (x-\alpha)^2(x-\alpha-1)^2$에서

$f(x) - g(x) = (x-\alpha)^2(x-\alpha-1)^2 + 4$

$y = (x-\alpha)^2(x-\alpha-1)^2 + 4$의 최솟값은 4이다.

55 정답 ②

$P(t, t^3 - t^2 + t)$이고 점 P의 y좌표와 점 Q의 y좌표가 같으므로

$2x - 1 = t^3 - t^2 + t$에서 $x = \dfrac{1}{2}t^3 - \dfrac{1}{2}t^2 + \dfrac{1}{2}t + \dfrac{1}{2}$이다.

따라서 $t > -1$일 때 점 Q의 x좌표는 점 P의 x좌표보다 크거나
같으므로

$h(t) = \dfrac{1}{2}t^3 - \dfrac{1}{2}t^2 + \dfrac{1}{2}t + \dfrac{1}{2} - t = \dfrac{1}{2}t^3 - \dfrac{1}{2}t^2 - \dfrac{1}{2}t + \dfrac{1}{2}$

또한, $P(t, t^3 - t^2 + t)$이고 점 P의 x좌표와 점 R의 x좌표가
같으므로

$R(t, 2t-1)$이다. $t > -1$일 때, 점 P의 y좌표는

점 R의 y좌표보다 크거나 같으므로

$k(t) = t^3 - t^2 + t - (2t-1) = t^3 - t^2 - t + 1$

따라서 $k(t) = 2h(t)$이다. → (ㄱ. 참)

그러므로 $t > -1$일 때, $k(t)$의 그래프를 그린 뒤 $h(t)$는

y축 방향으로 $\dfrac{1}{2}$배 하면 된다.

$y = k(t)$의 그래프를 생각해 보자.

$k(t) = t^3 - t^2 - t + 1$

$k'(t) = 3t^2 - 2t - 1 = (3t+1)(t-1) = 0$에서

$t = -\dfrac{1}{3}$에서 극대, $t = 1$에서 극소가 됨을 알 수 있다.

$k\!\left(-\dfrac{1}{3}\right) = -\dfrac{1}{27} - \dfrac{1}{9} + \dfrac{1}{3} + 1 = \dfrac{-1-3+9+27}{27} = \dfrac{32}{27} > 1$

$k(1)=1-1-1+1=0 \to$ (ㄴ.참)

따라서 함수 $k(t)$와 $h(t)$의 그래프는 다음과 같다.

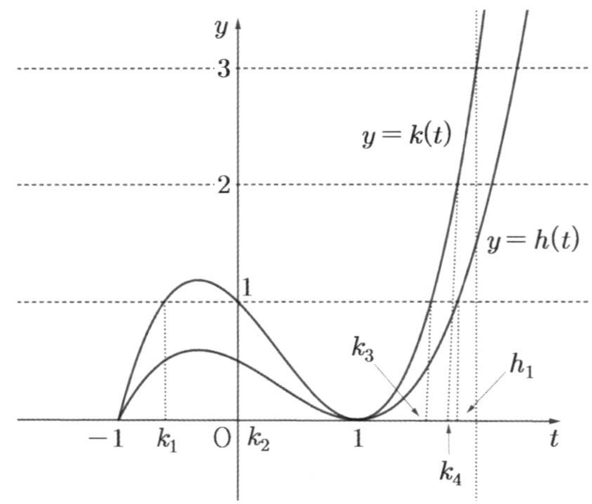

[그림에서 $h_1=k_4$가 된다. 아래 설명 참고]

(i) $-1<t<2$에서 $h(t)$의 값이 정수가 되는 t의 값은

$h(t)=0$일 때 $t=1$,

$h(t)=1$일 때, $t=h_1$

으로 2개

(ii) $-1<t<2$에서 $k(t)$의 값이 정수가 되는 t의 값은

$k(t)=0$일 때 $t=1$,

$k(t)=1$일 때, $t=k_1,\ t=k_2\,(k_2=0),\ t=k_3$

$k(t)=2$일 때, $t=k_4$

으로 5개

그런데 $t=1$이 중복되고

$h(h_1)=1,\ k(k_4)=2$이고 $k(t)=2h(t)$이므로 $h_1=k_4$이다.

따라서 총 개수는 5이다. (ㄷ.거짓)

[다른 풀이]

그림으로 나타내면 다음과 같다.

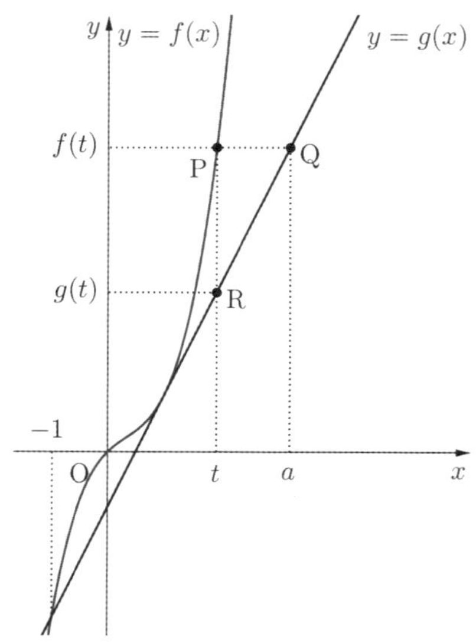

ㄱ. 위 그림에 의해

$k(x)=f(t)-g(t)$

$=t^3-t^2+t-(2t-1)=t^3-t^2-t+1$

$=(t-1)^2(t+1)$

그리고 $h(t)=a-t$인데, $f(t)=g(a)$이므로

$t^3-t^2+t=2a-1,\ a=\dfrac{t^3-t^2+t+1}{2}$이므로

$h(t)=\dfrac{t^3-t^2+t+1}{2}-t=\dfrac{t^3-t^2-t+1}{2}$

$=\dfrac{(t-1)^2(t+1)}{2}=\dfrac{k(t)}{2}$

이다. 따라서 보기 ㄱ. 은 참.

ㄴ. $y=h(x)$와 $y=k(x)$를 그림으로 나타내면 다음과 같다.

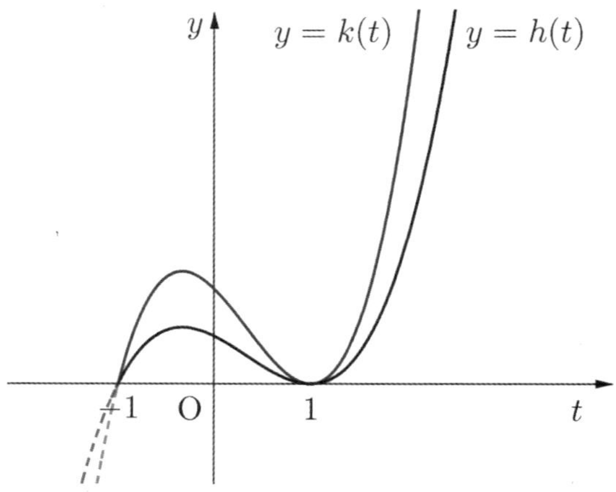

따라서 보기 ㄴ. 은 참.

ㄷ. y값이 정수점이 되는 점을 찾으면 다음과 같다.

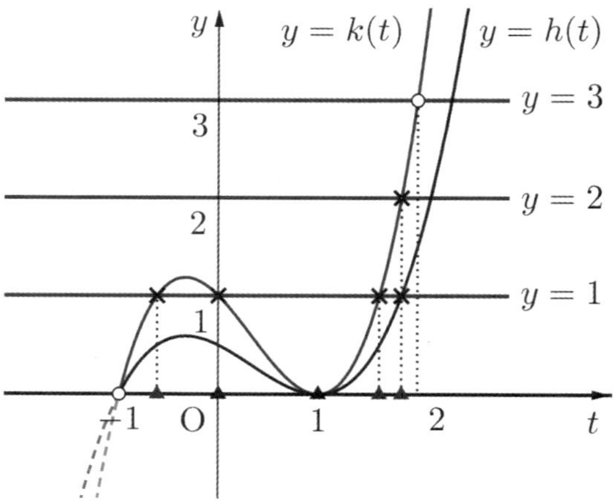

$\times$는 y값이 정수가 되는 점, ▲는 그에 대응되는 t값을 나타낸다. 그러므로 t의 개수는 5개다.

즉, 보기 ㄷ. 은 거짓.

따라서 답은 ②번이다.

우선 0이상의 실수 t에 대하여 $tg(t) - f(t) = 0$이 성립하므로
$t = 0$을 대입하면 $f(0) = 0$이다.
사차함수 $f(x)$가 원점을 지난다.

$t \neq 0$일 때, $g(t) = \dfrac{f(t)}{t}$에서 함수 $g(t)$는 최고차항의 계수가

1인 사차함수 $f(x)$에 대하여 두 점 $(0, 0)$과 $(t, f(t))$을 잇는
직선의 기울기를 나타내므로 조건 (가), (나)에서
함수 $f(x)$는 $x = 0$과 $x = k$에서 극솟값 0을 갖고 $x = 2$에서
극댓값을 갖는 사차함수이다.
사차함수 비율관계 $2 - 0 : k - 2 = 1 : 1$에서 $k = 4$이다.
따라서 $f(x) = x^2(x-4)^2$임을 알 수 있다.
$f'(x) = 4x(x-2)(x-4)$이고

기울기 함수 $g(x) = \dfrac{f(x)}{x} = x(x-4)^2$이다.

$g(x) = f'(x) \rightarrow x(x-4)^2 = 4x(x-2)(x-4)$
$\rightarrow x(x-4)\{(x-4) - 4(x-2)\} \rightarrow x(x-4)(-3x+4) = 0$에서

두 곡선 $y = g(x)$와 $y = f'(x)$는 $x = 0$, $x = \dfrac{4}{3}$, $x = 4$에서

만난다.

한편, $g(x) = x(x-4)^2$에서
$g'(x) = (x-4)^2 + 2x(x-4) = (x-4)(3x-4)$
$g'(x) = 0$의 해가 $x = \dfrac{4}{3}$, $x = 4$이므로

함수 $g(x)$는 극댓값 $g\left(\dfrac{4}{3}\right) = \dfrac{256}{27}$을 갖는다.

따라서 방정식 $f'(x) = \dfrac{256}{27}$을 만족하는 x을 구해보자.

$4x(x-2)(x-4) = \dfrac{256}{27}$

$x(x-2)(x-4) - \dfrac{64}{27} = 0$

의 해 중 하나가 $\dfrac{4}{3}$이므로 조립제법을 이용하면

$\left(x - \dfrac{4}{3}\right)\left(x^2 - \dfrac{14}{3}x + \dfrac{16}{9}\right) = 0$이다.

$x^2 - \dfrac{14}{3}x + \dfrac{16}{9} = 0 \rightarrow 9x^2 - 42x + 16 = 0$에서

$x = \dfrac{7}{3} \pm \sqrt{\dfrac{11}{3}}$

그림으로 나타내면 다음과 같다.

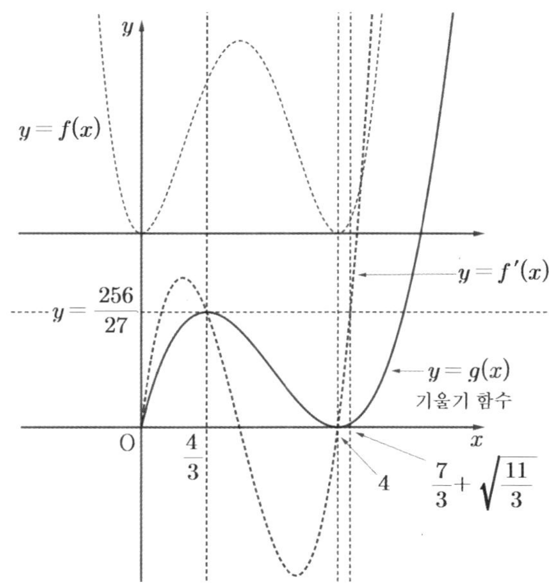

따라서 $4 < \alpha < \dfrac{7}{3} + \sqrt{\dfrac{11}{3}}$인 α에 대하여 $0 < x \leq \alpha$의

범위의 $y = g(x)$와 $y = f'(\alpha)$의 교점의 개수는 2이다.
따라서 $n(A_\alpha) = 2$을 만족하는 α의 범위는

$4 \leq p < \alpha < q \leq \dfrac{7}{3} + \sqrt{\dfrac{11}{3}}$

따라서 $p = 4$, $q = \dfrac{7}{3} + \sqrt{\dfrac{11}{3}}$일 때

$p + q = \dfrac{19}{3} + \sqrt{\dfrac{11}{3}}$로 최댓값이 된다.

그러므로 $m = \dfrac{19}{3}$, $n = \dfrac{11}{3}$으로 $m + n = 10$

[랑데뷰팁]→기울기 함수 파악 [랑데뷰세미나 참고]
기울기 함수 $g(x)$을 알아보기 위해 원점 $(0, 0)$에서
사차함수 $f(x)$에 그은 접선의 접점 중 $x = 4$가 아닌
접점을 $(\beta, f(\beta))$라 하면

$f'(\beta) = \dfrac{f(\beta)}{\beta} \rightarrow 4\beta(\beta-2)(\beta-4) = \beta(\beta-4)^2$

$\rightarrow 4(\beta-2) = \beta - 4 \ (\because \beta \neq 0, \beta \neq 4)$

따라서 $\beta = \dfrac{4}{3}$

따라서 함수 $g(x)$는 $x = \dfrac{4}{3}$에서 극댓값을 갖는다는 것을

알 수 있다.

열린구간 $(0, 3)$의 모든 실수 x에 대하여 다항함수 $f(x)$는
닫힌구간 $[0, x]$에서 연속이고 열린구간 $(0, x)$에서
미분가능하므로 평균값 정리에 의하여

$\dfrac{f(x) - f(0)}{x - 0} = f'(c_1)$

을 만족시키는 c_1이 열린구간 $(0, x)$에 적어도 하나 존재한다.

이때 조건 (나)에 의하여 $f(0) = h(0) = 12$이고 조건 (다)에서

$$-3 \leq f'(c_1) \leq -1 \rightarrow -3 \leq \frac{f(x)-12}{x} \leq -1$$

$$\Rightarrow -3x+12 \leq f(x) \leq -x+12 \cdots \text{㉠}$$

같은 방법으로

열린구간 $(0, 3)$의 모든 실수 x에 대하여 다항함수 $f(x)$는

닫힌구간 $[x, 3]$에서 연속이고 열린구간 $(x, 3)$에서

미분가능하므로 평균값 정리에 의하여

$$\frac{f(3)-f(x)}{3-x} = f'(c_2)$$

을 만족시키는 c_2이 열린구간 $(x, 3)$에 적어도 하나 존재한다.

이때 조건 (나)에 의하여 $f(3) = h(3) = 3$이고 조건 (다)에서

$$-3 \leq f'(c_2) \leq -1 \rightarrow -3 \leq \frac{3-f(x)}{3-x} \leq -1$$

$$\rightarrow -9+3x \leq 3-f(x) \leq -3+x$$

$$\rightarrow -12+3x \leq -f(x) \leq -6+x$$

$$\Rightarrow -x+6 \leq f(x) \leq -3x+12 \cdots \text{㉡}$$

㉠, ㉡에서 $0 \leq x \leq 3$에서 $f(x) = -3x+12$

한편, 함수 $h(x)$가 $x=3$에서 미분가능하므로

$h(3) = f(3) = g(3)$에서 $g(3) = 3$

$h'(3) = f'(3) = g'(3)$에서 $g'(3) = -3$이다.

$g(x)$는 이차함수이므로

$g(x) = ax^2 + bx + c$라 하면 $g'(x) = 2ax + b$

$g(3) = 9a + 3b + c = 3$

$\therefore\ c = -9a - 3b + 3$

$g'(3) = 6a + b = -3$

$\therefore\ b = -6a - 3$

따라서

$$g(x) = ax^2 + (-6a-3)x + 9a + 12$$

$$= a(x-3)^2 - 3x + 12$$

라 할 수 있다.

$$g'(x) = 2a(x-3) - 3$$

조건 (다)에서 $3 < x < 5$인 모든 실수 x에 대하여

$-3 \leq g'(x) \leq -1$이어야 하므로

$-3 \leq 2a(x-3) - 3 \leq -1 \rightarrow 0 \leq 2a(x-3) \leq 2$

$3 < x < 5$에서 $0 < x-3 < 2 \rightarrow 0 < 2(x-3) < 4$이므로

$a > 0$이고

$0 < 2a(x-3) < 4a$에서 $4a \leq 2$이어야 하므로 $a \leq \dfrac{1}{2}$

따라서 $0 < a \leq \dfrac{1}{2}$

$$h(x) = \begin{cases} -3x+12 & (0 \leq x \leq 3) \\ a(x-3)^2 - 3x + 12 & (3 < x \leq 5) \end{cases} \left(0 < a \leq \frac{1}{2}\right)$$

$$h'(x) = \begin{cases} -3 & (0 \leq x \leq 3) \\ 2a(x-3) - 3 & (3 < x \leq 5) \end{cases} \left(0 < a \leq \frac{1}{2}\right)$$

$$\frac{h(2)+h(4)}{h'(2)+h'(4)} = \frac{6+a}{-3+2a-3} = \frac{a+6}{2a-6} = \frac{9}{2a-6} + \frac{1}{2}$$

$0 < a \leq \dfrac{1}{2}$에서 $\dfrac{h(2)+h(4)}{h'(2)+h'(4)}$의 최솟값은 $a = \dfrac{1}{2}$일 때,

$-\dfrac{13}{10}$이다.

[다른 풀이]

조건 (나)에서 $h(0) = f(0) = 12$, $h(3) = f(3) = 3$이고

조건 (가)에서 $h(3) = g(3)$

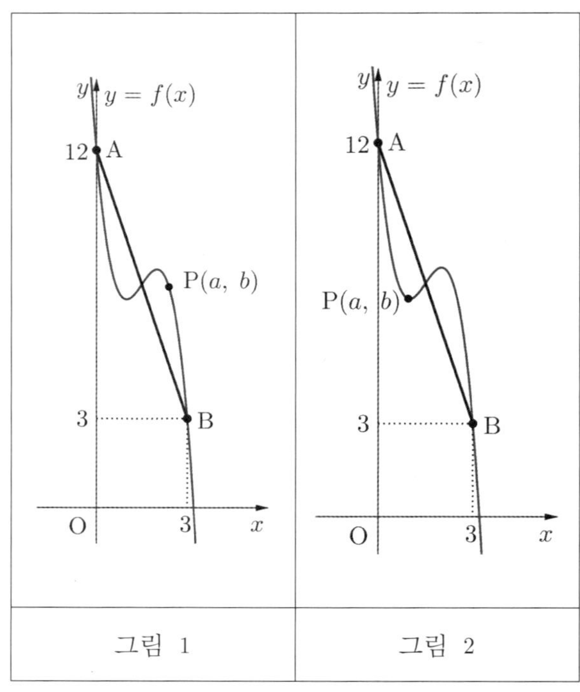

조건 (다)를 이용하여 $f(x)$의 그래프의 형태를 알아보면

$y = f(x)$ 위의 점 $P(a,\ b)$에 대하여

[그림1]과 같이 점 P가 위로 볼록인 부분에 위치할 경우,

직선 PB의 기울기는 -3보다 작은 기울기를 가지게 되고 이는

평균값 정리에 의해 $(a,\ 3)$인 구간 사이에 -3보다 작은

기울기를 가지는 점이 존재한다는 것을 의미하므로 조건 (다)를

만족하지 않는다.

[그림2]와 같이 점 P가 아래로 볼록인 부분에 위치할 경우,

직선 PA의 기울기는 -3보다 작은 기울기를 가지게 되고 이는

평균값 정리에 의해 $(0,\ a)$인 구간 사이에 -3보다 작은

기울기를 가지는 점이 존재한다는 것을 의미하므로 조건 (다)를

만족하지 않는다.

따라서 $f(x)$는 구간 $(0, 3)$에서는 위로볼록이거나 아래로

볼록인 부분이 존재할 수 없다.

즉 $f(x)$는 직선 형태의 그래프이고 두 점 A, B를 지나므로

$f(x) = -3x + 12\ (0 \leq x \leq 3)$

이제 $g(x)$를 구해보기로 하자. (다)조건에서

$-3 \leq h'(c) \leq -1$이라 하였다. 이를 그림으로 나타내면 다음과

같다.

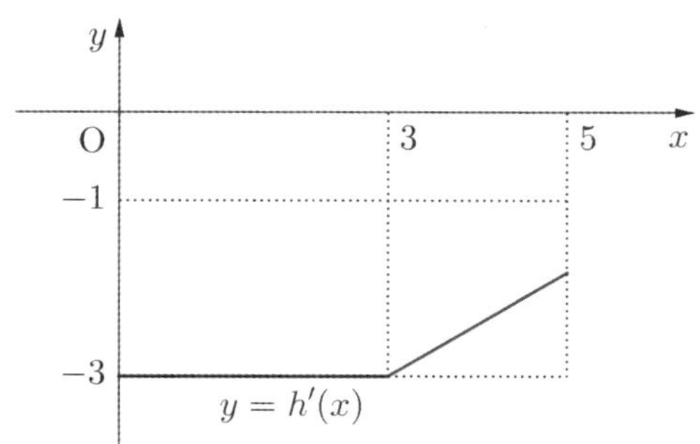

$(3, 5]$구간에는 $h(x) = g(x)$이므로 위 그림에서 빨간색 선이 $y = g'(x)$가 된다. 그리고 $-3 \leq h'(c) \leq -1$이므로 $-3 \leq g'(5) \leq -1$이다. 이를 바탕으로 $g'(x)$를 구하면 $g'(x) = m(x-3) - 3 \,(0 < m \leq 1)$이다.

그러므로 $g(x) = \dfrac{m}{2}(x-3)^2 - 3x + C$ 이고, $g(3) = 3$이므로 $C = 12$

즉, $g(x) = \dfrac{m}{2}(x-3)^2 - 3x + 12 \,(0 < m \leq 1)$이다.

$h(2) = f(2) = 6$, $h(4) = g(4) = \dfrac{m}{2}$,

$h'(2) = f'(2) = -3$, $h'(4) = g'(4) = m - 3$ 이를 주어진 문제에 대입하면 $\dfrac{h(2) + h(4)}{h'(2) + h'(4)} = \dfrac{m + 12}{2m - 12} \,(0 < m \leq 1)$. 이 때의 최솟값은 $m = 1$일 때 이므로 $-\dfrac{13}{10}$

즉, 문제의 답은 ①번이다.

58 정답 3

[풀이 1]

① 미분가능한 두 함수에서

$\displaystyle\lim_{x \to 0+} f(x) \geq \lim_{x \to 0+} g(x)$, $\displaystyle\lim_{x \to 0-} f(x) < \lim_{x \to 0-} g(x)$이므로,

$f(0) = g(0)$이다.

$x = 0$일 때, $g(x) \leq x \leq f(x)$이므로 $f(0) = g(0) = 0$이다.

② $f(3) = 3$이므로, $y = x$와 $(3, 3)$에서 만난다.

$f(x)$의 그래프가 $x = 3$에서 $y = x$에 접하지 않고 지나간다면, 아래 그림과 같이 $f(x) < x$인 x가 존재한다.(모순)

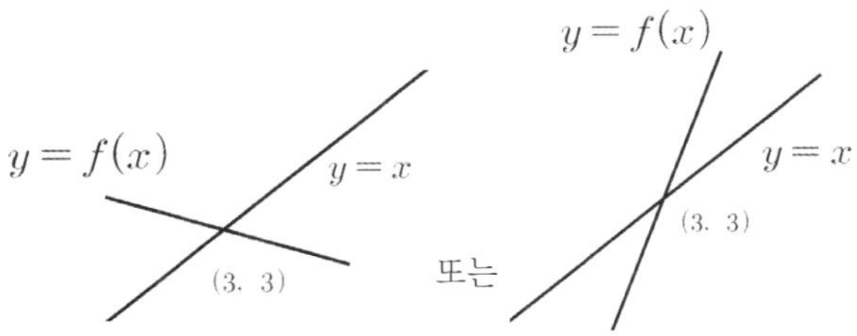

따라서 $y = f(x)$는 $y = x$와 $(3, 3)$에서 접한다.

①, ②에 의하여 $y = f(x)$는 $y = x$와 $(3, 3)$에서 접하는 동시에, $(0, 0)$에서 만난다.

따라서 $f(x) - x = kx(x-3)^2 \,((k > 0)) \cdots \, \text{㉠}$

같은 방법으로 $y = g(x)$는 $y = x$와 $(3, 3)$에서 접하는 동시에 $(0, 0)$에서 만난다.

$g(x) - x = k'x(x-3)^2 \,(k' < 0) \cdots \, \text{㉡}$

㉠$-$㉡을 구하면

$f(x) - g(x) = (k - k')x(x-3)^2$

$f'(x) - g'(x) = (k - k')\{(x-3)^2 + 2x(x-3)\}$
$\qquad\qquad\quad = (k - k')(x-3)(3x-3)$

$(k - k' > 0)$이므로

함수 $f(x) - g(x)$는 $x = 1$에서 극대, $x = 3$에서 극소를 가진다.

$[0, 3]$에서 하나의 극값(극대)을 $x = 1$에서 가지므로, $x = 1$에서 최댓값이다.

즉, $\alpha = 1$

$(1, f(1))$, $(3, f(3))$을 지나가는 직선의 방정식은

$y = \dfrac{f(3) - f(1)}{3 - 1}(x - 3) + 3$이다.

$y = (-2k + 1)(x - 3) + 3$와 $y = f(x)$의 교점을 구하면

$(-2k + 1)(x - 3) + 3 = kx(x-3)^2 + x$

$kx(x-3)^2 + x - (-2k+1)(x-3) - 3 = 0$

$(x-3)\{kx(x-3) + 2k - 1 + 1\} = 0$이고 $0 < x < 3$이므로

$kx(x-3) + 2k - 1 + 1 = 0$

$k(x^2 - 3x + 2) = 0$

$\beta = 2, \,(\beta \neq 1)$

$\therefore \, \alpha + \beta = 3$

[풀이2]

위의 풀이 ①, ②에 의하여 아래 그림과 같이 비율관계가 성립한다.

따라서 $f(x) - g(x)$는 $\alpha = 1$에서 최댓값을 가진다.

또한 $y = f(x)$는 $(2, f(2))$의 점대칭 그래프이므로, 두 점 $(1, f(1))$, $(3, f(3))$을 지나는 직선은 $(2, f(2))$를 지난다. 따라서 $\alpha = 1$, $\beta = 2$

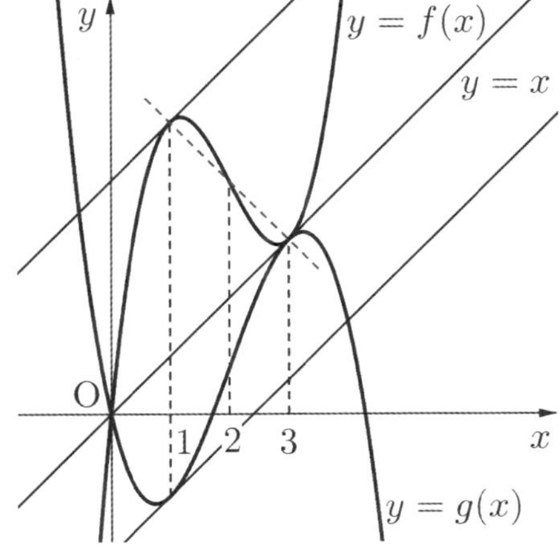

$h(t) = f(t) - g(t)$
$\qquad = t^3 - 12t^2 + 32t$
$\qquad = t(t-4)(t-8)$

$h'(t) = 3t^2 - 24t + 32$

$h'(t) = 0$의 해는

$t = \dfrac{12 \pm \sqrt{144-96}}{3} = 4 \pm \dfrac{4}{3}\sqrt{3}$

$1 < t = 4 - \dfrac{4}{3}\sqrt{3} < 2$

$6 < t = 4 + \dfrac{4}{3}\sqrt{3} < 7$

$y = |h(x)|$의 그래프는 다음과 같다.

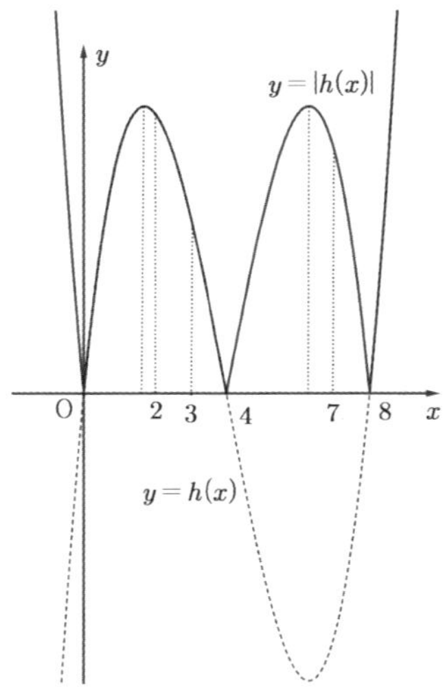

따라서 두 점 A, B사이 거리가 줄어드는 시간은

$4 - \dfrac{4}{3}\sqrt{3} < x < 4,\ 4 + \dfrac{4}{3}\sqrt{3} < x < 8$이고

정수는 2, 3, 7이다.
따라서 $2 + 3 + 7 = 12$

[랑데뷰팁]

x가 4, 8일 때는 두 점이 만난 시각이므로 제외된다.

60 정답 7

함수 $f(x)$는 $x = 0$에서 연속이며 미분가능하다.
$f(0) = 1,\ f'(0) = 2$

$h(k) = |g(k) - f(0)| = |g(k) - 1| = \dfrac{g(k)}{2}$

(i) $g(k) > 1$이면 $g(k) - 1 = \dfrac{g(k)}{2}$에서 $g(k) = 2$

(ii) $g(k) < 1$이면 $-g(k) + 1 = \dfrac{g(k)}{2}$에서 $g(k) = \dfrac{2}{3}$

함수 $h(x)$는 $g(x)$와 $f(x-k)$의 함숫값의 차이인데 그 차이의

최솟값이 모두 양의 값이므로 두 함수는 만나지 않는다.
그런데 $f(x)$는 $x < 0$에서 삼차함수이므로 이차함수 $g(x)$가
모든 실수에서 x에 관해 $f(x-k) > g(x)$이 성립 할 수 없다.
따라서 $g(x)$는 아래로 볼록이며 $g(x) > f(x-k)$가 가능하다.
따라서 (ii)는 성립하지 않고 (i)에서 $g(k) > f(0)$이므로
$g(k) = 2$이다.

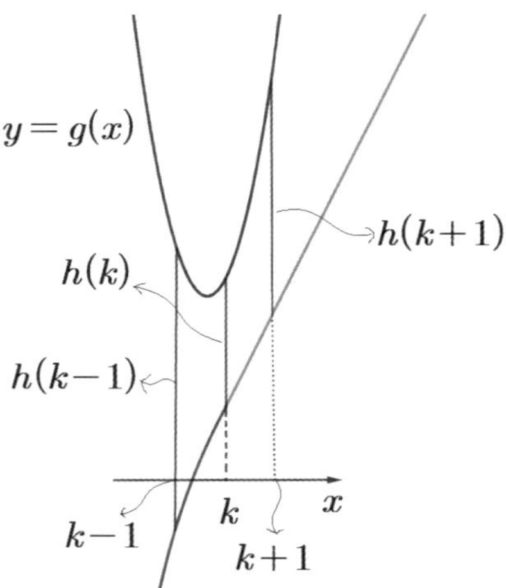

$g(x) = ax^2 + bx + c$라 두면
$g(k) = 2$에서 $ak^2 + bk + c = 2 \cdots$ ㉠
$g'(x) = 2ax + b$이고 $h(x) = g(x) - f(x-k)$에서
$h'(x) = g'(x) - f'(x-k)$이다.
함수 $h(x)$가 $x = k$에서 최소이므로 $x = k$에서 극솟값이다.
$h'(k) = 0$이므로 $h'(k) = g'(k) - f'(0) = 0$
따라서 $g'(k) = 2$
따라서 $2ak + b = 2 \cdots$ ㉡
그래프 개형상 $h(k-1)$에서 최댓값이다.
따라서 $h(k-1) = g(k-1) - f(-1) = 7$에서
$f(-1) = -2$이므로 $g(k-1) = 5$이다.
$g(k-1) = a(k-1)^2 + b(k-1) + c$
$\qquad\qquad = (ak^2 + bk + c) - (2ak + b) + a$
$\qquad\qquad = 2 - 2 + a = 5$
따라서 $a = 5 \cdots$ ㉢
그러므로 $g'\!\left(k + \dfrac{1}{2}\right) = 2a\!\left(k + \dfrac{1}{2}\right) + b = (2ak + b) + a$
$\therefore\ g'\!\left(k + \dfrac{1}{2}\right) = 2 + 5 = 7$

61 정답 20

k에 따라 $g(x)$는 그래프 개형이 달라진다.
$k < 0$이므로
(i) $k = -1$일 때
방정식 $|g(x)| = b$의 서로 다른 실근의 개수는
2, 4, 6이므로 조건 (나)를 만족시키지 않는다.

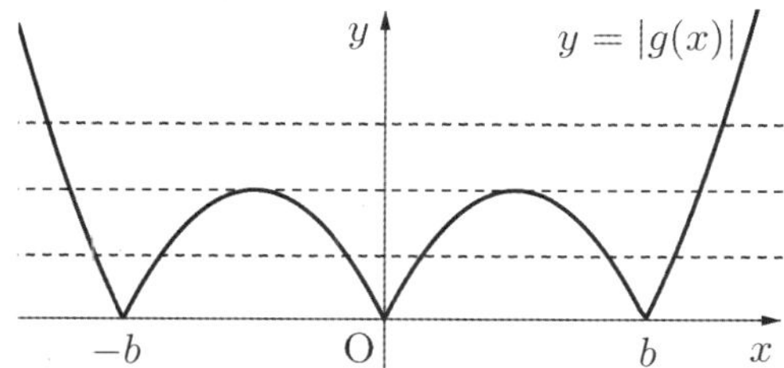

(ii) $k < -1$일 때

방정식 $|g(x)| = b$의 서로 다른 실근의 개수는 직선 $y = b$가 함수 $y = |g(x)|\ (x < 0)$의 그래프에 접할 때 5이다.

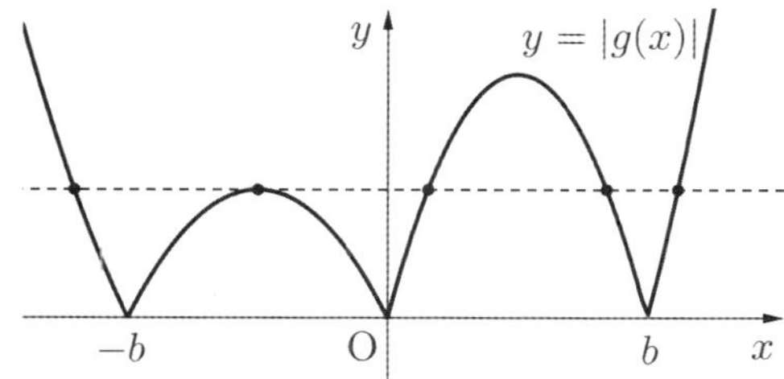

$\left|g\left(-\dfrac{b}{2}\right)\right| = b$이므로 $-f\left(-\dfrac{b}{2}\right) = b$에서

$-\left\{a\left(-\dfrac{b}{2}\right)\left(\dfrac{b}{2}\right)\right\} = \dfrac{ab^2}{4} = b \ \Rightarrow\ ab = 4$이다.

$a,\ b$는 자연수이므로 가능한 순서쌍 (a, b)는
$(1, 4),\ (2, 2),\ (4, 1)$이고 $b \le 4$이다.

① $a = 1,\ b = 4$일 때 $f(x) = x(x + 4)$

$$g(x) = \begin{cases} x(x+4) & (x < 0) \\ kx(x-4) & (x \ge 0) \end{cases}$$

조건 (가)에서 $g(3) = -3k = 6$에서 $k = -2$이다.

$g(x) = \begin{cases} x(x+4) & (x < 0) \\ -2x(x-4) & (x \ge 0) \end{cases}$ 이고 $y = |g(x)|$의 그래프와

$y = mx + 9$의 그래프는 다음과 같다.

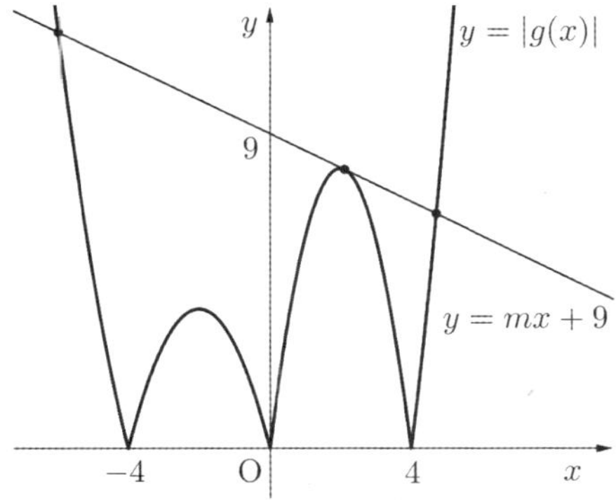

$m < 0$이므로 $y = mx + 9$와 $y = |g(x)|$와 세 점에서
만나기 위해서는
$y = mx + 9$와 $y = -2x(x - 4)$가 접할 때이다.

$mx + 9 = -2x^2 + 8x \Rightarrow 2x^2 + (m - 8)x + 9 = 0$

$\Rightarrow D = (m - 8)^2 - 72 = 0 \Rightarrow m = 8 \pm 6\sqrt{2}$

따라서 $m = 8 - 6\sqrt{2} \cdots \text{㉠}$

② $a = 2,\ b = 2$일 때 $f(x) = 2x(x + 2)$

$$g(x) = \begin{cases} 2x(x+2) & (x < 0) \\ 2kx(x-2) & (x \ge 0) \end{cases}$$

조건 (가)에서 $g(3) = 6k = 6$에서 $k = 1$이다. 조건 $k < 0$에 모순이다.

③ $a = 4,\ b = 1$일 때 $f(x) = 4x(x + 1)$

$$g(x) = \begin{cases} 4x(x+1) & (x < 0) \\ 4kx(x-1) & (x \ge 0) \end{cases}$$

조건 (가)에서 $g(3) = 24k = 6$에서 $k = \dfrac{1}{4}$이다. 조건 $k < 0$에 모순이다.

(iii) $-1 < k < 0$일 때

방정식 $|g(x)| = b$의 서로 다른 실근의 개수는
직선 $y = b$가 함수 $y = |g(x)|\ (x \ge 0)$의 그래프에 접할 때
5이다.

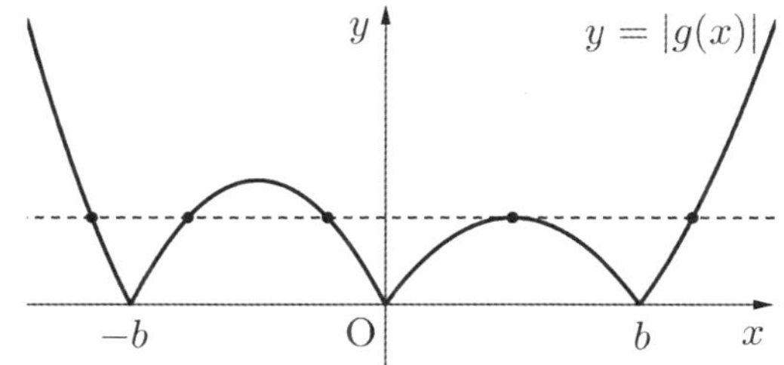

$$g(x) = \begin{cases} ax(x+b) & (x < 0) \\ kax(x-b) & (x \ge 0) \end{cases}$$

$\left|g\left(\dfrac{1}{2}b\right)\right| = b$이므로 $\left|ka\left(\dfrac{1}{2}b\right)\left(-\dfrac{1}{2}b\right)\right| = b$, $|\,kab\,| = 4$이다.

$k < 0$이므로 $-kab = 4$이고 조건 (가)에서

$g(3) = 3ak(3 - b) = 9ak - 3kab = 6$

$kab = -4$이므로 $9ak = -6$

따라서 $ka = -\dfrac{2}{3}$이고 $b = 6$이다. $\Leftarrow \dfrac{kab}{9ak} = \dfrac{-4}{-6}$

$$g(x) = \begin{cases} ax(x+6) & (x < 0) \\ -\dfrac{2}{3}x(x-6) & (x \ge 0) \end{cases}$$

a는 자연수이고 a값이 작을수록 $y = mx + 9$가

$y = -\dfrac{2}{3}x(x - 6)$과 접할 때 음의 실수 m값이 가장 크므로

$a = 1$인 경우만 생각하면 되겠다.

($a = 1$일 때, $y = x(x + 6)$의 꼭짓점이 $(-3, 9)$이므로 $m = 0$일
때 $y = 9$와 $y = x(x + 6)$은 접하고 $y = 9$는 $y = |g(x)|$와
세 점에서 만난다. 그런데 이때는 $m = 0$이므로 모순이다.

또한, $a \ge 2$이면 $y = mx + 9$와 $y = ax(x + 6)$이 접할 때
$y = mx + 9$와 $y = |g(x)|$가 세 점에서 만나므로 m_3부터
나타난다.)

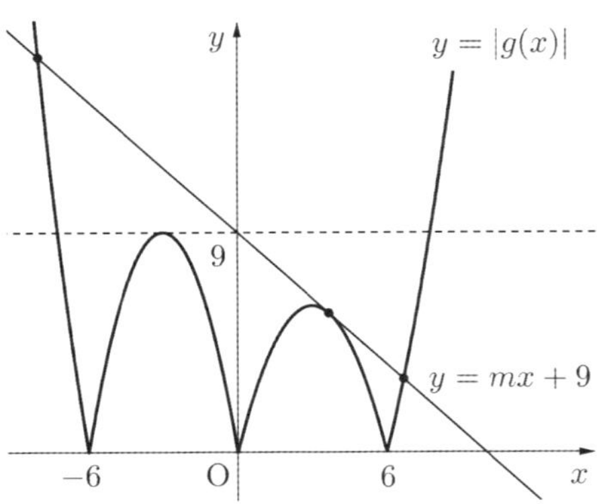

따라서

$$mx+9=-\frac{2}{3}x^2+4x$$

$$\frac{2}{3}x^2+(m-4)x+9=0 \Rightarrow D=(m-4)^2-24=0$$

$$\Rightarrow m=4-2\sqrt{6}\cdots\text{ⓛ}$$

㉠, ⓛ에서

$$\{m_1, m_2\}=\{8-6\sqrt{2}, 4-2\sqrt{6}\}$$

따라서 $m_1+m_2=12-6\sqrt{2}-2\sqrt{6}$

따라서 $p=12, q=2, r=6$

$$p+q+r=12+2+6=20$$

[랑데뷰팁]

$m_1=8-6\sqrt{2}=-0.48\cdots,\ m_2=4-2\sqrt{6}=-0.89\cdots$
이다.

[다른 풀이]

$g(3)=kf(3-b)=3ka(3-b)=6$이고

$k<0$이므로 $b>3$이다.

따라서 $k<-1$인 경우의 $a=1, b=4$만 따져 보면 되겠다.

62 정답 ①

점 A의 좌표는 $A(t,\ (t+2)(t-2)^2)$이고, 점 B의 좌표는
$B(t,\ -t^2+4)$이다.

$$\begin{aligned}\overline{AB}&=(t+2)(t-2)^2-(-t^2+4)\\&=(t+2)(t-2)^2+(t+2)(t-2)\\&=(t+2)(t-2)(t-1)\end{aligned}$$

점 P에서 직선 AB에 내린 수선의 발을 H라 하면
$\overline{PH}=1-t$이다.

따라서 삼각형 PAB의 넓이를 $S(t)$라 하면

$$\begin{aligned}S(t)&=\frac{1}{2}\times\overline{AB}\times\overline{PH}\\&=\frac{1}{2}\times(t+2)(t-2)(t-1)\times(1-t)\\&=-\frac{1}{2}\times(t^2-4)(t-1)^2\end{aligned}$$

$$\begin{aligned}S'(t)&=-\frac{1}{2}\{2t(t-1)^2+2(t^2-4)(t-1)\}\\&=-t(t-1)^2-(t^2-4)(t-1)\\&=-(t-1)(t^2-t+t^2-4)\\&=-(t-1)(2t^2-t-4)\end{aligned}$$

$-2<t<1$에서 $S'(t)=0$은 $2t^2-t-4=0$의 근이다.

따라서 $t=\dfrac{1-\sqrt{33}}{4}$에서 $S(t)$는 극대이자 최댓값을 갖는다.

63 정답 ②

[그림 : 이정배T]

$$|f(x)-a|+a=\begin{cases}f(x) & (f(x)\geq a)\\2a-f(x) & (f(x)<a)\end{cases}$$이므로

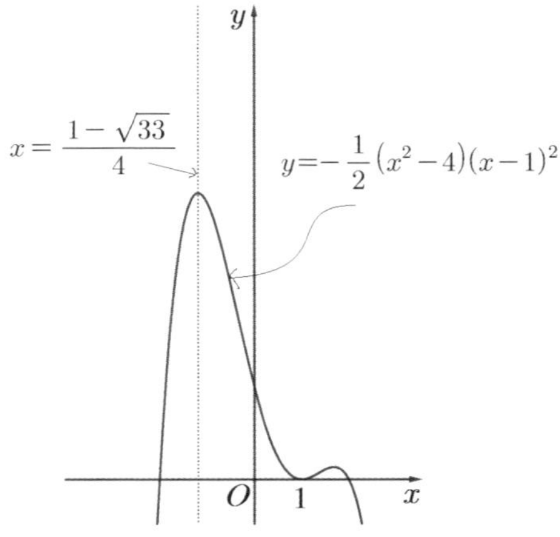

$$g(x)=\begin{cases}f(x) & (f(x)\geq a)\\2a-f(x) & (f(x)<a)\end{cases}$$이다.

$y=f(x)$를 $x=a$에 대칭인 함수는 $y=f(2a-x)$이고 $y=a$에
대칭인 함수는 $2a-y=f(x)$

$\Rightarrow y=2a-f(x)$이다.

$g(x)$는 $f(x)\geq a$일 때는 원래 함수 그래프를 그대로 가지고
$f(x)<a$일 때는 $y=a$아래쪽의 그래프를 $y=a$에
대칭 이동하여 위로 올리는 그래프가 된다.

최고차항의 계수가 -1인 이차함수 $f(x)$는 $y=a$와 $x=0$에서
교점을 가진다.

$(0, a)$가 교점인데 그 점에서 미분가능하지 않으므로 $(0, a)$는
접점이 아니다.

또한 곡선 $y=g(x)-f(x)$와 x축이 만나는 점의 x좌표인 b의
최댓값이 2이므로 직선 $y=a$와 이차함수 $y=f(x)$의 만나는
점은 $(2, a)$이다.

따라서 $f(x) = -x(x-2) + a$이라 할 수 있다.

$f(1) = 1 + a$에서 $x(x-2) + a = 1 + a$

$x^2 - 2x - 1 = 0$

$x = 1 \pm \sqrt{2}$

이므로

$t > 0$일 때, $h(x) = |g(x) - g(t)|$의 미분가능하지 않은 점의 개수를 함수 $\alpha(t)$라 할 때,

함수 $g(x)$의 그래프의 t값에 따른 함수 $\alpha(t)$의 그래프는 다음과 같다.

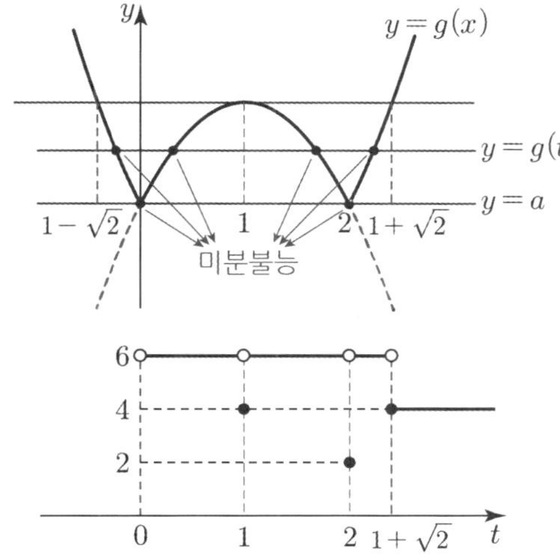

함수 $h(x)$가 $x = k$에서 미분가능하지 않은 실수 k의 개수가 4가 되도록 하는 t의 값은 $t = 1$, $t \geq 1 + \sqrt{2}$이다.

따라서 자연수가 아닌 t의 최솟값은 $1 + \sqrt{2}$이다.

64 정답 ②

(나)에서 함수 $g(x)$는 최고차항의 계수가 1이 아닌 삼차함수이다.

(가)에서 함수 $g(x)$의 최고차항의 계수를 a (a는 정수)라 두면 함수 $f(x)$의 최고차항의 계수는 $\dfrac{1}{a}$이고 함수 $g(x)$는 삼차함수이고 함수 $f(x)$는 일차함수이다.

(i) $f(x) = \dfrac{1}{a}(x+1)$, $g(x) = a(x-2)(x^2+1)$일 때,

$f'(x) = \dfrac{1}{a}$, $g'(x) = a(3x^2 - 4x + 1)$에서

$g'(f'(x)) = a\left(\dfrac{3}{a^2} - \dfrac{4}{a} + 1\right) = \dfrac{3}{a} - 4 + a = \dfrac{11}{2}$

$a - \dfrac{19}{2} + \dfrac{3}{a} = 0$

$2a^2 - 19a + 6 = 0$

$a = \dfrac{19 \pm \sqrt{19^2 - 48}}{4}$

a가 정수라는 조건에 모순이다.

(ii) $f(x) = \dfrac{1}{a}(x-2)$, $g(x) = a(x+1)(x^2+1)$일 때,

$f'(x) = \dfrac{1}{a}$, $g'(x) = a(3x^2 + 2x + 1)$에서

$g'(f'(x)) = a\left(\dfrac{3}{a^2} + \dfrac{2}{a} + 1\right) = \dfrac{3}{a} + 2 + a = \dfrac{11}{2}$

$\dfrac{3}{a} - \dfrac{7}{2} + a = 0$

$2a^2 - 7a + 6 = 0$

$(a-2)(2a-3) = 0$

$a = 2$ 또는 $a = \dfrac{3}{2}$

$\therefore \ a = 2$

(i), (ii)에서

$f(x) = \dfrac{1}{2}(x-2)$, $g(x) = 2(x+1)(x^2+1)$이다.

$f(0) = -1$, $g(0) = 2$이므로

$f(0) + g(0) = 1$

65 정답 8

$f(x) + x = x(x - \alpha)^2$이므로

$f(x) = x(x-\alpha)^2 - x = x\{(x-\alpha)^2 - 1\}$

$\quad\quad = x(x^2 - 2\alpha x + \alpha^2 - 1) = x(x - \alpha + 1)(x - \alpha - 1)$

방정식 $f(x) - mx = 0$의 실근은 $y = f(x)$와 $y = mx$의 교점의 x값으로 볼 수 있다.

$m = 0$이면 $y = f(x)$와 $y = 0$가 두 개의 교점을 갖기 위해서는 삼차함수 $f(x)$는 $x = 0$에서 극값 0을 가져야 한다. 따라서

$\alpha = 1$일 때 $f(x) = x^2(x-2)$,

$\alpha = -1$일 때 $f(x) = (x+2)x^2$이고

$f_1(x) \leq f_2(x)$이므로 $f_1(x) = x^2(x-2)$,

$f_2(x) = (x+2)x^2$이다.

(i) $y = x^2(x-2)$와 $y = mx$는 m의 범위에 따른 교점의 개수는 다음 그림과 같다.

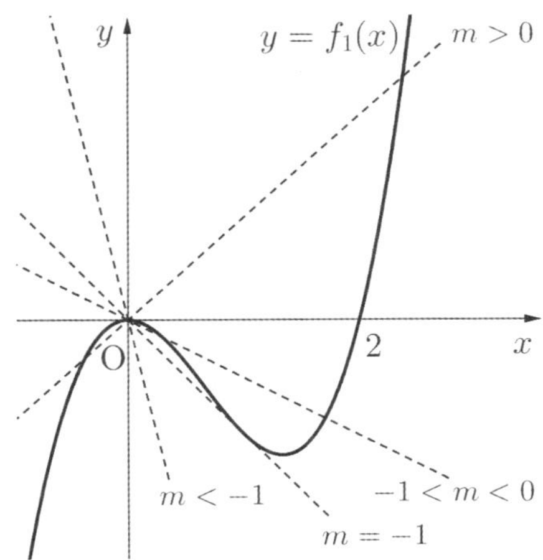

$m > 0$일 때 $g(m) = 3$

$m = 0$일 때 $g(0) = 2$

$-1 < m < 0$일 때 $g(m)=3$

$m=-1$일 때 $g(m)=2$

$m < -1$일 때 $g(m)=1$이다.

(ii) $y=(x+2)x^2$와 $y=mx$는 m의 범위에 따른 교점의 개수는 다음 그림과 같다.

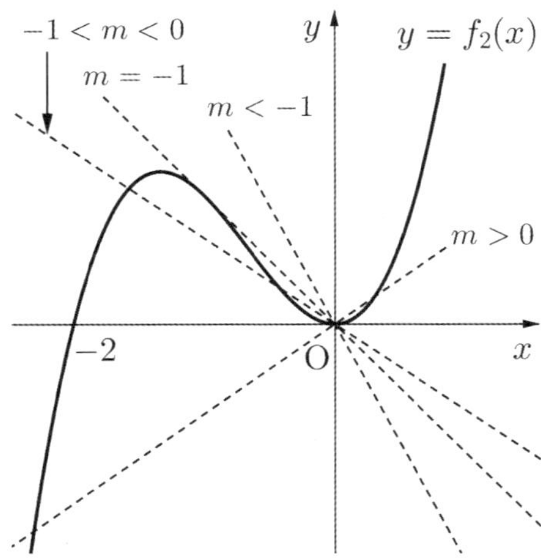

$m > 0$일 때 $g(m)=3$

$m=0$일 때 $g(0)=2$

$-1 < m < 0$일 때 $g(m)=3$

$m=-1$일 때 $g(m)=2$

$m < -1$일 때 $g(m)=1$이다.

(i), (ii)에서 $y=g(m)$는 다음 그림과 같다.

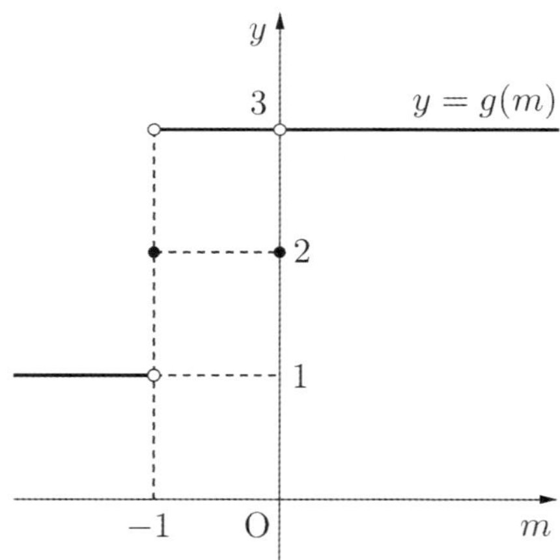

따라서 삼차함수 $h(x)$와 $g(x)$의 곱함수인 $h(x)g(x)$가 실수 전체에서 미분가능하기 위해서는

$h(x)=a(x+1)^2 x$이어야 한다. $\cdots$ ㉠

따라서

$f_1(x)=x^2(x-2)$에서

$f_1(2x+t)=(2x+t)^2(2x+t-2)=8(x+1)^2 x$

따라서 $t=2$

$f_2(x)=(x+2)x^2$에서

$f_2(-2x+s)=(-2x+s+2)(-2x+s)^2=-8x(x+1)^2$

따라서 $s=-2$

그러므로 $t^2+s^2=8$

[랑데뷰팁]—㉠설명

$\{h(x)g(x)\}'=h'(x)g(x)+h(x)g'(x)$에서

$\{h(-1)g(-1)\}'=h'(-1)\lim_{x\to-1}g(x)+h(-1)\lim_{x\to-1}g'(x)$

$g(x)$는 $\lim_{x\to-1}g(x)$와 $\lim_{x\to-1}g'(x)$가 모두 존재하지

않으므로 $h'(-1)=0$, $h(-1)=0$이다.

따라서 $h(x)$는 $(x+1)^2$항을 인수로 가져야 한다.

또한

$\{h(0)g(0)\}'=h'(0)\lim_{x\to0}g(x)+h(0)\lim_{x\to0}g'(x)$

$g(x)$는 $\lim_{x\to0}g(x)$은 존재하고 $\lim_{x\to0}g'(x)$가 존재하지

않으므로 $h(0)=0$이다. 따라서 $h(x)$는 x항을 인수로 가져야 한다.

66 정답 3

$y=f(x)$와 상수함수 $y=t$의 교점 중 x값이 가장 작은 쪽을 x_m

이라 하면 교점 (x_m, t)

이 $y=g(t)$ 그래프의 $t-y$평면에서 (t, x_m)이 된다.

따라서 $y=g(t)$는 $y=f(x)$ 그래프의

$y=x$에 대칭인 $x=f(y)$ 그래프의 일부이다.

$y=f(x)$의 그래프가 극댓값을 갖는 그래프이고

상수함수 $y=t$가 $t=$(극댓값)일 때

$y=f(x)$와 $y=t$의 교점의 개수가 변화하게 되므로

함수 $g(t)$는 $t=$(극댓값)일 때 불연속이 생길 수 있다.

따라서

$\lim_{t\to k-}g(t)=-1 \Rightarrow g(t)$그래프의 $(k, -1)$이

불연속 점이므로 $f(x)$는 $(-1, k)$가 극댓값이다.

$\lim_{t\to12-}g(t)=2 \Rightarrow g(t)$그래프의 $(12, 2)$이 불연속 점이므로

$f(x)$는 $(2, 12)$가 극댓값이다.

따라서 $f'(0)=0$이므로 $f'(x)=0$은 의 근은

$x=-1, 0, 2$이다.

다음 그림과 같은 상황이다.

따라서
$$f'(x) = -4x(x+1)(x-2)$$

$$f(x) = -x^4 + \frac{4}{3}x^3 + 4x^2 + C \text{ 에서}$$

$f(2) = 12$이므로 $C = \frac{4}{3}$

따라서 $f(x) = -x^4 + \frac{4}{3}x^3 + 4x^2 + \frac{4}{3}$

$$f(-1) = -1 - \frac{4}{3} + 4 + \frac{4}{3} = 3$$

67 정답 27

(가)에서 $g(0) = |f'(0)| - f(0) = 0$

$\therefore f'(0) = 0$

(나)에서 최고차항의 계수가 1인 사차함수 $f(x)$는
양수 a에 대하여

$f(x) = x^2(x-a)^2$, 또는 $f(x) = x^3(x-a)$꼴이다.

(i) $f(x) = x^2(x-a)^2$꼴일 때,

모든 실수 x에 대하여 $f(x) \geq 0$이므로 $|f(x)| = f(x)$이다.

따라서 $|f(x)| = \frac{1}{3}$의 서로 다른 실근의 개수가 3이기 위해서는

사차함수 $f(x)$의 극댓값이 $\frac{1}{3}$이어야 한다.

$f'(x) = 2x(x-a)^2 + 2x^2(x-a)$

$\quad = 2x(x-a)(x-a+x)$

$\quad = 2x(2x-a)(x-a)$

$f'(x) = 0$의 해는 $x = 0$, $x = \frac{a}{2}$, $x = a$이고 $f\left(\frac{a}{2}\right) = \frac{a^4}{16}$이

극댓값이다.

즉 $\frac{a^4}{16} = \frac{1}{3}$에서 $a = \frac{2}{\sqrt[4]{3}}$ $(\because a > 0)$

그러므로 $f(x) = x^2\left(x - \frac{2}{\sqrt[4]{3}}\right)^2$

(ii) $f(x) = x^3(x-a)$꼴일 때,

사차함수 $f(x)$는 극솟값 1개를 갖는 그래프를 가지므로

극솟값이 $-\frac{1}{3}$이면

방정식 $|f(x)| = \frac{1}{3}$의 서로 다른 실근의 개수가 3이 된다.

$f'(x) = 3x^2(x-a) + x^3 = x^2(3x - 3a + x)$

$f'(x) = 0$의 해는 $x = 0$ 또는 $x = \frac{3}{4}a$이다.

극솟값은 $f\left(\frac{3}{4}a\right)$이다.

$f\left(\frac{3}{4}a\right) = \frac{27}{64}a^3 \times \left(-\frac{1}{4}a\right) = -\frac{1}{3}$

$a^4 = \frac{256}{81}$

$\therefore a = \frac{4}{3}$ $(\because a > 0)$

따라서 $f(x) = x^3\left(x - \frac{4}{3}\right)$

(i), (ii)에서

$f(x) = x^2\left(x - \frac{2}{\sqrt[4]{3}}\right)^2$, $f(x) = x^3\left(x - \frac{4}{3}\right)$ 중

$f(1)$의 값이 최소인 함수는 $f(x) = x^3\left(x - \frac{4}{3}\right)$이다.

$g(x) = |f'(x)| - f(x)$

$\quad = \left|3x^2\left(x - \frac{4}{3}\right) + x^3\right| - x^3\left(x - \frac{4}{3}\right)$

$\quad = \left|4x^2(x-1)\right| - x^3\left(x - \frac{4}{3}\right)$

$g(3) = 72 - 45 = 27$

68 정답 ⑤

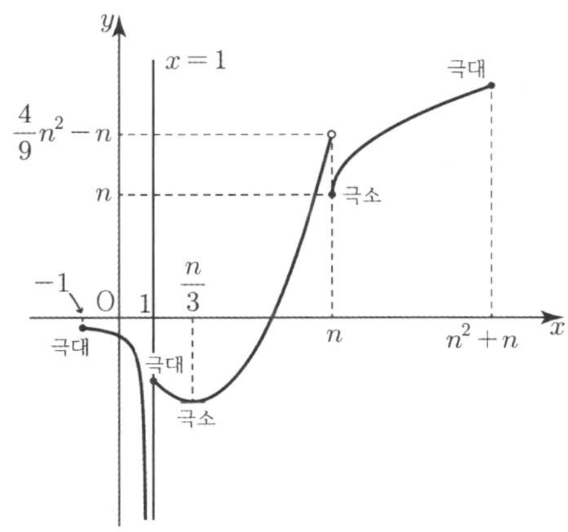

위 그림과 같은 상황이 극댓값이 3개, 극솟값이 2개다.

따라서 $y = \left(x - \frac{n}{3}\right)^2 - n$의 축 $x = \frac{n}{3}$이 $x = 1$보다

오른쪽에 있어야 $x = 1$에서 극댓값 $\left(1 - \frac{n}{3}\right)^2 - n$

을 가질 수 있으므로 $\frac{n}{3} > 1$

$\therefore n > 3 \cdots \bigcirc$

또한, $y = \left(x - \frac{n}{3}\right)^2 - n$의 $x \to n-$일 때의 극한값

$\frac{4n^2}{9} - n$이 $y = \sqrt{x - n} + n$의 시작점 (n, n)보다 커야

$x = n$에서 극솟값 n을 가질 수 있으므로

$\frac{4n^2}{9} - n > n$, $2n^2 - 9n > 0$

$n < 0$, $n > \frac{9}{2}$에서 $n > \frac{9}{2} \cdots \bigcirc$

$\bigcirc$, $\bigcirc$에서 $f(x)$가 $n > \frac{9}{2} \cdots \bigcirc$일 때 $g(x)$이다.

이때 $g(x)$는 다음과 같이 두 가지 경우로 생각할 수 있다.

(i) $\dfrac{4}{9}n^2 - n \leq 2n$

다음 그림과 같다.

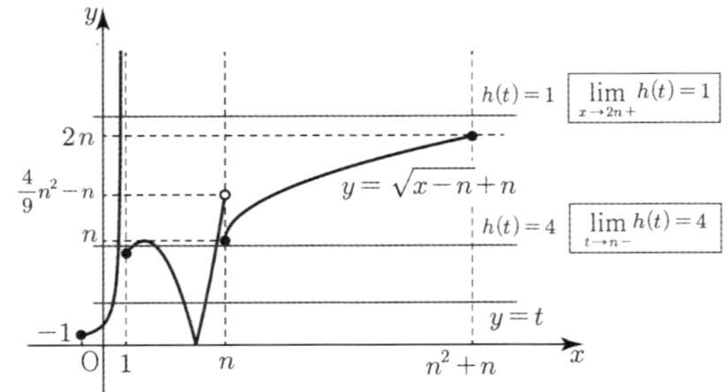

따라서 $\displaystyle\lim_{t \to n-}h(t)=4$, $\displaystyle\lim_{t \to 2n+}h(t)=1$이므로

$\alpha-\beta=3 \neq 2$이다.

(ii) $\dfrac{4}{9}n^2 - n > 2n$

다음 그림과 같다.

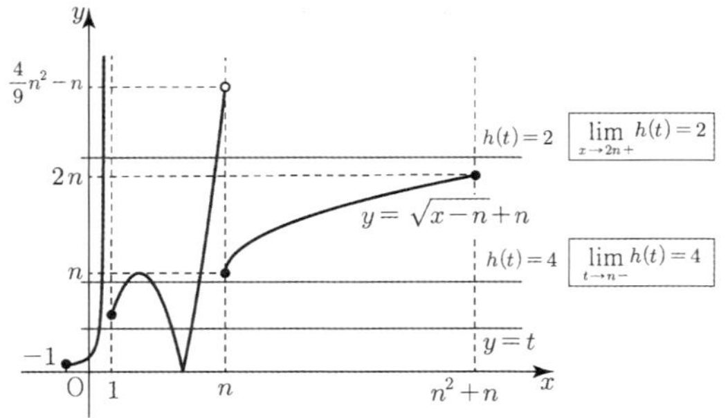

따라서 $\displaystyle\lim_{t \to n-}h(t)=4$, $\displaystyle\lim_{t \to 2n+}h(t)=2$이므로

$\alpha-\beta=2$이다.

따라서 만족하는 n의 범위는

$\dfrac{4}{9}n^2 - n > 2n$

$\dfrac{4}{9}n^2 > 3n$

$\therefore n > \dfrac{27}{4} \cdots ②$

①, ②에서 $n > \dfrac{27}{4}$이다.

한편,

$f(1)=\left(1-\dfrac{n}{3}\right)^2 - n = \dfrac{n^2}{9} - \dfrac{5}{3}n + 1$이므로

$f(1) < -3$에서

$\dfrac{n^2}{9} - \dfrac{5}{3}n + 1 < -3$

$n^2 - 15n + 36 < 0$

$(n-3)(n-12) < 0$

$3 < n < 12$

따라서 $\dfrac{27}{4} < n < 12$이다.

69　정답 ⑤

$0 \leq x \leq 4$에서 a값에 따른 삼차함수 비율을 고려한 함수 $f(x)$의 그래프는 다음 그림과 같다.

[랑데뷰 세미나(90)–삼차함수비율 참고]

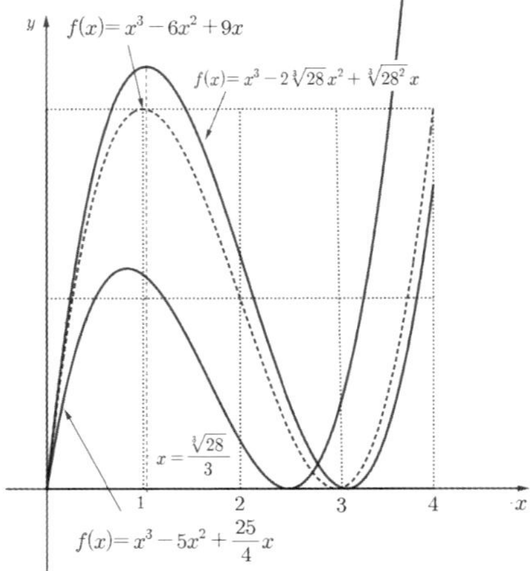

(i) $a = \dfrac{5}{2}$일 때,

$f(x)=x^3 - 5x^2 + \dfrac{25}{4}x$

$g\left(\dfrac{5}{2}\right)=f(4)=64-80+25=9$

(ii) $a = 3$일 때,

$f(x)=x^3 - 6x^2 + 9x$

$g(3)=f(1)=f(4)=4$

(iii) $a = \sqrt[3]{28}$일 때,

$f(x)=x^3 - 2\sqrt[3]{28}\,x^2 + \sqrt[3]{28^2}\,x$

$g(\sqrt[3]{28})=f\left(\dfrac{\sqrt[3]{28}}{3}\right)=\dfrac{28}{27}-\dfrac{56}{9}+\dfrac{28}{3}$

$\qquad = \dfrac{28-168+252}{27}=\dfrac{112}{27}$

(i), (ii), (iii)에서

$g\left(\dfrac{5}{2}\right)+g(3)+g(\sqrt[3]{28})$

$=9+4+\dfrac{112}{27}=\dfrac{351+112}{27}=\dfrac{463}{27}$

[랑데뷰팁]

$a \geq 3$일 때, $g(a)=f\left(\dfrac{a}{3}\right)$

$0 < a < 3$일 때, $g(a)=f(4)$

$h(x) = -x^2 + ax + b$라 놓으면 $h'(x) = -2x + a$이고

또한, $f(x) = \begin{cases} h(x) & (x < -1) \\ g(x) & (x \geq -1) \end{cases}$, $f'(x) = \begin{cases} h'(x) & (x < -1) \\ g'(x) & (x > -1) \end{cases}$

이다.

$f(x)$가 조건 (가)에 의해 $x = -1$에서 미분가능이므로

$h(-1) = g(-1)$, $h'(-1) = g'(-1)$이 성립한다.

따라서,

$h(-1) = -1 - a + b = g(-1)$, $h'(-1) = 2 + a = g'(-1)$

$---$(ⅰ)

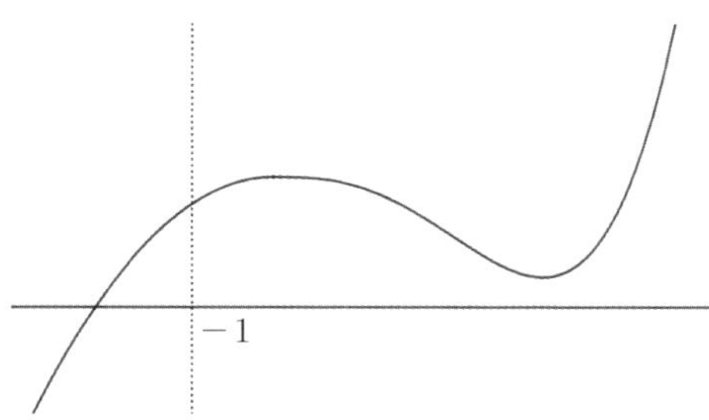

[그림1] 조건 (가)를 만족하는 그래프이다. $x = -1$에서
미분가능하려면 $h(-1) = g(-1)$, $h'(-1) = g'(-1)$을
만족해야 한다.

(나)에서 $|f(x)|$가 $x = p \ (p < -1)$에서만 미분가능하지
않으려면

$f(-1) > 0$이고, $x \geq -1$인 모든 실수에서 $f(x) \geq 0$을
만족해야한다.

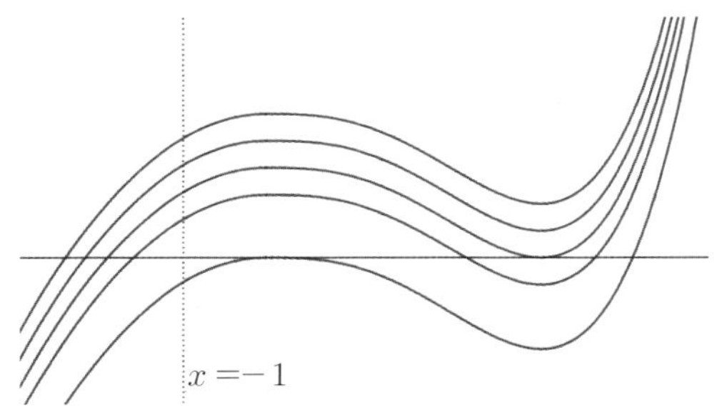

[그림2] (가)를 만족하고 (나)를 만족하는 그래프는
위에서 3번째까지이다.
$f(-1) > 0$이고, $x \geq -1$인 모든 실수 x에서
$f(x) \geq 0$을 만족해야한다.

또한, (다)에서 $y = f(x) - f(-1)$의 그래프는
$f(x)$를 y축의 음의 방향으로 $f(-1)$만큼 평행이동한
그래프이므로
$|f(x) - f(-1)|$가 $x = q \ (q > -1)$에서만 미분불가능하려면
$f'(-1) = 0$이어야 한다. 따라서, (ⅰ)에서 $a = -2$

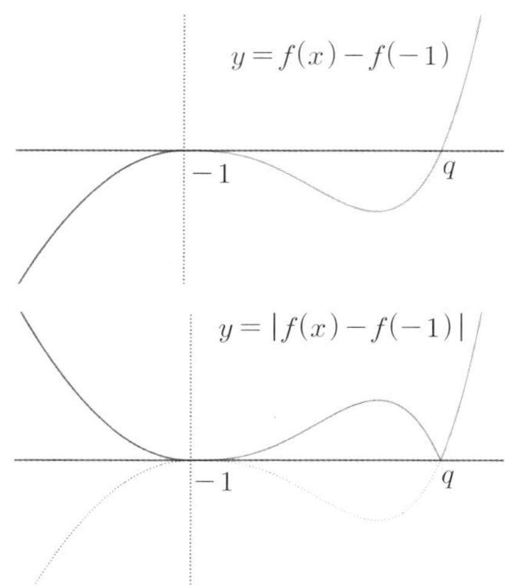

[그림3] 조건(다)를 만족하려면 $f'(-1) = 0$을
만족해야한다.

또한, $f(0)$의 값이 최소가 되는 것은 $x \geq -1$인 모든 실수에서
$f(x) \geq 0$이므로 최솟값은 0이 될 때이다. 즉, $f(0) = 0$이고
$f'(0) = 0$이다.

따라서, 아래 그림과 같다.

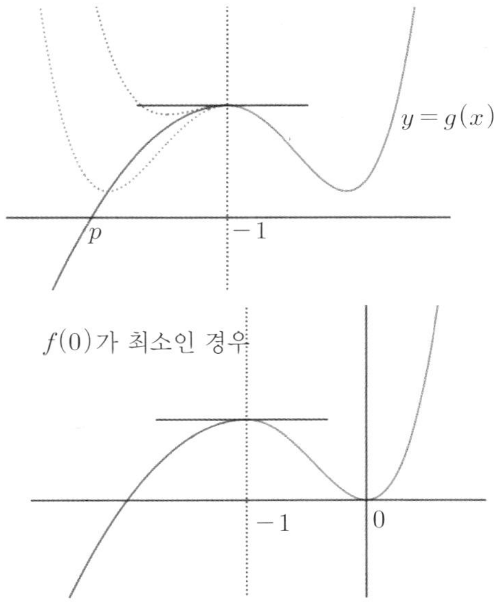

[그림4] 조건을 만족하는 $y = f(x)$의 모양을 나타낸
그래프이고, $f(0) = 0$인 그래프이다.

다음의 그래프는 조건에 맞는 $y=|f(x)|$의 그래프이다.

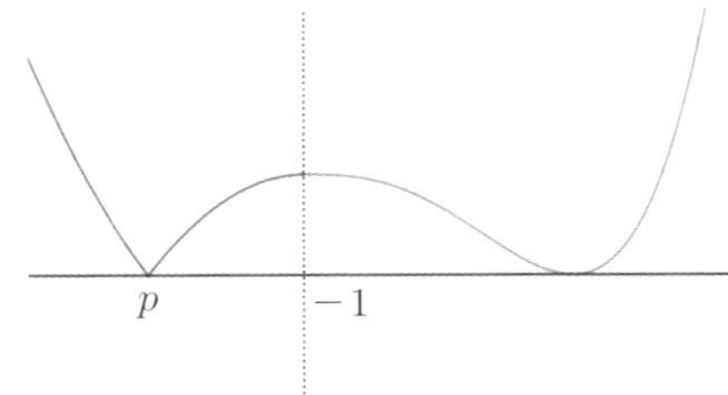

조건에 맞는 함수는 $f'(-1)=0$, $f(0)=f'(0)=0$에서
$g'(-1)=g'(0)=0$, $g(0)=0$이므로 함수 $g(x)$는 원점에서
접하므로
$g(x)=x^2(x^2+mx+n)$ 라 놓으면
$g'(x)=4x^3+3mx^2+2nx$이고
$g'(-1)=-4+3m-2n=0$ $\therefore n=\dfrac{3m-4}{2}$

따라서,
$g(x)=x^2\left(x^2+mx+\dfrac{3m-4}{2}\right)$이고 $g(-1)=h(-1)$에서
$b=\dfrac{m-4}{2}$
$g'(x)=x(4x^2+mx+3m-4)=x(x+1)(4x+3m-4)=0$
의 근 중
$0, -1$이 아닌 근 $-\dfrac{3m-4}{4}$에 대하여
$-\dfrac{3m-4}{4}\leq -1$이 되어야 한다. (그림4 참고)
$\therefore m\geq \dfrac{8}{3}$
$$f(x)=\begin{cases} -x^2-2x+\dfrac{m-4}{2} & (x<-1) \\ x^2\left(x^2+mx+\dfrac{3m-4}{2}\right) & (x\geq -1) \end{cases}$$
$f(-2)+f(1)=\dfrac{m-4}{2}+1+m+\dfrac{3m-4}{2}$
$$=3m-3\geq 3\times \dfrac{8}{3}-3=5$$

따라서, $3m-3$의 최솟값은 $m=\dfrac{8}{3}$일 때, 5 이다.

[추가설명] –김은수T, 서영만T

(1) $g'(x)=4x(x+1)^2$

$g(x)=x^4+\dfrac{8}{3}x^3+2x^2(\because g(0)=0)$, $h(x)=-x^2-2x+b$

$f(1)=g(1)=1+\dfrac{8}{3}+2=\dfrac{17}{3}$

$x=-1$에서 연속이므로

$h(-1)=g(-1)\Rightarrow -1+2+b=1-\dfrac{8}{3}+2$, $\therefore b=-\dfrac{2}{3}$

$\therefore f(-2)+f(1)=h(-2)+g(1)$
$$=-\dfrac{2}{3}+\left(1+\dfrac{8}{3}+2\right)=5$$

(2) $g'(x)=4x(x+1)(x-\alpha)$ $(\alpha\leq -1)$

$g(x)=x^4+\dfrac{4}{3}(1-\alpha)x^3-2\alpha x^2(\because g(0)=0)$, $h(x)=-x^2-2x+b$

$f(1)=g(1)=1+\dfrac{4}{3}(1-\alpha)-2\alpha=\dfrac{7}{3}-\dfrac{10}{3}\alpha$

$x=-1$에서 연속이므로
$h(-1)=g(-1)$
$\Rightarrow -1+2+b=1-\dfrac{4}{3}+\dfrac{4}{3}\alpha-2\alpha$, $\therefore b=-\dfrac{4}{3}-\dfrac{2}{3}\alpha$

$f(-2)=h(-2)=b=-\dfrac{4}{3}-\dfrac{2}{3}\alpha$, $f(1)=g(1)=\dfrac{7}{3}-\dfrac{10}{3}\alpha$

$\therefore f(-2)+f(1)=1-4\alpha\geq 5$

71 정답 47

$f(x)=(-1)^{n-1}(x^2-2nx+n^2+x-n)$
$\qquad =(-1)^{n-1}(x-n+1)(x-n)$ $(n-1<x\leq n)$
$n=1$일 때, $f(x)=x(x-1)$ $(0<x\leq 1)$
$n=2$일 때, $f(x)=-(x-1)(x-2)$ $(1<x\leq 2)$
$n=3$일 때, $f(x)=(x-2)(x-3)$ $(2<x\leq 3)$
$\qquad\vdots\qquad\qquad\vdots$

따라서
함수 $f(x)$의 그래프는 다음 그림과 같다.

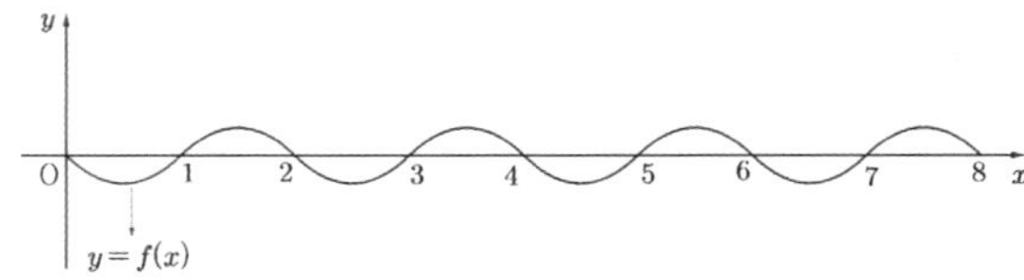

그러므로 함수 $g(x)$는
$$g(x)=f(x)-|f(x)|=\begin{cases} 2f(x) & (2n-2<x\leq 2n-1) \\ 0 & (2n-1<x\leq 2n) \end{cases}$$

이므로 그래프는 다음과 같다.

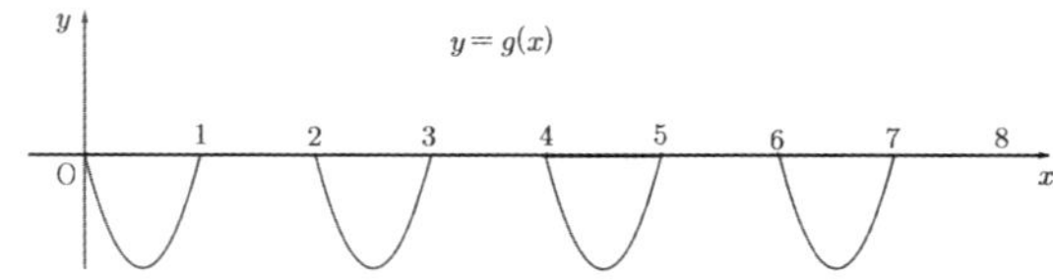

$$g'(x)=\begin{cases} 2f'(x) & (2n-2<x<2n-1) \\ 0 & (2n-1<x<2n) \end{cases}\Rightarrow$$

$$g'(x)=\begin{cases} 4x-2 & (0<x<1) \\ 0 & (1<x<2) \end{cases}\ \text{등}$$

함수 $g'(x)$의 그래프와 함수 $|g'(x)|$의 그래프는 다음과 같다.

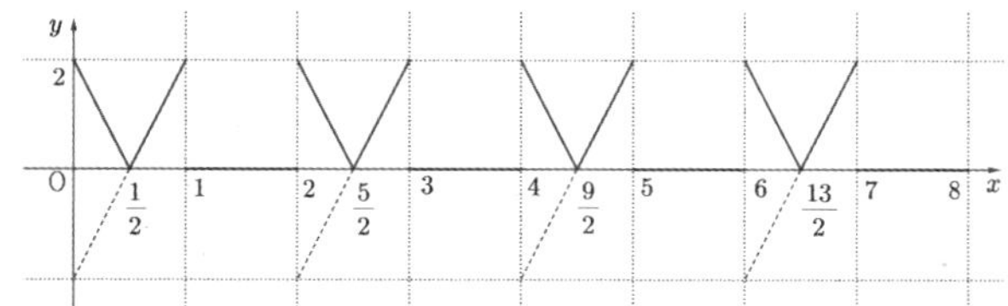

$$h(x) = \lim_{h \to 0+} \left| \frac{g(x+h) - g(x)}{h} \right|$$

$$= \left| \lim_{h \to 0+} \frac{g(x+h) - g(x)}{h} \right|$$

$$= \left| \lim_{h \to 0+} g'(x) \right|$$

이고 $h(x)$는 함수 $|g'(x)|$가 불연속인 점과 뾰족점에서 미분가능하지 않다.

따라서 $g'(x)$는 자연수 n에 대하여 $x = n$에서 불연속이고

$x = \dfrac{4n-3}{2}$에서 뾰족점이다. $\Rightarrow \left(\dfrac{1}{2}, \dfrac{5}{2}, \dfrac{9}{2}, \cdots \right)$

따라서 구간 $(0, 8)$에서 미분가능하지 않은 $x = a$의 개수는 11이다.

$h(x) = \left| \lim_{h \to 0+} g'(x) \right|$에서

$$\lim_{h \to 0+} g'(2+h) = \lim_{h \to 0+} g'(4+h) = \lim_{h \to 0+} g'(6+h) = 2$$

이고 나머지는 모두 0이다.

그러므로

$$p + \sum_{k=1}^{p} k\, h(a_k)$$

$$= 11 + \sum_{k=1}^{11} k\, h(a_k)$$

$$= 11 + h(a_1) + 2h(a_2) + \cdots + 10h(a_{10}) + 11h(a_{11})$$

$$= 11 + 3h(a_3) + 6h(a_6) + 9h(a_9)$$

$$= 11 + 6 + 12 + 18 = 47$$

72 정답 11

최고차항의 계수가 1인 삼차함수 $f(x)$가

(가)에서 $f(1) = f'(1) = 0$을 만족하므로

$$f(x) = x^3 + ax^2 + bx + c$$

$$f(1) = 1 + a + b + c = 0$$

$$f'(x) = 3x^2 + 2ax + b \cdots \text{㉠}$$

$$f'(1) = 3 + 2a + b = 0$$

$$\therefore b = -2a - 3 \text{이다.}$$

조건 (나)에서 의하여 $a < t < 1$인 모든 실수 t에 대하여

$f'(t+3)\, f'(5-t) < 0$이므로

$$\lim_{t \to 1-} f'(t+3)\, f'(5-t) \leq 0 \text{ 이다.}$$

따라서 $\{f'(4)\}^2 \leq 0$이므로 $f'(4) = 0$이다.

㉠에서 $f'(4) = 48 + 8a + b = 0$

$$48 + 8a - 2a - 3 = 0$$

$$6a = -45$$

$$\therefore a = -\frac{15}{2}, \ b = 12, \ c = -\frac{11}{2}$$

그러므로 $f(x) = x^3 - \dfrac{15}{2}x^2 + 12x - \dfrac{11}{2} \cdots \text{㉡}$

$$f'(x) = 3x^2 - 15x + 12 = 3(x-1)(x-4)$$

$1 < x < 4$에서 $f'(x) < 0$이고 $x < 1$ 또는 $x > 4$일 때,

$f'(x) > 0$이다.

이때, $\alpha < t < 1$에서 $-1 < -t < -\alpha$, $4 < 5-t < 5-\alpha$

이므로 $f'(5-t) > 0$이다.

따라서 $f'(t+3)\, f'(5-t) < 0$을 만족하기 위해서는

$f'(t+3) < 0$이어야 한다.

즉, $1 < t+3 < 4$이다.

$-2 < t < 1$이므로 α의 최솟값은 -2이다.

$$\therefore m = -2$$

$m^2 + 2m = 0$이므로

㉡에서 $m \times f(m^2 + 2m) = -2 \times f(0) = (-2) \times \left(-\dfrac{11}{2} \right) = 11$

[다른 풀이]-강동희T

(가)에서 $f(1) = 0$, $f'(1) = 0$이므로 최고차항의 계수가 1인

삼차함수 $f(x)$는

$$f(x) = (x-1)^2 (x+a)$$

이다.

$$f'(x) = 2(x-1)(x+a) + (x-1)^2$$

$$= (x-1)(3x + 2a - 1)$$

$f'(4) = 0$이므로 $a = -\dfrac{11}{2}$이다.

$$\therefore f(x) = (x-1)^2 \left(x - \dfrac{11}{2} \right)$$

$$f'(x) = 3(x-1)(x-4)$$

이하 동일

[풀이]−유승희T

$(f \circ f)(x)=x$의 아홉 개의 실근 중 $\alpha_1, \alpha_5, \alpha_9$는
삼차함수 $y=f(x)$와 $y=x$의 교점의 x좌표 값이다.
$(f \circ f)(x)=x$의 나머지 6개의 실근은 삼차함수 $y=f(x)$와
$y=x$에 대칭인 $x=f(y)$의 교점의 x좌표 값이다.
특히, α_2와 α_6, α_3와 α_7, α_4와 α_8가 $y=x$에 대칭이다.
다음 그림과 같은 상황이다.

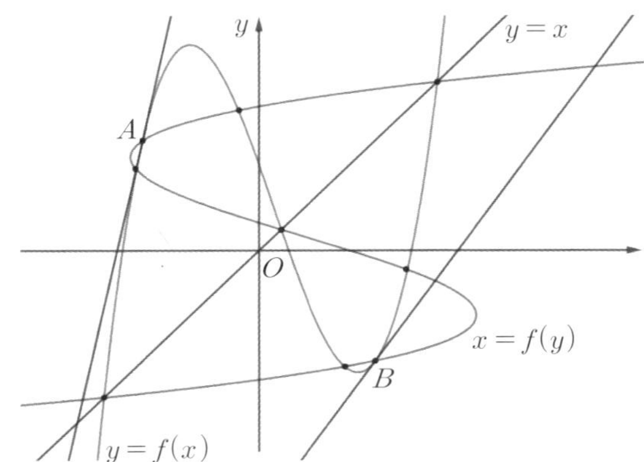

$\alpha_3=-\alpha_7$, $\alpha_3\alpha_7=-\dfrac{1}{2}$ 이고 $\alpha_3<\alpha_7$이므로

$\alpha_3=-\dfrac{\sqrt{2}}{2}$, $\alpha_7=\dfrac{\sqrt{2}}{2}$ 이다.

또한, 두 교점을 $A\left(-\dfrac{\sqrt{2}}{2}, \dfrac{\sqrt{2}}{2}\right)$, $B\left(\dfrac{\sqrt{2}}{2}, -\dfrac{\sqrt{2}}{2}\right)$라 하면
직선 AB의 방정식은 $y=-x$이다.

$y=f(x)$와 $y=-x$의 세 교점 중 x좌표가 $-\dfrac{\sqrt{2}}{2}$, $\dfrac{\sqrt{2}}{2}$이
있으므로

$$f(x)+x=\left(x-\dfrac{\sqrt{2}}{2}\right)\left(x+\dfrac{\sqrt{2}}{2}\right)(ax-b) \text{ 라 놓을 수 있다.}$$

$$f(x)+x=\left(x^2-\dfrac{1}{2}\right)(ax-b)$$

$$f(x)=\left(x^2-\dfrac{1}{2}\right)(ax-b)-x \quad \cdots(\text{i})$$

$$f'(x)=\left(x^2-\dfrac{1}{2}\right)\times a+2x(ax-b)-1$$

$f'(\alpha_3)+f'(\alpha_7)=6$에 대입하면

$$f'\left(-\dfrac{\sqrt{2}}{2}\right)+f'\left(\dfrac{\sqrt{2}}{2}\right)=6$$

$$f'(x)=\left(x^2-\dfrac{1}{2}\right)\times a+2x(ax-b)-1$$

$$-\sqrt{2}\left(-\dfrac{\sqrt{2}}{2}a-b\right)-1+\sqrt{2}\left(\dfrac{\sqrt{2}}{2}a-b\right)-1=6$$

$$2a=8 \quad \therefore a=4$$

(i)에서 $f(x)=\left(x^2-\dfrac{1}{2}\right)(4x-b)-x$

$$\therefore f(x)=4x^3-bx^2-3x+\dfrac{b}{2}$$

따라서, $f(2)-f(-2)=52$

[다른 풀이]

$\alpha_3+\alpha_7=0$에서 함수 $f(x)$는 원점대칭함수이다.
따라서 $f(x)=ax^3+bx$라 할 수 있다.

$\alpha_3\alpha_7=-\dfrac{1}{2}$에서 $\alpha_3=-\dfrac{\sqrt{2}}{2}$, $\alpha_7=\dfrac{\sqrt{2}}{2}$이다.

따라서 함수 $f(x)$는 $\left(-\dfrac{\sqrt{2}}{2}, \dfrac{\sqrt{2}}{2}\right)$와 $\left(\dfrac{\sqrt{2}}{2}, -\dfrac{\sqrt{2}}{2}\right)$을
지난다.

$f\left(-\dfrac{\sqrt{2}}{2}\right)=\dfrac{\sqrt{2}}{2}$에서

$$-\dfrac{\sqrt{2}}{4}a-\dfrac{\sqrt{2}}{2}b=\dfrac{\sqrt{2}}{2}$$

$$a+2b=-2\cdots\text{㉠}$$

$f'(\alpha_3)+f'(\alpha_7)=6$에서 $f'\left(-\dfrac{\sqrt{2}}{2}\right)+f'\left(\dfrac{\sqrt{2}}{2}\right)=6$

또한 $f'\left(-\dfrac{\sqrt{2}}{2}\right)=f'\left(\dfrac{\sqrt{2}}{2}\right)$이 성립하므로

$$f'\left(-\dfrac{\sqrt{2}}{2}\right)=f'\left(\dfrac{\sqrt{2}}{2}\right)=3\text{이다.}$$

$$f'(x)=3ax^2+b$$

$$f'\left(-\dfrac{\sqrt{2}}{2}\right)=\dfrac{3}{2}a+b=3$$

$$3a+2b=6\cdots\text{㉡}$$

㉠, ㉡에서 $a=4$, $b=-3$

$$\therefore f(x)=4x^3-3x\text{이다.}$$

$f(2)=26$, $f(-2)=-26$
그러므로 $f(2)-f(-2)=52$

함수 $g(x)$는 $y=kx$와 $y=f(x)$중 y값이 큰 것을 선택해서
그려지는 그래프이다.
우선 $y=kx$가 $y=x(x-1)(x-3)$와
$y=-x(x-1)(x-3)$에 접하는 상황을 생각해 보자.

$$y=x(x-1)(x-3)=x^3-4x^2+3x$$
$$y'=3x^2-8x+3$$

따라서 $x=0$일 때, $y'=3$이므로 $k=3$일 때 $y=3x$는
$x=0$에서 $y=x(x-1)(x-3)$에 접한다.
x축 아래쪽에서 접하는 경우는 생각할 필요 없다.

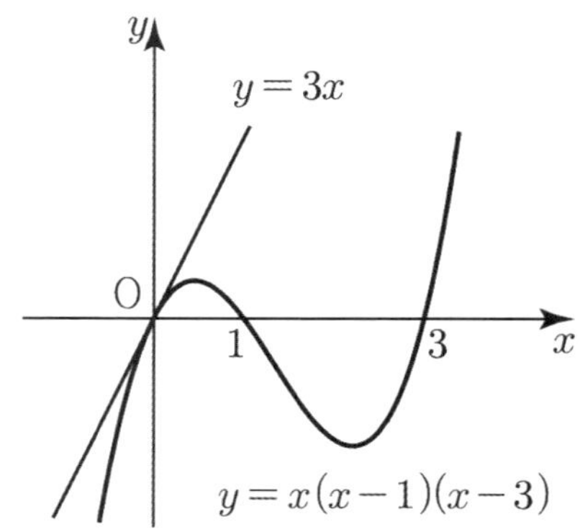

$y=-x(x-1)(x-3)=-x^3+4x^2-3x$

$y'=-3x^2+8x-3$

따라서 $x=0$일 때, $y'=-3$이므로 $k=-3$일 때 $y=-3x$는
$x=0$에서 $y=-x(x-1)(x-3)$에 접한다.

또한 $x\neq0$인 접점을 $(t,\ -t^3+4t^2-3t)$라 두면
$y'_{x=t}=-3t^2+8t-3$과 접점과 원점을 지나는 직선의 기울기가
같다.

$$\frac{-t^3+4t^2-3t}{t}=-3t^2+8t-3 \ \Rightarrow\ 2t^2-4t=0 \ \Rightarrow$$

$2t(t-2)=0$

따라서 $t=2$일 때 $k=1$이므로 $y=x$는
$y=-x(x-1)(x-3)$는 접한다.

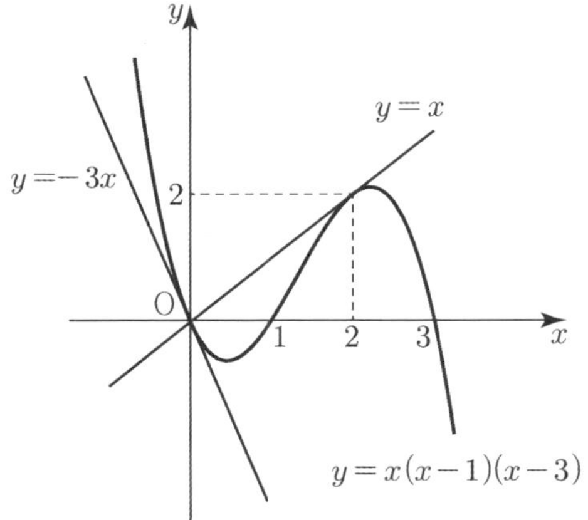

따라서 $g(x)$는 $y=kx$와 $y=f(x)$의 접점이 아닌 교점에서
미분가능하지 않으므로
$k=-3,\ 0,\ 1,\ 3$을 기준으로 미분 가능하지 않은 점의 개수를 알
수 있다.
다음 그림과 같다.

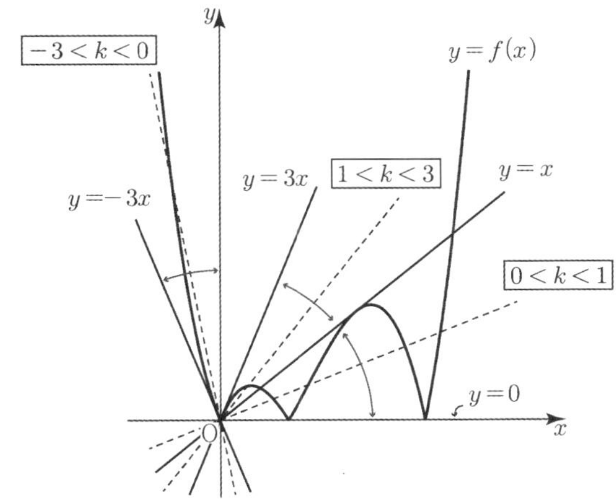

㉠ $k<-3$일 때 $g(x)$는 $y=-x(x-1)(x-3)$과 $y=kx$의
원점이 아닌 교점과 $x=0,\ 1,\ 3$에서 미분 가능하지 않으므로
$h(k)=4$이다.

㉡ $-3\leq k\leq 0$일 때 $g(x)$는 $x=0,\ 1,\ 3$에서 미분 가능하지
않으므로 $h(k)=3$

㉢ $0<k<1$일 때 $g(x)$는 $y=x(x-1)(x-3)$과

$y=kx$의 교점 3개, $y=x(x-1)(x-3)$과 $y=kx$의 교점
3개에서 원점이 중복되므로 총 5개의 교점에서 미분 가능하지
않으므로 $h(k)=5$

㉣ $1\leq k<3$일 때 $h(k)=3$

㉤ $k\geq3$일 때 $h(k)=2$

㉠~㉤에서 $y=h(k)$는 다음 그림과 같다.

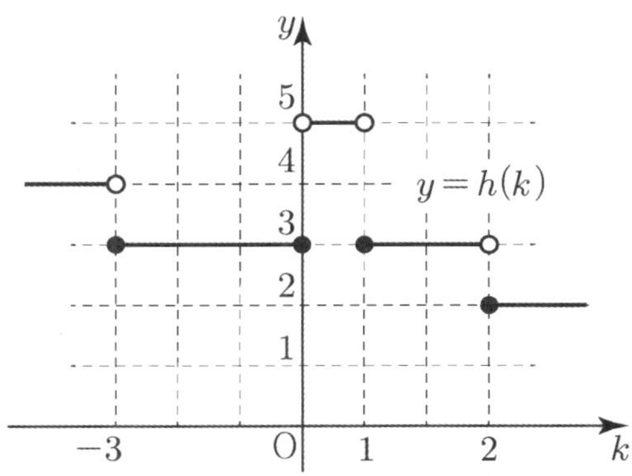

따라서
$m(k)h(k)$가 실수 전체의 집합에서 연속이도록 하는 최고차항의
계수가 1인 사차함수 $m(k)$는 $(k+3)$, k, $(k-1)$, $(k-3)$을
인수로 갖는다.
따라서 $m(k)=(k+3)k(k-1)(k-3)$
$m(4)=7\times4\times3\times1=84$
$h(4)=2$
따라서 $m(4)h(4)=168$이다.

75 정답 ①

(가)에서 극값을 3개 가지려면 이차함수의 꼭짓점의 x좌표인

$x=-\dfrac{a}{2}$가 $x<0$에서 나와야 하므로 $a>0$이다.

x축과 두 점에서 만나고 $x=2$에서 최솟값을 갖는 경우는
다음과 같이 2가지로 생각할 수 있다.

(i) $x\leq0$에서 이차함수가 x축에 접하고 $x>0$에서 삼차함수가
$x=2$에서 접하는 경우

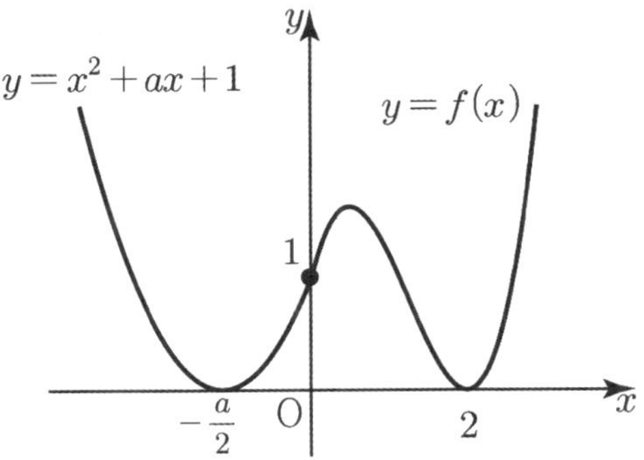

$x^2+ax+1=0$의 $D=a^2-4=0$이므로 $a=2$
따라서 삼차함수 $f(x)$의 최고차항의 계수는 2이다.
또한 $f(2)=0$, $f'(2)=0$이므로 $f(x)=2(x-2)^2(x-k)$라 둘 수
있다.

$g(x)$가 $x=0$에서 연속이므로 $f(0)=-8k=1$에서

$k=-\dfrac{1}{8}$이다.

따라서 $f(x)=2(x-2)^2\left(x+\dfrac{1}{8}\right)$

$\therefore\ f(4)=33$

(ii) $x\leq 0$에서 이차함수가 x축과 만나지 않고
$x>0$에서 삼차함수의 최솟값인 $f(2)<0$인 경우

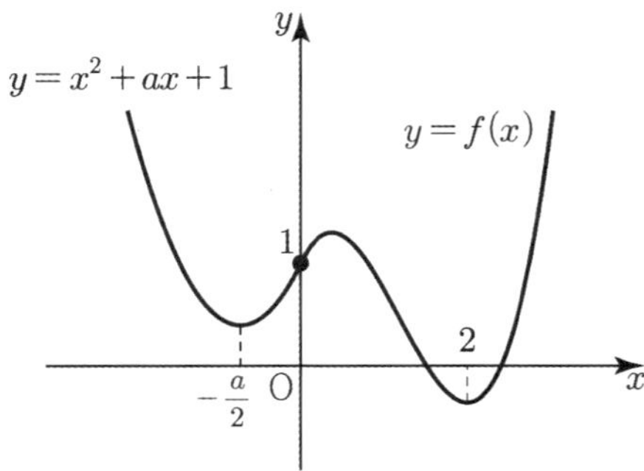

$x^2+ax+1=0$의 $D=a^2-4<0$이므로 $-2<a<2$
$a>0$이므로 $0<a<2$에서 정수 a는 $a=1$
따라서 삼차함수 $f(x)$의 최고차항의 계수는 1이다.
$g(x)$가 $x=0$에서 연속이므로
$f(x)=x^3+bx^2+cx+1$라 두면
$f'(x)=3x^2+2bx+c$에서 $f'(2)=0$이므로
$4b+c=-12$이다.
$f(4)=64+16b+4c+1=65+4(4b+c)=65-48=17$
따라서 $f(4)=17$
(i), (ii)에서 모든 $f(4)$의 값은 $33+17=50$

76 정답 4

$h(x)=-\dfrac{1}{3}x-\dfrac{2}{3}\ (-2\leq x\leq 1)$에서 함수 $h(x)$는 $(-2,0)$,
$(1,-1)$을 지난다.

$a\geq t+2$일 때, $\dfrac{h(a)-h(t)}{a-t}$는 함수 $y=h(x)$의 그래프 위의
두 점 $(t,h(t))$, $(a,h(a))$를 잇는 직선의 기울기$\cdots\bigcirc$와
같으므로 $k(t)$는 직선의 기울기의 최댓값이다.

방정식 $k(t)=0$을 만족하는 t의 의미는 $\bigcirc$의 기울기의 최댓값이
0을 만족하는 t값들이다.
$k(-2)=0$이므로 $(-2,0)$에서 $(a,h(a))$에 그은 직선의
기울기가 0이기 위해서는 다음 그림과 같이 이차항의 계수가
음수인 이차함수 $g(x)$의 꼭짓점이 x축 위에 있어야 한다.

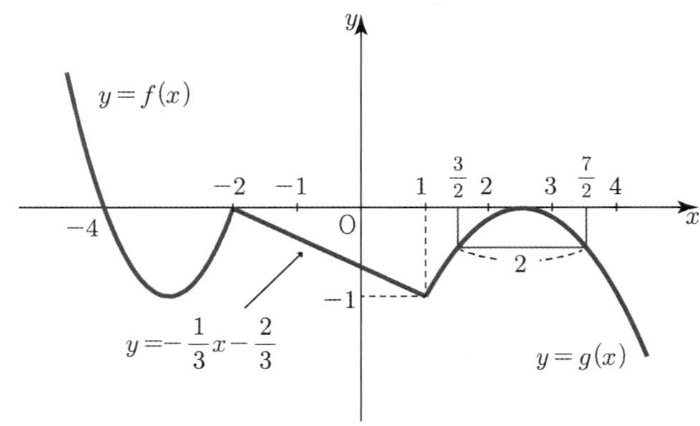

한편, $k\left(\dfrac{3}{2}\right)=0$이므로 이차함수 $g(x)$는 $g\left(\dfrac{3}{2}\right)=g\left(\dfrac{3}{2}+2\right)$을
만족해야 한다.

따라서 $g(x)$의 축은 $x=\dfrac{5}{2}$이므로 꼭짓점의 좌표는

$\left(\dfrac{5}{2},0\right)$이다.

그러므로 $g(x)=p\left(x-\dfrac{5}{2}\right)^2$이고 함수 $h(x)$가 실수 전체에서

연속이므로 $g(1)=-1$을 만족하므로 $p=-\dfrac{4}{9}$이다. 따라서

$g(x)=-\dfrac{4}{9}\left(x-\dfrac{5}{2}\right)^2$이다.

또한 $k(-4)=0$이므로 함수 $h(x)$는 $(-4,0)$을 지나야 한다.
즉, $f(-4)=0$
함수 $h(x)$가 실수 전체에서 연속이므로 $f(-2)=0$을 만족한다.
또한
$f(x)$의 이차항의 계수가 1이므로 $f(x)=(x+4)(x+2)$이다.
따라서
함수 $h(x)$는 다음과 같다.

$$h(x)=\begin{cases}(x+4)(x+2) & (x<-2)\\[2mm] -\dfrac{1}{3}x-\dfrac{2}{3} & (-2\leq x\leq 1)\\[2mm] -\dfrac{4}{9}\left(x-\dfrac{5}{2}\right)^2 & (x>1)\end{cases}$$

$h(-3)=-1,\ h(4)=-1$
$\{h(-3)+h(4)\}^2=(-2)^2=4$

77 정답 17

[출제자 : 서태욱T]

조건 (가)에 의하여 $g'(x)=(x^3-3x)f(x)$의 부호변화가
단 한 번 발생해야 한다.
이때 곡선 $y=x^3-3x=x(x+\sqrt{3})(x-\sqrt{3})$은
아래 그림과 같이 $x=-\sqrt{3}$과 $x=0$과 $x=\sqrt{3}$의
좌우에서 부호가 총 3번 바뀌게 된다.

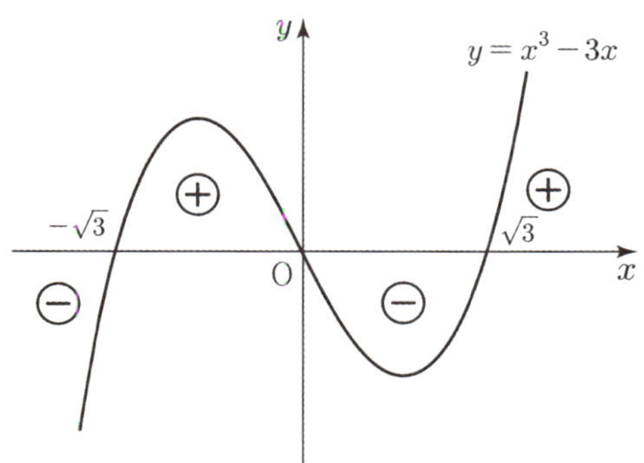

그러므로 $g'(x)=(x^3-3x)f(x)$의 부호가 오직 한 번만 변하기 위해서는 아래 두 가지의 경우가 발생한다.

(i) $f(x)=\begin{cases} \dfrac{3}{\sqrt{3}-1}(x+1)+3 & (x \leq -1) \\[2mm] -\dfrac{3}{\sqrt{3}+1}(x+1)+3 & (x > -1) \end{cases}$ 인 경우

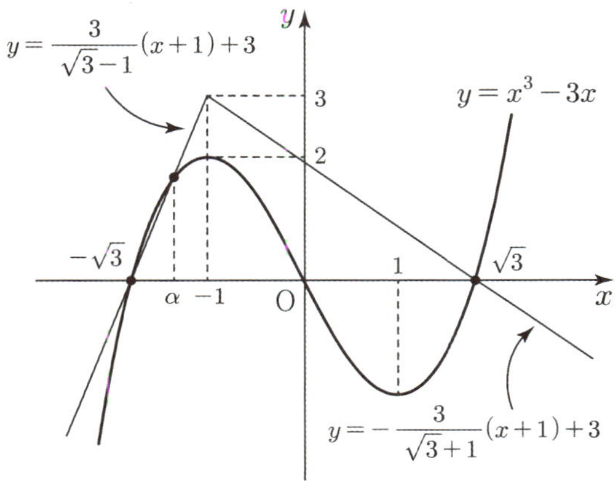

(단, α는 곡선 $y=x^3-3x$와 직선 $y=\dfrac{3}{\sqrt{3}-1}(x+1)+3$의

교점 중 $x=-\sqrt{3}$이 아닌 점의 x좌표이다.)

x^3-3x, $f(x)$의 부호를 나타내면 다음과 같다.

x	$\cdots$	$-\sqrt{3}$	$\cdots$	0	$\cdots$	$\sqrt{3}$	$\cdots$
$g'(x)$	$+$	0	$+$	0	$-$	0	$-$
x^3-3x	$-$	0	$+$	0	$-$	0	$+$
$f(x)$	$-$	0	$+$	$+$	$+$	0	$-$

즉 함수 $g(x)$는 $x=0$에서 유일하게 극값을 갖는다.

이제 $h(x)=f(x)-x^3+3x$라 하고

함수 $|h(x)|=|f(x)-(x^3-3x)|$의 미분가능성을

조사하자.

우선 함수 $f(x)$와 곡선 $y=x^3-3x$가 동시에

미분가능하면서 만나지 않는 구간에서는

함수 $|h(x)|$가 미분가능하므로 …… ㉠

$x=-\sqrt{3}$, α, -1, $\sqrt{3}$를 제외한 모든 실수 x에서는

함수 $|h(x)|$는 미분가능하다.

여기서 $x=-\sqrt{3}$, α, $\sqrt{3}$에서

함수 $f(x)$와 곡선 $y=x^3-3x$이 만나되 접하지 않으므로

함수 $|h(x)|$는 $x=-\sqrt{3}$, α, $\sqrt{3}$에서 미분가능하지

않다. …… ㉡

마지막으로 $x=-1$일 때 함수 $|h(x)|$의 미분가능성을

조사하자.

($x=-1$ 근방에서 $h(x)=f(x)-(x^3-3x)>0$이므로

$|h(x)|=h(x)$이다.)

$f_1(x)=\dfrac{3}{\sqrt{3}-1}(x+1)+3$,

$f_2(x)=-\dfrac{3}{\sqrt{3}+1}(x+1)+3$라 두면

$h'(x)=\begin{cases} \left(f_1(x)-x^3+3x\right)' & (\alpha < x < -1) \\[2mm] \left(f_2(x)-x^3+3x\right)' & (-1 < x < \sqrt{3}) \end{cases}$

$=\begin{cases} \dfrac{3}{\sqrt{3}-1}-3x^2+3 & (\alpha < x < -1) \\[2mm] -\dfrac{3}{\sqrt{3}+1}-3x^2+3 & (-1 < x < \sqrt{3}) \end{cases}$

따라서

$$\lim_{x \to -1-}\frac{h(x)-h(-1)}{x-(-1)}=\lim_{x \to -1-}h'(x)=\frac{3}{\sqrt{3}-1}$$

$$\lim_{x \to -1+}\frac{h(x)-h(-1)}{x-(-1)}=\lim_{x \to -1+}h'(x)=-\frac{3}{\sqrt{3}+1}$$

이고 $\dfrac{3}{\sqrt{3}-1} \neq -\dfrac{3}{\sqrt{3}+1}$이므로

함수 $|h(x)|$는 $x=-1$에서 미분가능하지 않다.

즉 함수 $|h(x)|$는 $x=-\sqrt{3}$, α, -1, $\sqrt{3}$에서

미분가능하지 않고 미분가능하지 않은 점이 4개이므로

조건 (나)에 모순이다.

(ii) $f(x)=\begin{cases} \dfrac{3}{\sqrt{3}-1}(x+1)+3 & (x \leq -1) \\[2mm] -3x & (x > -1) \end{cases}$ 인 경우

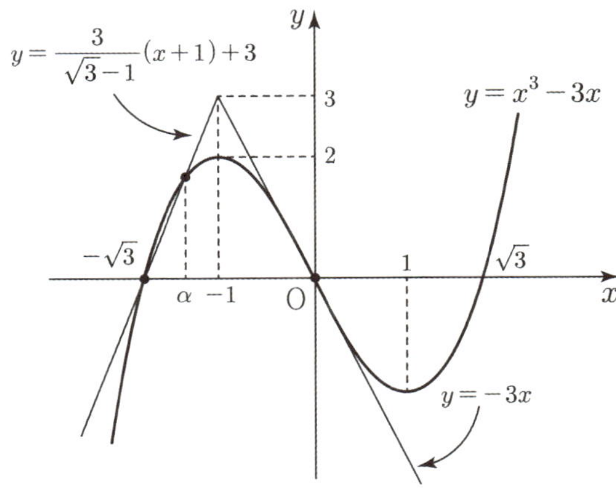

$x^3 - 3x$, $f(x)$의 부호를 나타내면 다음과 같다.

x	$\cdots$	$-\sqrt{3}$	$\cdots$	0	$\cdots$	$\sqrt{3}$	$\cdots$
$g'(x)$	$+$	0	$+$	0	$+$	0	$-$
x^3-3x	$-$	0	$+$	0	$-$	0	$+$
$f(x)$	$-$	0	$+$	0	$-$	$-$	$-$

즉 함수 $g(x)$는 $x=\sqrt{3}$에서 유일하게 극값을 갖는다.

이제 함수 $|h(x)| = |f(x) - (x^3 - 3x)|$의 미분가능성을
조사하자.

우선 ㉠에서와 같은 이유로 함수 $|h(x)|$는

$x = -\sqrt{3}$, α, -1, 0을 제외한 모든 실수 x에서는
미분가능하다.

여기서 ㉡에서와 같은 이유로 함수 $|h(x)|$는

$x = -\sqrt{3}$, α에서 미분가능하지 않다.

또한, 함수 $f(x)$와 곡선 $y = x^3 - 3x$이 $x=0$에서 접하기
때문에 ($\because$ $(-1,\ 3)$에서 함수 $f(x)$에 그은 접선의 방정식이
$y = -3x$) 함수 $|h(x)|$는 $x=0$에서 미분가능하다.

마지막으로 $x=-1$일 때 함수 $|h(x)|$의 미분가능성을
조사하자.

($x=-1$ 근방에서 $h(x) = f(x) - (x^3 - 3x) > 0$이므로
$|h(x)| = h(x)$이다.)

$$f_1(x) = \frac{3}{\sqrt{3}-1}(x+1) + 3,$$

$f_3(x) = -3x$라 두면

$$h'(x) = \begin{cases} \left(f_1(x) - x^3 + 3x\right)' & (\alpha < x < -1) \\ \left(f_3(x) - x^3 + 3x\right)' & (-1 < x < 0) \end{cases}$$

$$= \begin{cases} \dfrac{3}{\sqrt{3}-1} - 3x^2 + 3 & (\alpha < x < -1) \\ -3x^2 & (-1 < x < \sqrt{3}) \end{cases}$$

따라서

$$\lim_{x \to -1-} \frac{h(x) - h(-1)}{x - (-1)} = \lim_{x \to -1-} h'(x) = \frac{3}{\sqrt{3}-1}$$

$$\lim_{x \to -1+} \frac{h(x) - h(-1)}{x - (-1)} = \lim_{x \to -1+} h'(x) = -3$$

이고 $\dfrac{3}{\sqrt{3}-1} \neq -3$이므로

함수 $|h(x)|$는 $x=-1$에서 미분가능하지 않다.

즉 함수 $|h(x)|$는 $x = -\sqrt{3}$, α, -1에서
미분가능하지 않고 미분가능하지 않은 점이 3개이므로
조건 (나)를 만족시킨다.

$$g(1) - g(0) = g(1)$$

$$= \int_0^1 (t^3 - 3t)(-3t)\, dt$$

$$= \int_0^1 (-3t^4 + 9t^2)\, dt$$

$$= \left[-\frac{3}{5}t^5 + 3t^3 \right]_0^1$$

$$= \frac{12}{5}$$

$$\therefore\ p + q = 17$$

78 정답 324

함수 $f(x)$는 다음 그림과 같다.

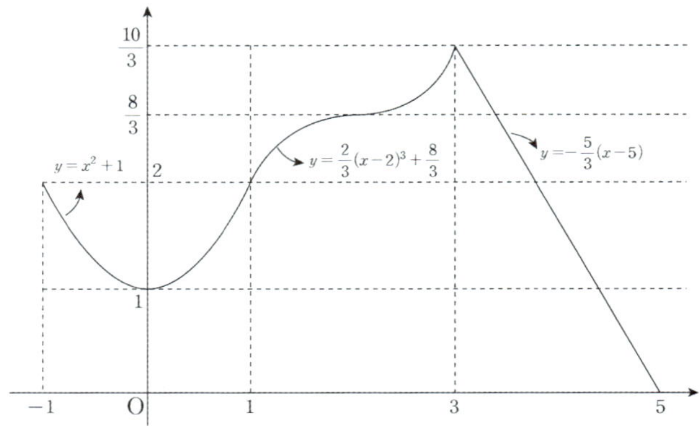

우선 함수 $f(x)$의 경계가 되는 $x=1$과 $x=3$에서
미분가능성을 따져 보면 $x=1$에서는 미분가능하고 $x=3$에서는
미분가능하지 않다.

따라서 $|f(x) - t|$는 t값에 관계없이 미분가능하지 않는 점이
1개 이상이다.

$y = f(x)$와 $y = t$의 교점에서 미분가능하지 않는다.

그런데 $x=0$에서는 x^2을 $x=2$에서는

$(x-2)^3$의 항을 가지므로 $|f(x) - 1|$은 $x=0$에서

미분 가능하고 마찬가지로 $\left| f(x) - \dfrac{8}{3} \right|$은

$x=2$에서 미분 가능하다.

따라서 $y = |f(x) - t|$의 t값에 따른 미분 가능하지
않는 점의 개수는 다음 그림과 같다.

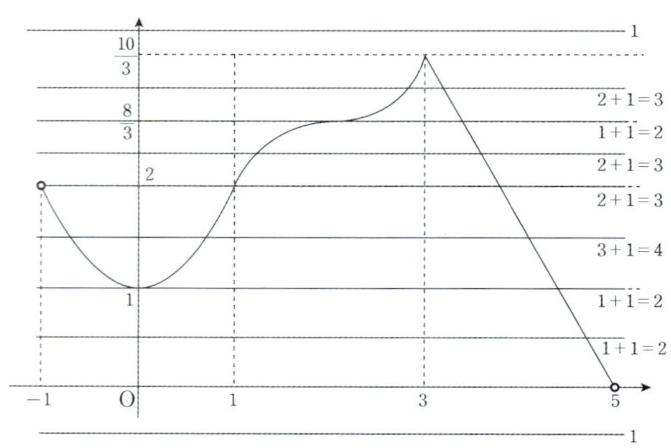

따라서 $y = g(t)$ 그래프는 다음과 같다.

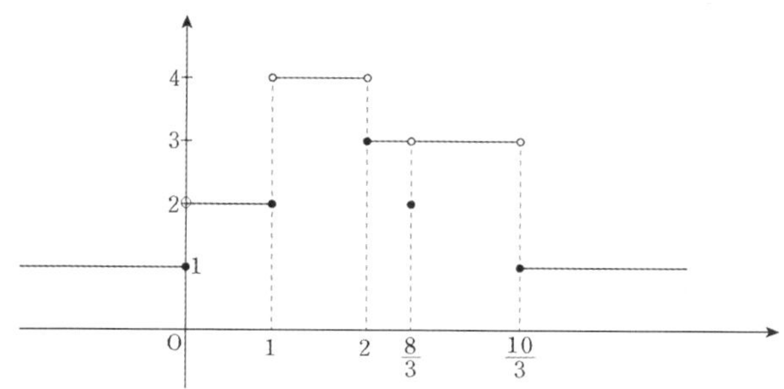

따라서 $g(1)=a=2$, $g\left(\dfrac{8}{3}\right)=b=2$, $g(3)=c=3$

함수 $h(g(t))$가 실수 전체에서 연속이므로

$h(1)=h(2)=h(3)=h(4)\cdots\text{㉠}$이 성립하고

$h(x)$는 최고차항의 계수가 1인 사차함수이므로

$h(x)=(x-1)(x-2)(x-3)(x-4)+d$라 할 수 있다.

$\therefore\ h(a+3)-h(b+2)+100c$

$=h(5)-f(4)+300=(24+d)-d+300$

$=324$

[랑데뷰팁]–㉠설명

$t=0$일 때 $h(g(t))$가 연속이기 위해서는 $g(t)$의 좌극한

1, 함숫값 1, 우극한 2이 모두 같아야 하므로 $t=0$에서

연속일 조건은 $h(1)=h(2)$이다.

$t=1$일 때 $h(g(t))$가 연속이기 위해서는 $g(t)$의 좌극한

2, 함숫값 2, 우극한 4이 모두 같아야 하므로 $t=1$에서

연속일 조건은 $h(2)=h(4)$이다.

$t=2$일 때 $h(g(t))$가 연속이기 위해서는 $g(t)$의

좌극한 4, 함숫값 3, 우극한 3이 모두 같아야 하므로

$t=2$에서 연속일 조건은 $h(4)=h(3)$이다.

$t=\dfrac{8}{3}$, $t=\dfrac{10}{3}$에서도 마찬가지이다.)

---

79 정답 25

$h(x)=\begin{cases} -\dfrac{1}{x+1} & (x\geq 0) \\[2mm] -\dfrac{1}{-x+1} & (x<0)\end{cases}$ 이라 할 때, $y=h(x)$의 그래프

개형은 다음과 같다.

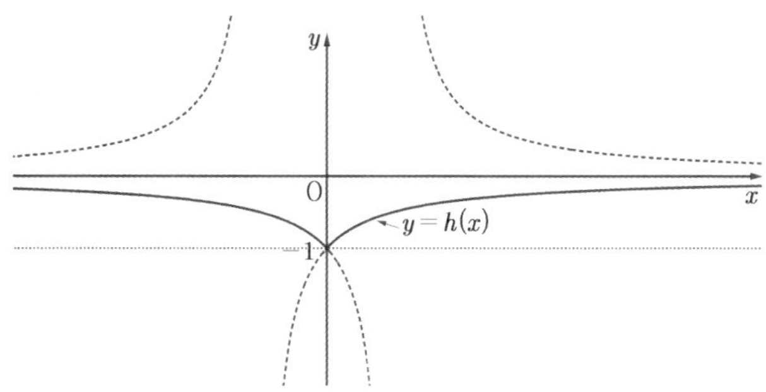

함수 $h(x)$의 치역은 $\{y\,|\,-1\leq y<0\}$이다.

따라서

$-1\leq h(x)<0$이므로 $k-1\leq g(x)<k\cdots\text{㉠}$

한편,

$f(f(x))=x$을 만족하는 실수 a가 존재하면 $f(f(a))=a$가

성립한다.

이때 $f(a)$가 될 수 있는 값은 a이거나 a가 아닌 어떤 수 b로

생각할 수 있다.

(i) $f(a)=a$이면 $f(f(a))=f(a)=a$이므로 항상 성립한다.

$\Rightarrow (a,a)$는 $y=x$ 위의 점이다.

(ii) $f(a)=b$이면 $f(f(a))=f(b)=a$에서 $f(b)=a$가 성립해야

한다.

$\Rightarrow (a,b)$와 (b,a)는 $y=x$에 대칭인 점이다.

(단, $a\neq b$)

(i), (ii)에서 $f(f(x))=x$을 만족하는 실수

a는 $y=f(x)$와 $y=x$의 교점 또는 그것의 $y=x$에 대칭인

함수 $x=f(y)$의 교점의 x좌표임을 알 수 있다.

따라서

$y=x^2+g(t)$와 $y=x$가 접할 때는 $f(f(x))=x$의 실근의

개수는 1이다.

$x^2+g(t)=x\to x^2-x+g(t)=0\to D=1-4g(t)=0$에서

$g(t)=\dfrac{1}{4}$

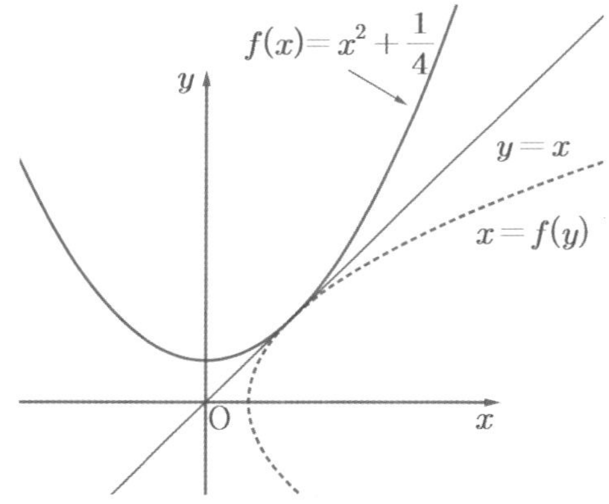

따라서 $f(f(x))=x$의 실근의 개수는 2이기 위해서는

$g(t)<\dfrac{1}{4}$이다. $\cdots\text{㉡}$

$g(t)<0$일 때, $y=x^2+g(t)$와 $y=x$의 교점 중 x좌표가

음수인 점에서 $y=x^2+g(t)$의 접선의 기울기가 -1이면

$y=x^2+g(t)$와 그것의 $y=x$에 대칭인 그래프 $x=y^2+g(t)$는

그 교점에서 접하게 된다.

$y=x^2+g(t)\to y'=2x\to 2x=-1\to x=-\dfrac{1}{2}$

즉, 교점 $\left(-\dfrac{1}{2},-\dfrac{1}{2}\right)$에서 $y=x^2+g(t)$와

$x=y^2+g(t)$의 그래프는 접한다.

$-\dfrac{1}{2}=\left(-\dfrac{1}{2}\right)^2+g(t)$에서 $g(t)=-\dfrac{3}{4}$일 때

$f(f(x))=x$의 실근의 개수가 2개가 된다. ··· ⓒ

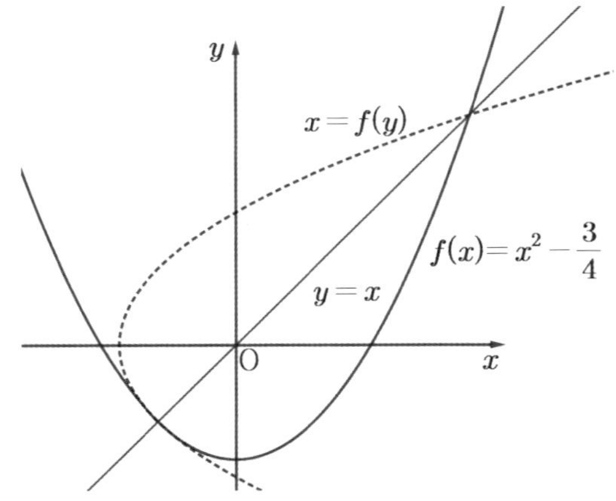

따라서 ⓛ, ⓒ에서

$f(f(x))=x$의 실근의 개수가 2가 되기 위해서는

$-\dfrac{3}{4} \le g(t) < \dfrac{1}{4}$이다.

㉠의 $k-1 \le g(x) < k$에서 $k=\dfrac{1}{4}$이면 모든 실수 t

에 대하여 $f(f(x))=x$의 실근의 개수가 2가 된다.

따라서 $k=\dfrac{1}{4}$ $\therefore$ $100k=25$

[랑데뷰팁]

다음 그림과 같이 $g(t) < -\dfrac{3}{4}$인 경우

예를 들어 $g(t)=-1$인 경우

즉, $f(x)=x^2-1$이면 $f(f(x))=x$의 실근의 개수는

4이다.

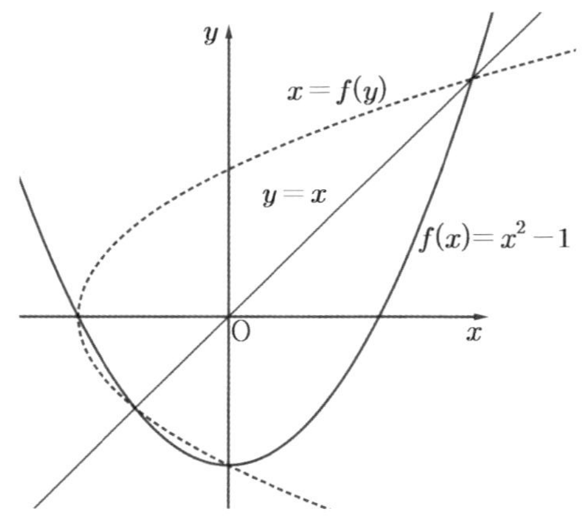

80 정답 104

$x>4$에서

$y=\dfrac{ax+7}{x-4}=\dfrac{a(x-4)+4a+7}{x-4}=\dfrac{4a+7}{x-4}+a$에서 점근선이

$x=4$, $y=a$이다.

따라서 $g(x)=t$의 근이 $t \le -2$에서 두 개가 나오려면

분수함수의 점근선인 a값이 -2가 되어야 한다.

따라서 $f(x)=\dfrac{-1}{x-4}-2 \ (x>4)$

그럼 삼차함수는 다음과 같은 개형이 되어야 조건을 만족할 수 있다.

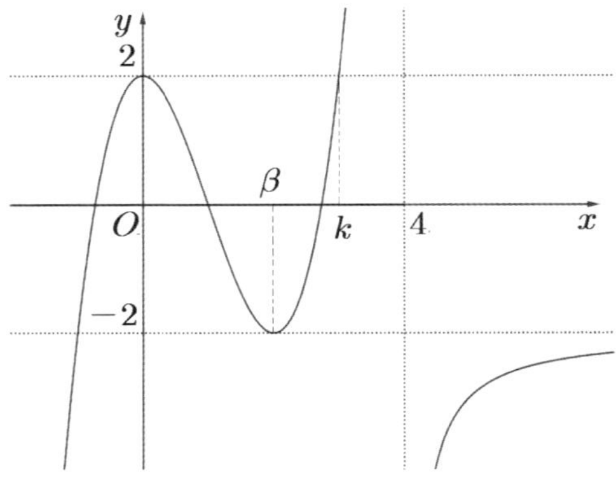

$f(x)=x^2(x-k)+2$에서 극댓값이 2 극솟값이 -2이므로

삼차함수 $y=ax^3+bx^2+cx+d$와

그 도함수 $y'=3a(x-\alpha)(x-\beta)$에서

극댓값$-$극솟값$=\dfrac{|a|}{2}(\beta-\alpha)^3$임을 이용하면

$a=1$, $\alpha=0$이므로

$2-(-2)=\dfrac{1}{2}(\beta-0)^3$

따라서 $\beta=2$

$\alpha=0$, $\beta=2$이므로 삼차 함수 비율 관계에서

$k=\beta+1=3$이다.

따라서 $f(x)=x^2(x-3)+2$

$$g(x)=\begin{cases} x^2(x-3)+2 & (x \le 4) \\ \dfrac{-2x+7}{x-4} & (x>4) \end{cases}$$

$(g \circ g)(5)=g(-3)=-54+2=-52$

$a=-2$이므로 $a\times(g \circ g)(5)=-2\times(-52)=104$

81 정답 ①

[그림 : 최성훈T]

함수 $g(x)$는 $x=n$에서 미분가능하지 않다. 실수 t에 대하여

함수 $g(t)$를

$h(t)=\left| \displaystyle\lim_{h \to 0+} \dfrac{g(t+2h)-g(t-h)}{h} \right|$라 하자.

(i) $t \ne n$일 때, 함수 $f(x)$는 $x=t$에서 미분가능하므로

$n \le x < n+1$일 때, $g'(x)=f'(x-n)$

이때

$h(t)=\left| \displaystyle\lim_{h \to 0+} \dfrac{g(t+2h)-g(t-h)}{h} \right|$

$=\left| \displaystyle\lim_{h \to 0+} \dfrac{g(t+2h)-g(t)}{h} - \lim_{h \to 0+} \dfrac{g(t-h)-g(t)}{h} \right|$

$=\left| 2g'(t)-\{-g'(t)\} \right|$

$$= |3g'(t)|$$
$$= |3f'(t-n)|$$
$$= 3|2(t-n)-1|$$
$$= |6(t-n)-3| \text{ 이다.}$$

(ii) $t = n$일 때, $g(x)$는 미분가능하지 않으므로

$$g(t) = \begin{cases} f(t-n+1) & (n-1 \leq t < n) \\ f(t-n) & (n \leq t < n+1) \end{cases} \text{에서}$$

$h > 0$일 때,

$$\frac{g(t+2h) - g(t-h)}{h}$$

$$= \frac{g(n+2h) - g(n-h)}{h}$$

$$= \frac{f(2h) - f(-h+1)}{h}$$

$$= \frac{(4h^2 - 2h) - (h^2 - h)}{h} = \frac{3h^2 - h}{h} = 3h - 1$$

이므로

$$\left| \lim_{h \to 0+} \frac{g(t+2h) - g(t-h)}{h} \right| = \left| \lim_{h \to 0+} (3h-1) \right| = 1$$

(i), (ii)에서 함수 $g(t)$는

$$h(t) = \begin{cases} |6(t-n)-3| & (t \neq n) \\ 1 & (t = n) \end{cases} \text{이다.}$$

$y = h(t)$의 그래프는 다음 그림과 같다.

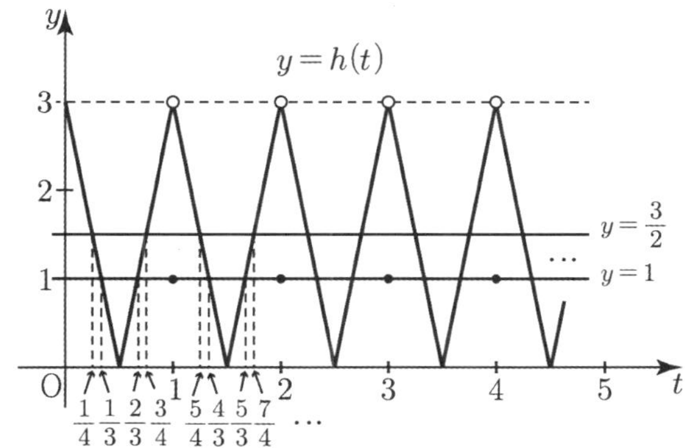

$h(t) = k$에서

$k = \dfrac{3}{2}$일 때, $t_1 = \dfrac{1}{4}$, $d = \dfrac{1}{2}$인 등차수열을 이룬다.

$k = 1$일 때, $t_1 = \dfrac{1}{3}$, $d = \dfrac{1}{3}$인 등차수열을 이룬다.

따라서 $S = \dfrac{3}{2} + 1 = \dfrac{5}{2}$

82 정답 17

[그림 : 이정배T]

(i) 사차함수 $f(x)$의 최고차항의 계수가 양수일 때,

$x \leq 0$일 때, $g(x) = x^2(ax+b)$이고 a, b가 양수이므로

곡선 $y = g(x)$은 $x < 0$에서 극댓값을 $x = 0$에서 극솟값 0을 갖는 그래프 개형이다.

(가)에서 $y = x^2(ax+b)$의 극댓값이 2이고 방정식 $x^2(ax+b) = 2$의 음수해를 $x = -\alpha$라 하면 $x > 0$인 사차함수 $f(x)$는 $y = 2$와 한 점에서 만나고 $f(x) = 2$의 해는 $x = \alpha$가 되어야 한다.

($\because$ 두 실근의 합이 0)

(나)에서 함수 $|g(x) - 2|$가 실수 전체의 집합에서 미분가능하기 위해서는 $x = 0$에서 미분가능해야 하므로 $f'(0) = 0$이다. 또한 $f'(\alpha) = 0$이어야 한다.

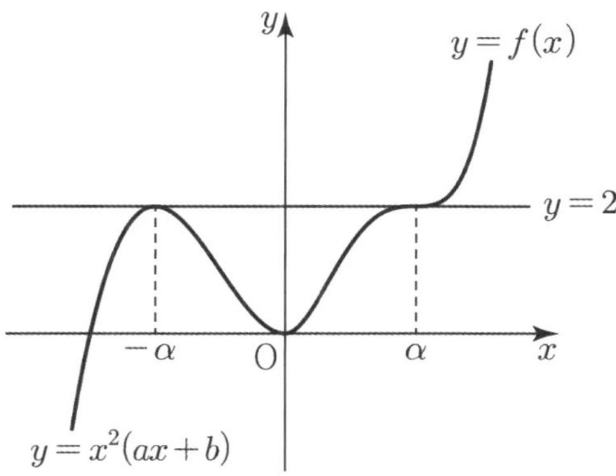

(다)에서

$$g(g(x)) = g(x)$$

$g(x) = t$라 두면

$$g(t) = t \text{이고}$$

$y = g(x)$와 $y = x$의 그래프가 다음 그림과 같이 교점의 x좌표가 5개일 때,

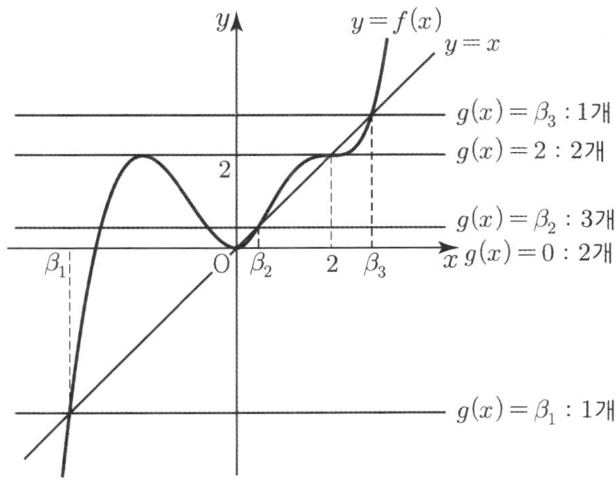

β_1, 0, β_2, 2, β_3 ($\beta_1 < 0 < \beta_2 < 2 < \beta_3$)

$g(x) = \beta_1$의 해의 개수 1

$g(x) = 0$의 해의 개수 2

$g(x) = \beta_2$의 해의 개수 3

$g(x) = 2$의 해의 개수 2

$g(x) = \beta_3$의 해의 개수 1

로 $g(g(x)) = g(x)$의 해의 개수는 9이다.

따라서

$f(x)=(cx+d)(x-2)^3+2$에서 $\cdots$ ㉠

$f(0)=0$이므로 $-8d+2=0$, $d=\dfrac{1}{4}$

$f'(0)=0$이므로 $f'(x)=c(x-2)^3+3\left(cx+\dfrac{1}{4}\right)(x-2)^2$

$f'(0)=-8c+3=0$, $c=\dfrac{3}{8}$

$f(x)=\left(\dfrac{3}{8}x+\dfrac{1}{4}\right)(x-2)^3+2$

따라서 $f(x)=\dfrac{3}{8}\left(x+\dfrac{2}{3}\right)(x-2)^3+2$

한편,

$x\le 0$일 때, $g(-2)=2$, $g'(-2)=0$이므로$\cdots$ ㉡

$g(x)=x^2(ax+b)$

$g(-2)=4(-2a+b)=2$

$-2a+b=\dfrac{1}{2}$

$g'(x)=2x(ax+b)+ax^2$

$g'(-2)=-4(-2a+b)+4a=0$

$3a-b=0$

따라서 $a=\dfrac{1}{2}$, $b=\dfrac{3}{2}$이다.

$g(x)=x^2\left(\dfrac{1}{2}x+\dfrac{3}{2}\right)$

그러므로

$$g(x)=\begin{cases} \dfrac{1}{2}x^2(x+3) & (x\le 0)\\[2mm] \dfrac{3}{8}\left(x+\dfrac{2}{3}\right)(x-2)^3+2 & (x>0)\end{cases}$$

$g(-1)=1$, $g(4)=16$

$g(-1)+f(4)=g(-1)+g(4)=17$

(ii) 사차함수 $f(x)$의 최고차항의 계수가 음수일 때,

(i)과 같은 과정으로 $-f(x)=\dfrac{3}{8}\left(x+\dfrac{2}{3}\right)(x-2)^3+2$임을 알 수 있다. 따라서 $f(x)=-\dfrac{3}{8}\left(x+\dfrac{2}{3}\right)(x-2)^3-2$

$$g(x)=\begin{cases} \dfrac{1}{2}x^2(x+3) & (x\le 0)\\[2mm] -\dfrac{3}{8}\left(x+\dfrac{2}{3}\right)(x-2)^3+2 & (x>0)\end{cases}$$

$g(-1)=1$, $g(4)=-16$

$g(-1)+f(4)=g(-1)+g(4)=-15$

(i), (ii)에서 $g(-1)+f(4)$의 최댓값은 17이다.

적분법

83 정답 ⑤

[출제자 : 이소영T]

[그림 : 서태욱T]

$|g(x)|=|x(x-1)|\ (0\le x\le 1)$이고 x축과 이루는 영역의 넓이가 최소가 될 때의 함수 $g(x)$가 $h(x)$, $k(x)$이고 $h(x)\ge k(x)$이므로 다음과 같다.

$$h(x)=\begin{cases} -x(x-1)\ (0\le x\le 1)\\[1mm] 0 \quad\quad (x\le 0\ 또는\ x\ge 1),\end{cases}$$

$$k(x)=\begin{cases} x(x-1)\ (0\le x\le 1)\\[1mm] 0 \quad\quad (x\le 0\ 또는\ x\ge 1)이다.\end{cases}$$

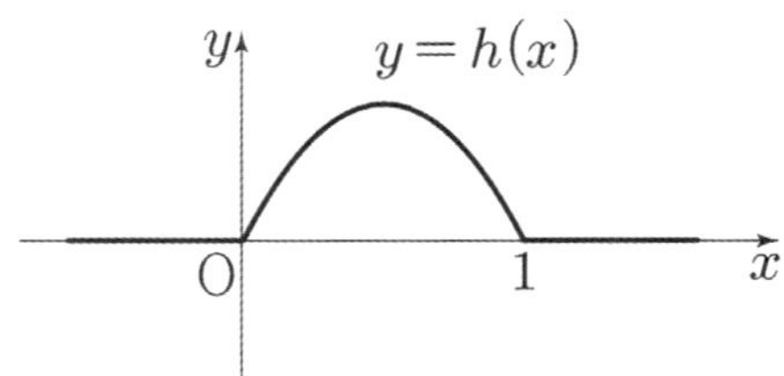

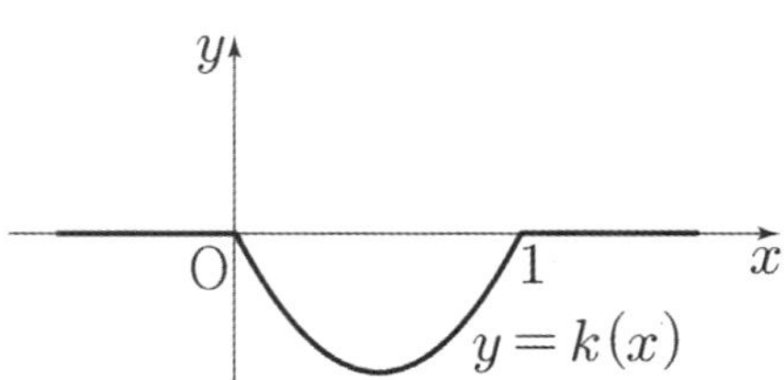

증가함수 $p(x)$와 두 함수 $h(x)$, $k(x)$는 $\displaystyle\int_1^x p(t)h(t)dt\ge 0$,

$\displaystyle\int_0^x k(t-1)p(t)dt\le 0$을 만족해야 하므로 구간별 함수 $p(x)$의 부호를 생각해 보자.

$\int_1^x p(t)h(t)dt \geq 0$에서 $x \leq 0$ 또는 $x \geq 1$에서는

$h(t) = 0$이므로 항상 성립하므로 함수 $p(t)$의 부호는 알 수 없고, $0 \leq x \leq 1$에서 함수 $p(x)$는 $p(x) \leq 0$이 되어야 조건을 만족한다. …… ㉠

$\int_0^x k(t-1)p(t)dt \leq 0$에서 함수 $k(x-1)$은 함수 $k(x)$를 x축 방향으로 1만큼 평행이동한 함수이므로 $x < 1$ 또는 $x > 2$에서 $k(x-1) = 0$이고 $1 \leq x \leq 2$에서 $k(x-1) \leq 0$이다.

따라서 함수 $p(t)$의 부호는 알 수 없고, $1 \leq x \leq 2$에서 함수 $p(x)$는 $p(x) \geq 0$가 되어야 조건을 만족한다. …… ㉡

㉠, ㉡에서 $p(1) = 0$이다.

$f(1) \neq 0$이므로 $p(x) = \begin{cases} f(x) & (x \geq \alpha) \\ l(x) & (x < \alpha) \end{cases}$ 에서 $l(1) = 0$임을 알 수 있다.

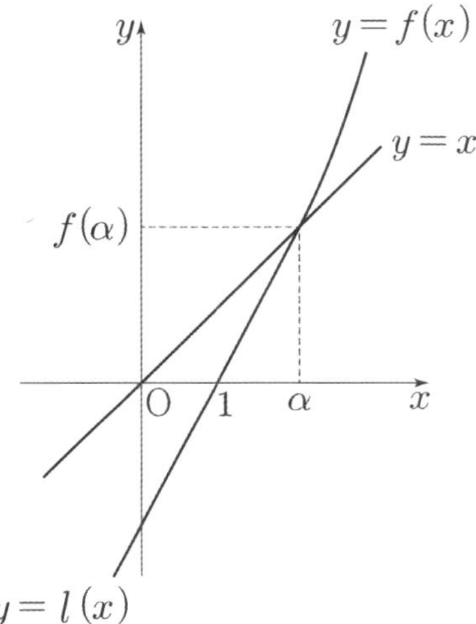

최고차항의 계수가 1인 삼차함수 $f(x)$의 그래프와 직선 $y = x$가 만나는 점 $\mathrm{P}(\alpha, f(\alpha))$에서의 접선의 방정식은 $f(\alpha) = \alpha$, $f'(\alpha) = 2$이므로

$y - \alpha = 2(x - \alpha)$

$l(x) = 2(x - \alpha) + \alpha$

$l(1) = 0$이므로 $2(1 - \alpha) + \alpha = 0$에서 $\alpha = 2$이다.

따라서 $l(x) = 2x - 2$

$p(x) = \begin{cases} f(x) & (x \geq 2) \\ 2x - 2 & (x < 2) \end{cases}$

따라서 $y = 2x - 2$이 $y = f(x)$와 $x = 2$에서 접하고 함수 $p(x)$는 증가함수이므로 $x \geq 2$의 범위에서 $f'(x) \geq 0$이어야 한다.

$f(x) - 2x + 2 = (x-2)^2(x - \beta)$

$f(x) = (x-2)^2(x-\beta) + 2x - 2$ …… ㉢

$f'(x) = 2(x-2)(x-\beta) + (x-2)^2 + 2$

$f'(x) = 2\{x^2 - (2+\beta)x + 2\beta\} + x^2 - 4x + 6$

$f'(x) = 3x^2 + (-8 - 2\beta)x + 4\beta + 6$

$y = f'(x)$의 대칭축은 $x = -\dfrac{-8-2\beta}{6} = \dfrac{4+\beta}{3}$이다.

만약 대칭축 $\dfrac{4+\beta}{3} \geq 2$라면 $D/4 \leq 0$이 되어야 하므로

$\beta \geq 2$이고, $D/4 = (\beta+4)^2 - 3(4\beta+6) \leq 0$

$\beta^2 - 4\beta - 2 \leq 0$

$2 - \sqrt{6} \leq \beta \leq 2 + \sqrt{6}$이다.

따라서 $2 \leq \beta \leq 2 + \sqrt{6}$이다.

$\dfrac{4+\beta}{3} < 2$라면 $f'(2) \geq 0$가 되어야 한다.

$\beta < 2$이고, $f'(2) = 12 - 16 - 4\beta + 4\beta + 6 \geq 0$이므로 항상 성립한다.

따라서 만족하는 $\beta \leq 2 + \sqrt{6}$이다.

㉢에서 $p(3) = f(3) = 3 - \beta + 4 = 7 - \beta \geq 5 - \sqrt{6}$이다.

따라서 $p(3)$의 최솟값은 $5 - \sqrt{6}$이다.

84 정답 ②

함수 $f(x)$의 도함수 $f'(x)$가 실수 전체의 집합에서 연속이므로

$g(-1) = \lim\limits_{x \to -1-} f'(x) = -a + 1$,

$g(1) = \lim\limits_{x \to 1+} f'(x) = -a + 1$이다.

$g(-1) = g(1)$이므로 $f'(-1) = f'(1) = -a + 1$이다.

한편, (나)에서

$-1 \leq x_1 < x_2 \leq 1$인 임의의 두 실수 x_1, x_2에 대하여 $f'(x_1) \leq f'(x_2)$이고 $f'(-1) = f'(1)$이므로

$-1 \leq x \leq 1$에서 $f'(x) = -a + 1$이다.

따라서

$$f'(x) = \begin{cases} ax + 1 & (x < -1) \\ -a + 1 & (-1 \leq x \leq 1) \\ -ax^2 + x & (x > 1) \end{cases}$$

이고 $f(0) = 0$이므로

$$f(x) = \begin{cases} \dfrac{1}{2}ax^2 + x + C_1 & (x < -1) \\ (-a+1)x & (-1 \leq x \leq 1) \\ -\dfrac{1}{3}ax^3 + \dfrac{1}{2}x^2 + C_2 & (x > 1) \end{cases}$$

이다.

함수 $f(x)$가 $x = -1$에서 연속이므로

$\dfrac{1}{2}a - 1 + C_1 = a - 1$

$\therefore C_1 = \dfrac{1}{2}a$

$\int_{-2}^{1} f(x)dx = \dfrac{11}{6}$이므로

$\int_{-2}^{-1}\left(\dfrac{1}{2}ax^2 + x + \dfrac{1}{2}a\right)dx + \int_{-1}^{1}(-a+1)x\,dx$

$$= \int_{-2}^{-1}\left(\frac{1}{2}ax^2+x+\frac{1}{2}a\right)dx+0$$

$$= \left[\frac{1}{6}ax^3+\frac{1}{2}x^2+\frac{1}{2}ax\right]_{-2}^{-1}$$

$$= \frac{7}{6}a-\frac{3}{2}+\frac{1}{2}a$$

$$= \frac{5}{3}a-\frac{3}{2}=\frac{11}{6}$$

$$\frac{5}{3}a=\frac{10}{3}$$

$\therefore\ a=2$이고 $C_1=1$이다.

그러므로

$$f(x)=\begin{cases} x^2+x+1 & (x<-1) \\ -x & (-1 \leq x \leq 1) \\ -\dfrac{2}{3}x^3+\dfrac{1}{2}x^2+C_2 & (x>1) \end{cases}$$

함수 $f(x)$가 $x=1$에서 연속이므로

$$-1=-\frac{2}{3}+\frac{1}{2}+C_2$$

$$\therefore\ C_2=-\frac{5}{6}$$

$$f(x)=\begin{cases} x^2+x+1 & (x<-1) \\ -x & (-1 \leq x \leq 1) \\ -\dfrac{2}{3}x^3+\dfrac{1}{2}x^2-\dfrac{5}{6} & (x>1) \end{cases}$$

따라서

$$f(2)=-\frac{16}{3}+2-\frac{5}{6}=\frac{-32+12-5}{6}=-\frac{25}{6}$$

85 정답 25

$\{f(x)\}^2+2x^2f(x)-3x^4=\{f(x)-x^2\}\{f(x)+3x^2\}$
이므로
$$\left[\{f(x)\}^2+2x^2f(x)-3x^4\right]\left[\{f'(x)\}^2-1\right]$$
$$=\{f(x)-x^2\}\{f(x)+2x^2\}\{f'(x)+1\}\{f'(x)-1\}=0$$
에서 함수 $f(x)$는 모든 실수 x에 대하여
$f(x)=x^2$ 또는 $f(x)=-2x^2$ 또는 $f'(x)=-1$ 또는 $f'(x)=1$
을 만족시킨다.

(나)에서 $f(1)=1$이므로

$0 \leq x \leq 1$에서 함수 $f(x)$는 $f(x)=x^2$ 또는 $f(x)=x$가
가능하다.

정적분 값이 최소가 되기 위해서는 $f(x)=x^2$일 때,

$$f'(x)=2x=1$$에서 $x=\frac{1}{2}$이므로

$0 \leq x \leq \frac{1}{2}$일 때는 $f(x)=x-\frac{1}{4}$

$\frac{1}{2} \leq x \leq 1$일 때는 $f(x)=x^2$

이어야 한다.

$1 \leq x \leq 2$일 때는 기울기가 -1인 직선이 $(1, 1)$을 지나는
함수이어야 한다.

따라서 $1 \leq x \leq 2$일 때 $f(x)=-x+2$

한편, $-3x^2=x-\dfrac{1}{4}$

$$12x^2+4x-1=0$$
$$(2x+1)(6x-1)=0$$

$x=-\dfrac{1}{2}$이므로

$y=-3x^2$과 $y=x-\dfrac{1}{4}$의 제3사분면의 교점의 x좌표는

$x=-\dfrac{1}{2}$이다.

그러므로 $\displaystyle\int_{-2}^{2}f(x)dx$의 값이 최소가 되기 위해서는

함수 $f(x)$는 다음 그림과 같다.

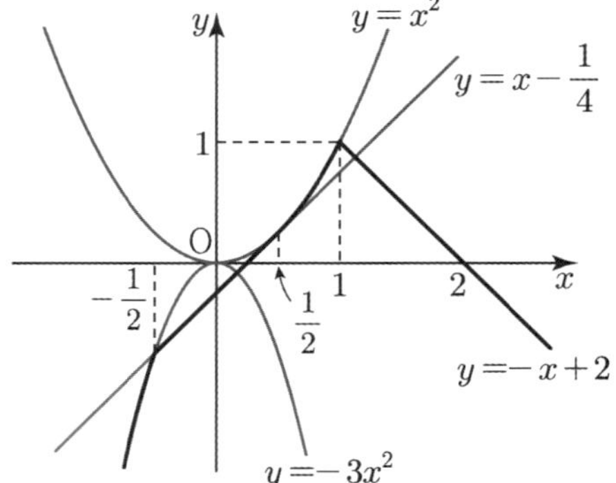

$$\int_{-2}^{2}f(x)dx$$

$$\geq \int_{-2}^{-\frac{1}{2}}(-3x^2)dx+\int_{-\frac{1}{2}}^{\frac{1}{2}}\left(x-\frac{1}{4}\right)dx$$
$$\qquad +\int_{\frac{1}{2}}^{1}x^2dx+\int_{1}^{2}(-x+2)dx$$

$$=\left[-x^3\right]_{-2}^{-\frac{1}{2}}+2\left[-\frac{1}{4}x\right]_{0}^{\frac{1}{2}}+\left[\frac{1}{3}x^3\right]_{\frac{1}{2}}^{1}+\left[-\frac{1}{2}x^2+2x\right]_{1}^{2}$$

$$=-\frac{63}{8}-\frac{1}{4}+\frac{7}{24}+\frac{1}{2}$$

$$=\frac{-189-6+7+12}{24}$$

$$=-\frac{176}{24}$$

$$=-\frac{22}{3}$$

따라서 $p=3$, $q=22$이므로 $p+q=25$이다.

86 정답 36

[그림 : 배용제T]

[검토 : 이지훈T]

(가)에서 $a \geq 0$인 실수 a에 대하여 $\lim\limits_{t \to a-} g(t) = 1$이고

$\lim\limits_{t \to a+} g(t) = 2a+3$이므로 곡선 $y = f(x)$와 직선 $y = f(a)$는

접한다.

또한 $\lim\limits_{t \to a+} g(t) = 2a+3 = a + (a+3)$에서 곡선 $y = f(x)$와

직선 $y = f(a)$는 $x = a+3$에서 접해야 한다.

따라서 삼차함수 비율에서 함수 $f(x)$의 그래프는 다음과 같다.

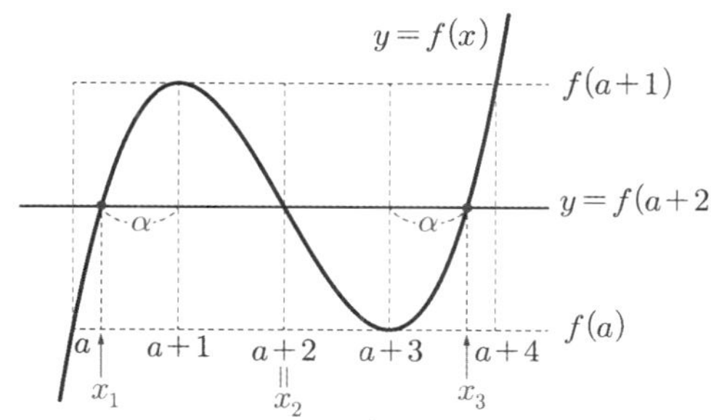

즉, 함수 $g(t)$는 $t = a$와 $t = a+4$에서 불연속이다.

(나)에서 함수 $f(x)$가 $(a+2, f(a+2))$에 대칭이므로

$y = f(x)$와 $y = f(a+2)$가 만나는 세 점의 x좌표는 양수 α에

대하여 $x_1 = (a+1)-\alpha$, $x_2 = a+2$, $x_3 = (a+3)+\alpha$라 할 수

있다.

따라서 가장 큰 근과 가장 작은 근의 합은 $x_1 + x_3 = 2a+4$이다.

$2a+4 = 6$에서 $a = 1$이다.

따라서 함수 $f(x) = (x-1)(x-4)^2 + f(1)$이라 할 수 있다.

$$\int_0^6 f'(x)dx$$

$$= f(6) - f(0)$$

$$= (20 + f(1)) - (-16 + f(1))$$

$$= 36$$

87 정답 120

[검토자 : 이지훈T]

$g(x) = \int_a^x f(t)dt$에서 $g(a) = 0$, $g'(x) = f(x)$이다.

함수 $f(x)$가 최고차항의 계수가 1인 삼차함수이므로

함수 $g(x)$는 최고차항의 계수가 $\dfrac{1}{4}$이고 최솟값이 -4인

사차함수이다.

$$h(x) = \frac{|g(x) - g(1)|}{|x| - 1} = \begin{cases} \dfrac{|g(x)-g(1)|}{x-1} & (x \geq 0) \\[2mm] \dfrac{|g(x)-g(1)|}{-x-1} & (x < 0) \end{cases}$$

이고 함수 $h(x)$가 실수 전체의 집합에서 연속이므로

함수 $h(x)$는 $x = 1$과 $x = -1$에서 연속이어야 한다.

(i) 함수 $h(x)$가 $x = 1$에서 연속이기 위해서는

$\lim\limits_{x \to 1-} h(x) = \lim\limits_{x \to 1+} h(x)$이어야 한다.

$g(x) - g(1) = (x-1)i(x)$라 하면

$$\lim_{x \to 1-} \frac{|g(x)-g(1)|}{x-1}$$

$$= \lim_{x \to 1-} \frac{|(x-1)i(x)|}{x-1} = \lim_{x \to 1-} \frac{|x-1||i(x)|}{x-1} = -|i(1)|$$

$$\lim_{x \to 1+} \frac{|g(x)-g(1)|}{x-1}$$

$$= \lim_{x \to 1+} \frac{|(x-1)i(x)|}{x-1} = \lim_{x \to 1+} \frac{|x-1||i(x)|}{x-1} = |i(i)|$$

$-|i(1)| = |i(1)|$이므로 $i(1) = 0$이다.

따라서 함수 $g(x) - g(1)$은 $(x-1)^2$을 인수로 가진다.

(ii) 함수 $h(x)$가 $x = -1$에서 연속이기 위해서는

$\lim\limits_{x \to -1-} h(x) = \lim\limits_{x \to -1+} h(x)$이어야 한다.

$g(x) - g(1) = (x+1)j(x)$라 하면

$$\lim_{x \to -1-} \frac{|g(x)-g(1)|}{-x-1}$$

$$= \lim_{x \to -1-} \frac{|(x+1)j(x)|}{-x-1} = \lim_{x \to -1-} \frac{|x+1||j(x)|}{-x-1} = |(j(-1))|$$

$$\lim_{x \to -1+} \frac{|g(x)-g(1)|}{-x-1}$$

$$= \lim_{x \to -1+} \frac{|(x+1)j(x)|}{x-1} = \lim_{x \to -1+} \frac{|x+1||j(x)|}{-x-1}$$

$$= -|(j(-1))|$$

$|j(-1)| = -|j(-1)|$이므로 $j(-1) = 0$이다.

따라서 함수 $g(x) - g(1)$은 $(x+1)^2$을 인수로 가진다.

(i), (ii)에서 $g(x) = \dfrac{1}{4}(x+1)^2(x-1)^2 + g(1)$이다.

함수 $g(x)$의 최솟값은 $g(-1) = g(1)$이므로 $g(1) = -4$이다.

$$g(x) = \frac{(x^2-1)^2}{4} - 4$$

$$g(a) = 0 \rightarrow (a^2-1)^2 = 16 \rightarrow a^2 = 5$$

$$g'(x) = f(x) = x^3 - x$$

이므로 $f(a^2) = f(5) = 125 - 5 = 120$이다.

88 정답 ④

[그림 : 배용제T]

시각 $t = \alpha$ $(0 < \alpha \leq 2)$에서 두 점 P, Q의 위치가 같으면

$$\int_0^\alpha v_1(t)dt = \int_0^\alpha v_2(t)dt$$이다.

$$\int_0^\alpha \{v_1(t) - v_2(t)\}dt = 0$$

$v_1'(t) = 2at - 2a$에서 $v_1'(0) = -2a$이고 $-1 < a < -\dfrac{1}{2}$이므로

$1 < v_1'(0) < 2$이므로 두 함수 $y = v_1(t)$, $y = v_2(t)$의 그래프가

다음 그림과 같이 서로 다른 네 점에서 만난다.

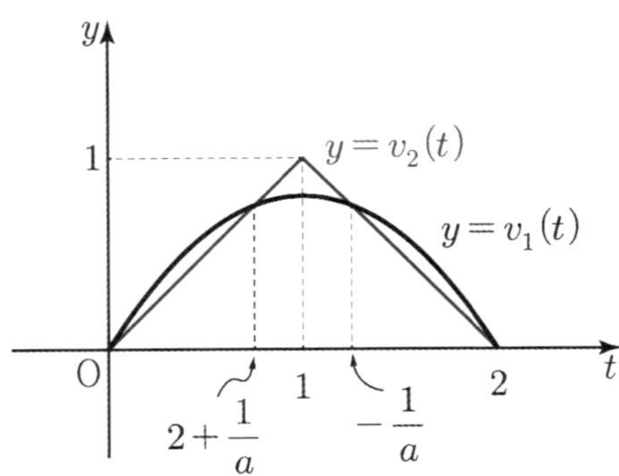

$0 < t < 1$일 때, $at(t-2)=t$에서 $t=2+\dfrac{1}{a}$

$1 < t < 2$일 때, $at(t-2)=-t+2$에서 $t=-\dfrac{1}{a}$

점 P의 위치를 $x_1(t)$, 점 Q의 위치를 $x_2(t)$라 하고

$x(t)=x_1(t)-x_2(t)=\displaystyle\int_0^t \{v_1(x)-v_2(x)\}dx$라 하면

$x'(t)=v_1(t)-v_2(t)$이므로

함수 $x(t)$의 그래프는 $x(0)=0$이고 $t=2+\dfrac{1}{a}$에서 양의

극댓값을 갖고 $t=-\dfrac{1}{a}$에서 극솟값을 갖는다.

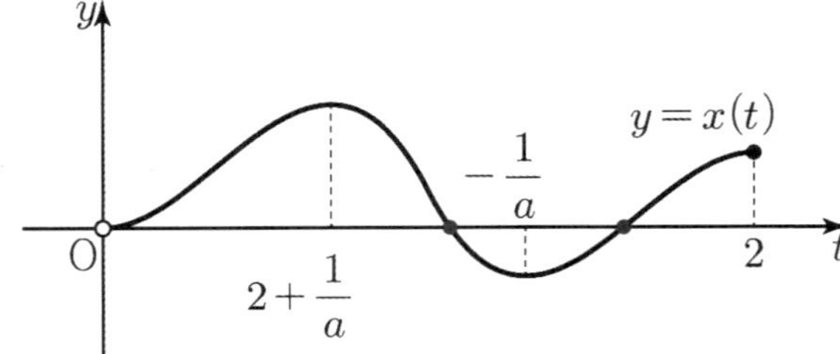

따라서 $0 < t \leq 2$에서 두 점 P, Q가 두 번 만나기 위해서는

$x\left(-\dfrac{1}{a}\right) < 0$, $x(2) \geq 0$이어야 한다.

(i) $x\left(-\dfrac{1}{a}\right) < 0$에서

$x\left(-\dfrac{1}{a}\right)$

$=\displaystyle\int_0^{-\frac{1}{a}} \{v_1(t)-v_2(t)\}dt$

$=\displaystyle\int_0^{-\frac{1}{a}} v_1(t)dt - \int_0^{-\frac{1}{a}} v_2(t)dt$

$=\displaystyle\int_0^{-\frac{1}{a}} a(t^2-2t)dt - \left\{\int_0^1 t\,dt + \int_1^{-\frac{1}{a}}(-t+2)dt\right\}$

$=a\left[\dfrac{1}{3}t^3-t^2\right]_0^{-\frac{1}{a}} - \left\{\dfrac{1}{2}+\left[-\dfrac{1}{2}t^2+2t\right]_1^{-\frac{1}{a}}\right\}$

$=a\left(-\dfrac{1}{3a^3}-\dfrac{1}{a^2}\right)-\left\{\dfrac{1}{2}-\dfrac{1}{2}\left(\dfrac{1}{a^2}-1\right)+2\left(-\dfrac{1}{a}-1\right)\right\}$

$=-\dfrac{1}{3a^2}-\dfrac{1}{a}-\left(-\dfrac{1}{2a^2}-\dfrac{2}{a}-1\right)$

$=\dfrac{1}{6a^2}+\dfrac{1}{a}+1 < 0$

양변에 $6a^2$을 곱하면 $6a^2+6a+1 < 0$에서

$\dfrac{-3-\sqrt{3}}{6} < a < \dfrac{-3+\sqrt{3}}{6}$

(ii) $x(2) \geq 0$에서

$x(2)=2x(1)$이므로 $x(1) \geq 0$이면 된다.

$x(1)$

$=\displaystyle\int_0^1 \{v_1(t)-v_2(t)\}dt$

$=\displaystyle\int_0^1 v_1(t)dt - \int_0^1 v_2(t)dt$

$=\displaystyle\int_0^1 a(t^2-2t)dt - \int_0^1 t\,dt$

$=a\left[\dfrac{1}{3}t^3-t^2\right]_0^1 - \dfrac{1}{2}$

$=a\left(\dfrac{1}{3}-1\right)-\dfrac{1}{2}$

$=-\dfrac{2}{3}a-\dfrac{1}{2} \geq 0$

$a \leq -\dfrac{3}{4}$

(i), (ii)에서 $\dfrac{-3-\sqrt{3}}{6} < a \leq -\dfrac{3}{4}$

89 정답 (1) ④ (2) 7

(1)

$\displaystyle\int_0^x |f(t)|\,dt = -x+3$

에서 $g(x)=\displaystyle\int_0^x |f(t)|\,dt$라 하면

$g(0)=0$, $g'(x)=|f(x)| \geq 0$이므로

함수 $g(x)$의 그래프 원점을 지나고 실수 전체의 집합에서 증가한다.

따라서 곡선 $y=g(x)$와 직선 $y=-x+3$이 만나는 점은 제1사분면에 위치한다.

따라서 방정식의 근으로 가능한 값은 $x=1$ 또는 $x=2$ 뿐이다.

(i) 실근이 $x=1$일 때,

$\displaystyle\int_0^1 |f(t)|\,dt = 2 \rightarrow \int_0^1 |t^2-at|\,dt = 2$

① $a < 0$일 때,

$\displaystyle\int_0^1 |t^2-at|\,dt = \int_0^1 (t^2-at)dt$

$\qquad = \left[\dfrac{1}{3}t^3-\dfrac{1}{2}at^2\right]_0^1 = \dfrac{1}{3}-\dfrac{1}{2}a = 2$

$\therefore a = -\dfrac{10}{3}$

② $0 \leq a < 1$일 때,

$$\int_0^1 |t^2 - at|\, dt$$

$$= \int_0^a (-t^2 + at)\,dt + \int_a^1 (t^2 - at)\,dt$$

$$= \left[-\frac{1}{3}t^3 + \frac{1}{2}at^2 \right]_0^a + \left[\frac{1}{3}t^3 - \frac{1}{2}at^2 \right]_a^1$$

$$= \frac{1}{6}a^3 + \frac{1}{3} - \frac{1}{2}a + \frac{1}{6}a^3$$

$$= \frac{1}{3}a^3 - \frac{1}{2}a + \frac{1}{3} = 2$$

$$2a^3 - 3a - 10 = 0$$

$$(a-2)(2a^2 + 4a + 5) = 0$$

$\therefore\ a = 2$ (모순)

③ $a \geq 1$일 때,

$$\int_0^1 |t^2 - at|\,dt = \int_0^1 (-t^2 + at)\,dt = \left[-\frac{1}{3}t^3 + \frac{1}{2}at^2 \right]_0^1$$

$$= -\frac{1}{3} + \frac{1}{2}a = 2$$

$$\therefore\ a = \frac{14}{3}$$

(ii) 실근이 $x = 2$일 때,

$$\int_0^2 |f(t)|\,dt = 1 \ \rightarrow\ \int_0^2 |t^2 - at|\,dt = 1$$

① $a < 0$일 때,

$$\int_0^2 |t^2 - at|\,dt = \int_0^2 (t^2 - at)\,dt$$

$$= \left[\frac{1}{3}t^3 - \frac{1}{2}at^2 \right]_0^2 = \frac{8}{3} - 2a = 1$$

$\therefore\ a = \dfrac{5}{6}$ (모순)

② $0 \leq a < 2$일 때,

$$\int_0^2 |t^2 - at|\,dt$$

$$= \int_0^a (-t^2 + at)\,dt + \int_a^2 (t^2 - at)\,dt$$

$$= \left[-\frac{1}{3}t^3 + \frac{1}{2}at^2 \right]_0^a + \left[\frac{1}{3}t^3 - \frac{1}{2}at^2 \right]_a^2$$

$$= \frac{1}{6}a^3 + \frac{8}{3} - 2a + \frac{1}{6}a^3$$

$$= \frac{1}{3}a^3 - 2a + \frac{8}{3} = 1$$

$$a^3 - 6a + 5 = 0$$

$$(a-1)(a^2 + a - 5) = 0$$

$a = 1$ 또는 $a = \dfrac{-1 + \sqrt{21}}{4}$

③ $a \geq 2$일 때,

$$\int_0^2 |t^2 - at|\,dt = \int_0^2 (-t^2 + at)\,dt$$

$$= \left[-\frac{1}{3}t^3 + \frac{1}{2}at^2 \right]_0^2 = -\frac{8}{3} + 2a = 1$$

$\therefore\ a = \dfrac{11}{6}$ (모순)

(i), (ii)에서 실수 a의 최댓값은 $\dfrac{14}{3}$이다.

> **[랑데뷰팁]**
>
> a의 최댓값을 구하는 문제이므로 (i)-③인 경우와 (ii)-③인 경우만 먼저 계산해 보고 답을 찾는게 효율적이다.

(2)

$x^2 = t$ 라면

$$f(t) = |t^2 - at| \quad (0 \leq t \leq 1)$$

(i) $a \leq 0$ 일 때

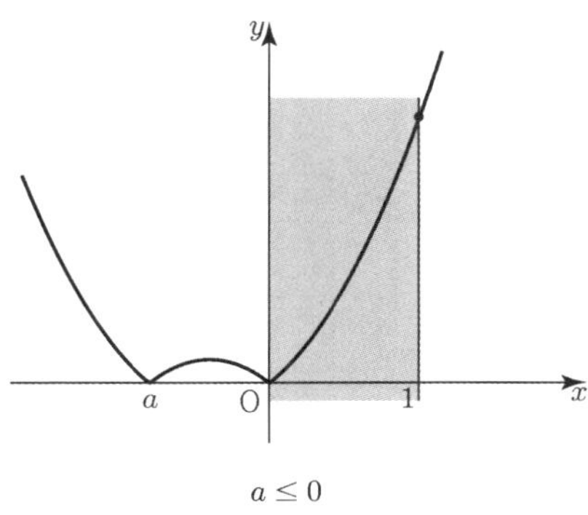

$$g(a) = f(1) = |1 - a| = 1 - a$$

(ii) $0 < a < 2\sqrt{2} - 2$ 일 때 $\left(1 > \dfrac{1 + \sqrt{2}}{2}a \right)$

[설명 : $0 < a < 1$일 때, $f(t) = -t^2 + at = -\left(t - \dfrac{a}{2} \right)^2 + \dfrac{a^2}{4}$ 이고

$f(1) = |1 - a| = 1 - a$이므로

$\dfrac{a^2}{4} = 1 - a$, $a^2 + 4a - 4 = 0$, $a = -2 + 2\sqrt{2}$]

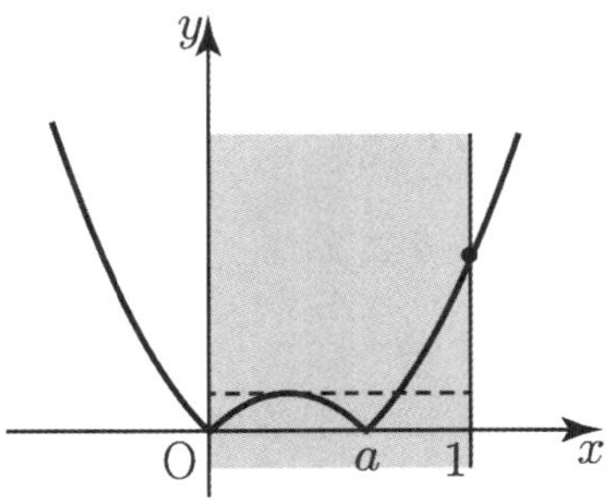

$$g(a) = f(1) = |1 - a| = 1 - a$$

(iii) $a = 2\sqrt{2} - 2$ 일 때 $\left(\dfrac{1 + \sqrt{2}}{2}a = 1 \right)$

$t^2 - at = \dfrac{a^2}{4}$ 에서 $t = \dfrac{1 + \sqrt{2}}{2}a$

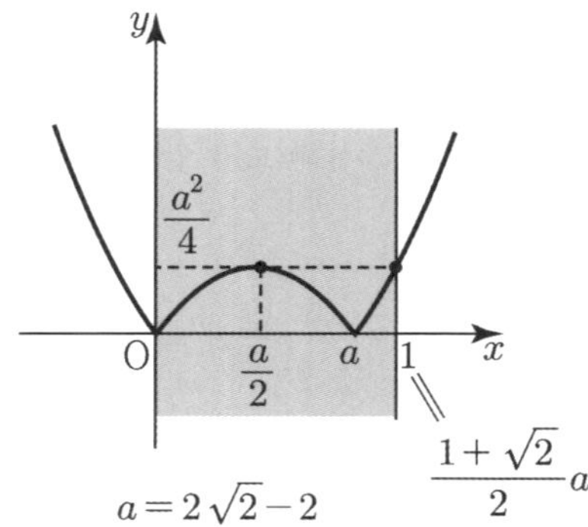

$a = 2\sqrt{2} - 2$

(iv) $2\sqrt{2} - 2 \leq a < 2$ 일 때 $\left(\dfrac{a}{2} < 1 \leq \dfrac{1 + \sqrt{2}}{2}a \right)$

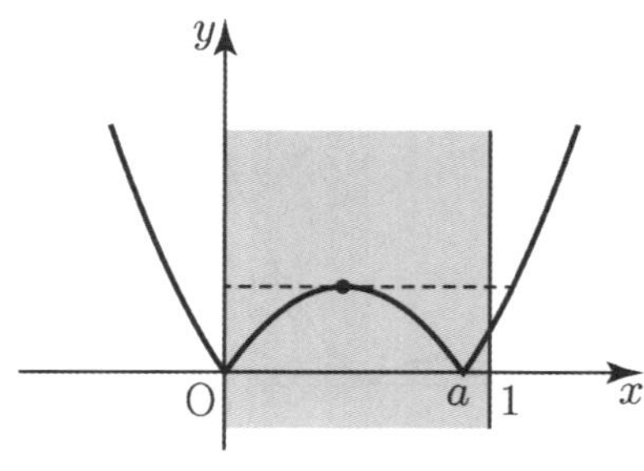

$2\sqrt{2} - 2 \leq a < 2$

$g(a) = \dfrac{a^2}{4}$

(v) $a \geq 2$일 때 $\left(\dfrac{a}{2} \geq 1 \right)$

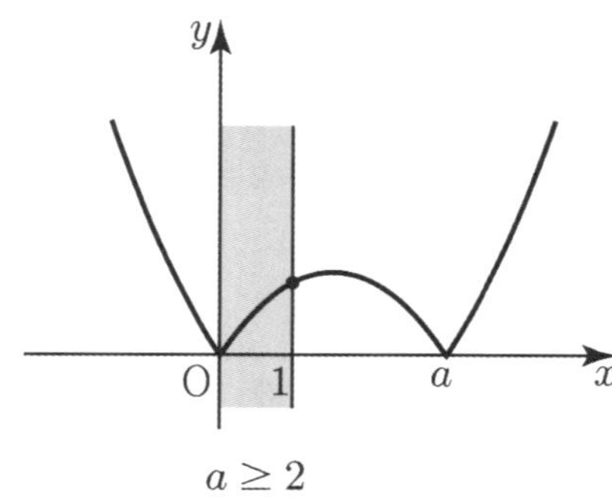

$a \geq 2$

$g(a) = f(1) = |1 - a| = a - 1$

정리하면

$$g(a) = \begin{cases} 1 - a & (a < 2\sqrt{2} - 2) \\ \dfrac{a^2}{4} & (2\sqrt{2} - 2 \leq a < 2) \\ a - 1 & (a \geq 2) \end{cases}$$

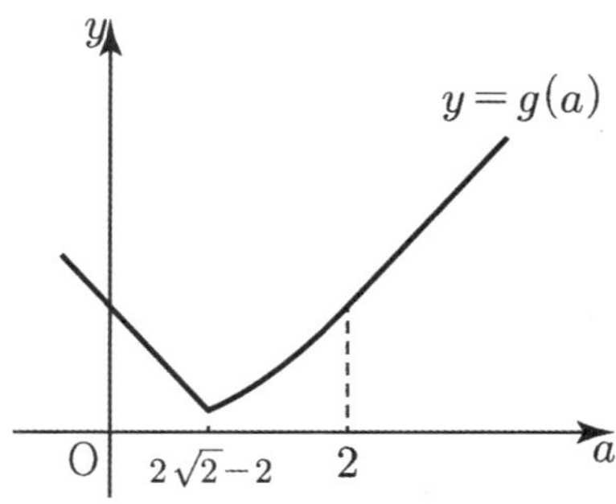

따라서

$2\sqrt{2} - 2 < 1$이므로

$$12\int_1^2 g(a)\,da = 12\int_1^2 \dfrac{a^2}{4}\,da = \left[\, a^3\, \right]_1^2 = 8 - 1 = 7$$

90 정답 ⑤

[검토자 : 오세준T]

$f(x) = \displaystyle\int_a^x t(t-n)(t-7)\,dt$에서

$f(a) = 0$, $f'(x) = x(x-n)(x-7)$이다.

(가)에서 n이 자연수이므로

$f'(2) < 0$, $f'(4) < 0$, $f'(6) < 0$이거나

$f'(2) > 0$, $f'(4) > 0$, $f'(6) < 0$이다.

함수 $f(x)$는 최고차항의 계수가 $\dfrac{1}{4}$인 사차함수이므로

극솟값 중에 최솟값이 있다.

(나)에서 극솟값이 0이다.

(i) $f'(2) < 0$, $f'(4) < 0$, $f'(6) < 0$일 때,

$n = 1$이고 $f'(x) = x(x-1)(x-7)$이므로 사차함수 $f(x)$는

$x = 0$과 $x = 7$에서 극솟값을 갖고 $x = 1$에서 극댓값을 갖는다.

$f(0) > f(7)$이므로 $f(7) = 0$이다.

따라서 $a = 7$

$f(x) = \displaystyle\int_6^x t(t-1)(t-7)\,dt$이고 극댓값은 $f(1)$이므로

$f(1) = \displaystyle\int_7^1 t(t-1)(t-7)\,dt$

$\quad = -\displaystyle\int_1^7 t(t-1)(t-7)\,dt$

$\quad = \dfrac{2 \times 1 \times 6^3 + 6^4}{12}$ (랑데뷰 TacTic 거리곱 참고)

$\quad = 144$

(ii) $f'(2) > 0$, $f'(4) > 0$, $f'(6) < 0$일 때,

$n = 5$이고 $f'(x) = x(x-5)(x-7)$이므로 사차함수 $f(x)$는

$x = 0$과 $x = 7$에서 극솟값을 갖고 $x = 5$에서 극댓값을 갖는다.

$f(0) < f(7)$이므로 $f(0) = 0$이다.

따라서 $a = 0$

$f(x) = \displaystyle\int_0^x t(t-5)(t-7)\,dt$이고 극댓값은 $f(5)$이므로

$$f(5)=\int_0^4 t(t-5)(t-7)dt$$

$$=\frac{5^4+2\times5^3\times2}{12}\ \text{(랑데뷰 TacTic 거리곱 참고)}$$

$$=\frac{375}{4}$$

(i), (ii)에서 극댓값의 최댓값은 144이다.

91 정답 ⑤

[그림 : 서태욱T]

$f(x)=x-k$라 하고 $h(x)=\int_1^x f(t)dt$라 하면

$$h(x)=\int_1^x (t-k)dt$$

$$=\left[\frac{1}{2}t^2-kt\right]_1^x=\frac{1}{2}x^2-kx-\frac{1}{2}+k$$

$$=\frac{1}{2}(x-k)^2-\frac{1}{2}k^2+k-\frac{1}{2}\ \cdots\cdots\ \bigcirc$$

$x\leq k$일 때, $f(x)\leq0$이므로 $g(x)\leq h(x)$이다.

$x\geq k$일 때, $f(x)\geq0$이므로 $g(x)\geq h(x)$이다.

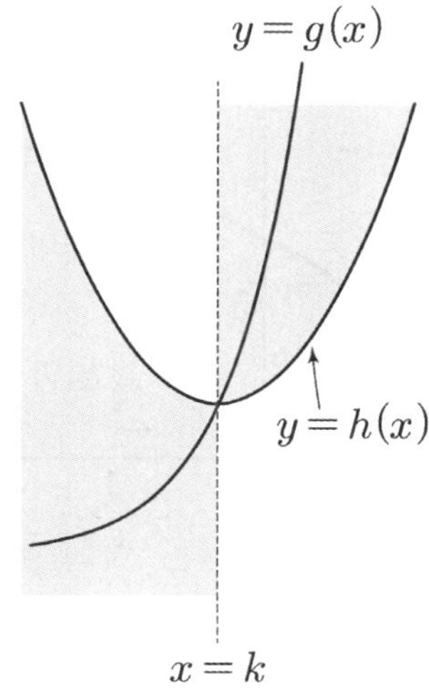

$\bigcirc$에서 함수 $h(x)$는 대칭축이 $x=k$이고 최솟값이

$-\dfrac{1}{2}k^2+k-\dfrac{1}{2}$인 이차함수이다.

함수 $g(x)$의 최솟값이 0보다 크거나 같고, $\displaystyle\int_{-2}^2 g(x)dx$의 값이

최소가 되기 위해서는 $h(x)$의 최솟값이 0일 때다.

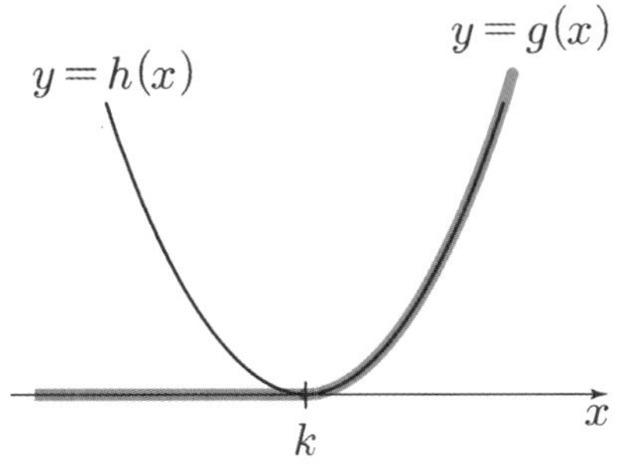

따라서

$$-\frac{1}{2}k^2+k-\frac{1}{2}=0$$

$$k^2-2k+1=0$$

$$(k-1)^2=0$$

$$\therefore\ k=1$$

$\bigcirc$에서 $h(x)=\dfrac{1}{2}(x-1)^2$이므로

$g(x)=\begin{cases}0 & (x\leq1)\\ \dfrac{1}{2}(x-1)^2 & (x>1)\end{cases}$ 일 때, 조건을 만족시키고

$\displaystyle\int_{-2}^2 g(x)dx$의 값이 최소이다.

그러므로

$$\int_{-2}^2 g(x)dx$$

$$=\int_{-2}^1 0\,dx+\int_1^2\left\{\frac{1}{2}(x-1)^2\right\}dx$$

$$=\left[\frac{1}{6}(x-1)^3\right]_1^2=\frac{1}{6}$$

92 정답 ②

[그림 : 배용제T]

$g(x)=\begin{cases}f(x) & (x<3)\\ -f(x-3)+3 & (x\geq3)\end{cases}$ 에서

$g'(x)=\begin{cases}f'(x) & (x<3)\\ -f'(x-3) & (x>3)\end{cases}$ 이고

(가)에서 $g'(0)=0$이므로 $g'(3)=0$이다.

또한 $\displaystyle\lim_{x\to3-}g'(x)=\lim_{x\to3+}g'(x)$에서 $f'(3)=-f'(0)$이므로

$f'(0)=0$이다.

함수 $-f(x-3)+3$은 함수 $f(x)$을 x축 대칭이동한 뒤 x축의 방향으로 3만큼, y축의 방향으로 3만큼 평행이동한 그래프이다.

(가)에서 $g'(x)=0$의 해가 3이므로 $x<3$에서 방정식 $f'(x)=0$의 해의 개수가 1이고 $x>3$에서 방정식 $f'(x)=0$의 해의 개수는 0이어야 한다.

따라서 사차함수 $f(x)$는 사차함수 비율에서 양수 k와 실수 m에 대하여 $f(x)=kx^3(x-4)+m$ 또는 $f(x)=k(x+1)(x-3)^3+m$의 그래프 개형을 갖는다.

(i) $f(x)=kx^3(x-4)+m$일 때,

$x\geq0$에서 함수 $g(x)$의 최댓값은 $g(6)$이므로 (나)조건에 모순이다.

(ii) $f(x)=k(x+1)(x-3)^3+m$일 때,

$x\geq0$에서 함수 $g(x)$의 최댓값은 $g(3)$이다.

따라서 함수 $f(x)$는

$f(x)=k(x+1)(x-3)^3+m$이다.

$$g(x)=\begin{cases} f(x) & (x<3)\\ -f(x-3)+3 & (x\geq 3)\end{cases}\text{에서}$$

$g(x)$가 $x=3$에서 연속이므로

$$\lim_{x\to 3-}g(x)=\lim_{x\to 3+}g(x)\text{이어야 한다.}$$

$$\lim_{x\to 3-}g(x)=f(3)=m,\quad \lim_{x\to 3+}g(x)=-f(0)+3\text{이고}$$

$f(0)=-27k+m$이므로

$$m=27k-m+3$$

$$27k-2m=-3\cdots\text{㉠}$$

또한

$$f(6)=189k+m=9\cdots\text{㉡}$$

㉠, ㉡에서 $k=\dfrac{1}{27}$, $m=2$이다.

따라서

$$f(x)=\dfrac{1}{27}(x+1)(x-3)^3+2\text{이므로 }a=0,\ b=6\text{이고}$$

함수 $g(x)$의 그래프는 그림과 같다.

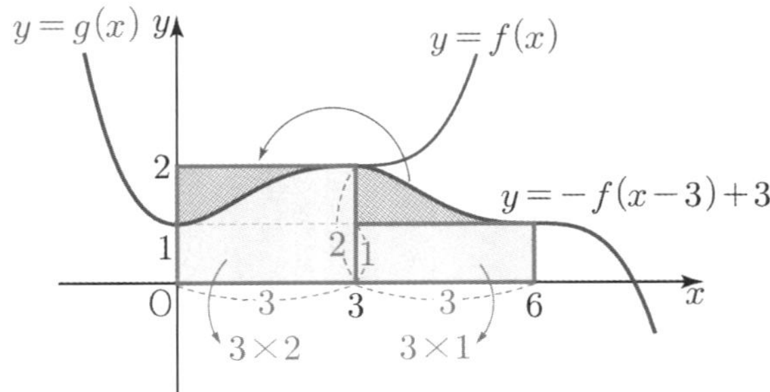

그러므로

$$\int_a^b g(x)dx=\int_0^6 g(x)dx=3\times 2+3\times 1=9\text{이다.}$$

[다른 풀이]-김상호T

$$g(x)=\begin{cases} f(x) & (x<3)\\ -f(x-3)+3 & (x\geq 3)\end{cases}\text{에서}$$

$$g'(x)=\begin{cases} f'(x) & (x<3)\\ -f'(x-3) & (x>3)\end{cases}$$

실수 전체에서 미분가능한 함수 $g(x)$는 $g(x)\leq g(3)$이므로
$y=g(x)$는 $x=3$에서 극댓값을 갖고 $g'(3)=0$이다.
따라서 $f'(0)=f'(3)=0$이고 $g'(0)=g'(3)=0$임을 알 수
있으므로 $a=0$이다.
$y=f(x)$가 $x=3$에서 극댓값을 가지거나 $x=0$에서
극솟값 한 개만 갖는 경우이면 된다.
또한 함수 $y=-f(x-3)+3$는 $y=f(x)$를 x축 대칭이동한
뒤 x축의 방향으로 3만큼, y축의 방향으로 3만큼 평행이동한
그래프이다. …… ㉠
(i) $x=3$에서 극댓값을 가지려면 $y=f'(x)$의 다른 한 근이
$x>3$에서 존재하는데 이 값을 $k(k>3)$라 하면
$y=-f(x-3)+3$은 $x=3,\ 6,\ 3+k$에서 극값을 갖게 된다.
그러면 $y=g(x)$ $x=0,\ 3,\ 6,\ 3+k$에서 극값을 가지므로 (가)
조건에 어긋난다.
(ii) $x=0$에서 극솟값 한 개만 갖는 경우에 $f'(3)=0$이면서

$x=3$에서 극값은 가지지 않아야 하므로

$$f'(x)=4kx(x-3)^2=4kx^3-24kx^2+36kx\text{ (단, }k\text{는 상수)}$$

$$f(x)=k(x^4-8x^3+18x^2)+C\text{ (단, }C\text{는 적분상수)}$$

$f(3)=-f(0)+3$이므로

$$27k+C=-C+3$$

$$27k+2C=3\ \cdots\text{㉡}$$

$f(6)=9$이므로

$$216k+C=9\ \cdots\text{㉢}$$

㉡, ㉢을 연립하여 풀면 $k=\dfrac{1}{27}$, $C=1$

따라서 $f(x)=\dfrac{1}{27}(x^4-8x^3+18x^2)+1$

93 정답 48

[그림 : 배용제T]

함수 $f(x)$는 실수 전체의 집합에서 증가하고
도함수 $f'(x)$가 $f'(-x)=f'(x)$을 만족시키므로 함수 $f(x)$는
$(0,a)$에 대칭인 함수이다.
$y=f(x-2)+4$는 $y=f(x)$을 x축의 방향으로 2만큼, y축의
방향으로 4만큼 평행이동한 함수이다.
$f(x)=f(x-2)+4$이므로 $-1\leq x\leq 1$에서 $y=f(x)$의
그래프 개형은 다음과 같다.

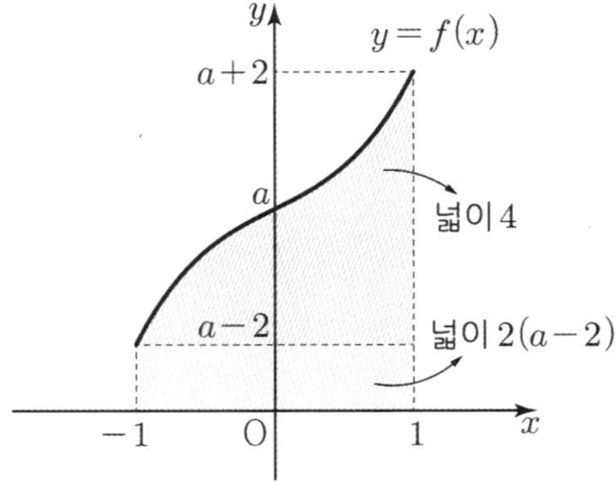

$f(0)=a$이므로 $f(-1)=a-2$이다.

따라서 $a\geq 2$일 때, $\displaystyle\int_{-1}^{1}f(x)dx=2\times(a-2)+4$이다.

$\displaystyle\int_{-1}^{1}f(x)dx=4$이므로 $a=2$이다.

$a<2$이면 $\displaystyle\int_{-1}^{1}f(x)dx<4$이므로 모순이다.

그러므로 함수 $f(x)$의 그래프는 다음과 같다.

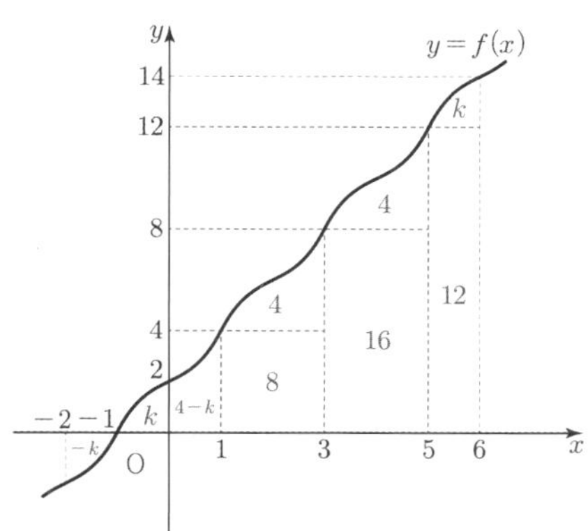

양수 k에 대하여 $\displaystyle\int_{-1}^{0}f(x)dx=k$라 하면

$\displaystyle\int_{-2}^{-1}f(x)dx=-k$이고 $\displaystyle\int_{5}^{6}f(x)dx=12+k$이다.

$\displaystyle\int_{-1}^{1}f(x)dx=4$

$\displaystyle\int_{1}^{3}f(x)dx=8+4=12$

$\displaystyle\int_{3}^{5}f(x)dx=16+4=20$

그러므로

$\displaystyle\int_{-2}^{6}f(x)dx$

$=(-k)+4+12+20+(12+k)=48$

94 정답 16

[그림 : 서태욱T]

삼차함수 $f(x)$를 미분한 이차함수 $f'(x)$가 $f'(-x)=f'(x)$을 만족시키므로

$f'(x)=3x^2+k$꼴이다.

따라서 $f(x)=x^3+kx+C$ 이고 $f(0)=1$이므로 $C=1$

$f(x)=x^3+kx+1$이다.

계산 편의상 양수 a에 대하여 $k=-a^2$이라 하면

$f(x)=(x+a)x(x-a)+1$

그러므로 함수 $g(x)$의 그래프는 다음 그림과 같다.

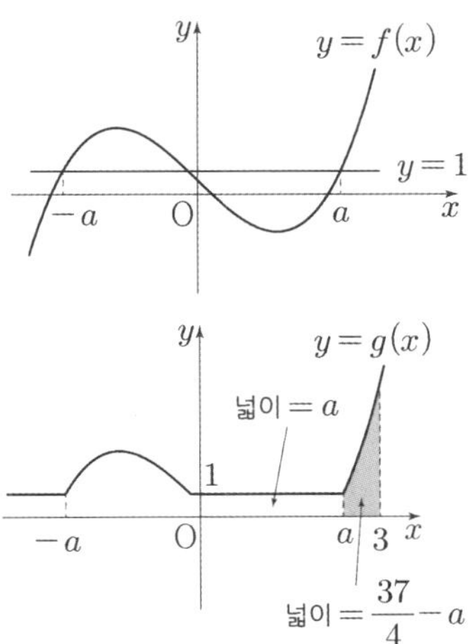

$\displaystyle\int_{0}^{3}g(x)dx=\frac{37}{4}>3$이므로 $a<3$이다.

$\displaystyle\int_{0}^{3}g(x)dx=\int_{0}^{a}g(x)dx+\int_{a}^{3}g(x)dx$

$\displaystyle\qquad=a+\int_{a}^{3}f(x)dx$

따라서

$\displaystyle\int_{a}^{3}(x^3-a^2x+1)dx=\frac{37}{4}-a$

$\displaystyle\left[\frac{1}{4}x^4-\frac{1}{2}a^2x^2+x\right]_{a}^{3}=\frac{37}{4}-a$

$\displaystyle\left(\frac{81}{4}-\frac{9}{2}a^2+3\right)-\left(\frac{1}{4}a^4-\frac{1}{2}a^4+a\right)=\frac{37}{4}-a$

$\displaystyle\frac{1}{4}a^4-\frac{9}{2}a^2-a+\frac{93}{4}=\frac{37}{4}-a$

$\displaystyle\frac{1}{4}a^4-\frac{9}{2}a^2+14=0$

$a^4-18a^2+56=0$

$(a^2-4)(a^2-14)=0$

$a^2=4$ $(\because 0<a<3)$

$a=2$

따라서 $k=-4$

$f(x)=x^3-4x+1$

$f(3)=27-12+1=16$

95 정답 19

$f(x)=ax^3+bx^2+cx+d$라 하면

(나)에서 $b=9$이다.

$f(x)=ax^3+9x^2+cx+d$에서

$f'(x)=3ax^2+18x+c$

(가)에서 $f'(x)=0$의 판별식이 $D\leq 0$이다.

따라서 $D/4=81-3ac\leq 0\cdots\bigcirc$

$f'(f^{-1}(x))=3a\{f^{-1}(x)\}^2+18f^{-1}(x)+c$,

$f'(0)=c$ 이므로

(다)에서

$\displaystyle\lim_{x\to 0}\frac{3f^{-1}(x)\{af^{-1}(x)+6\}}{x}=18$

$f^{-1}(x)$을 $g(x)$라 두면

$\displaystyle\lim_{x\to 0}\frac{3g(x)\{ag(x)+6\}}{x}$ 이 수렴하기 위해서는

$g(0)=0$ 또는 $g(0)=-\dfrac{6}{a}$

(i) $g(0)=0$일 때

$\displaystyle\lim_{x\to 0}\frac{3g(x)}{x}\{ag(x)+6\}=3g'(0)\times 6=18$

따라서 $g'(0)=1$이다.

따라서 함수 $g(x)$는 원점을 지나고 $y=x$에 접하는 곡선이다.

함수 $f(x)$는 $g(x)$와 $y=x$에 대칭이므로 마찬가지로

$f(0)=0$, $f'(0)=1$이 된다.

따라서 $d=0$, $c=1$이다. ㉠에서 $a \geq 27$

$$f(x) = ax^3 + 9x^2 + x$$

$$f(x) - x = ax^2\left(x + \frac{9}{a}\right)$$

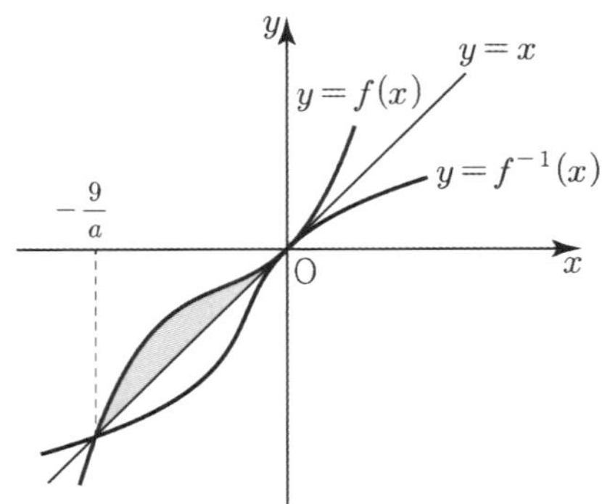

$$\int_{-\frac{9}{a}}^{0} \{f(x) - f^{-1}(x)\}dx = 2\int_{-\frac{9}{a}}^{0} \{f(x) - x\}dx$$

$$= 2a\int_{-\frac{9}{a}}^{0} \left\{x^2\left(x + \frac{9}{a}\right)\right\}dx$$

$$= 2a\frac{\left(\frac{9}{a}\right)^4}{12} = \frac{3}{2}\times\left(\frac{9}{a}\right)^3$$

$a=27$일 때 최댓값 $\frac{3}{2}\times\left(\frac{9}{27}\right)^3 = \frac{1}{18}$ 을 갖는다.

(ii) $g(0) = -\frac{6}{a}$일 때

$$\lim_{x\to 0}\frac{3g(x)\{ag(x)+6\}}{x}$$

$$= \lim_{x\to 0} 3ag(x)\frac{g(x)-g(0)}{x} = 3a\times\left(-\frac{6}{a}\right)g'(0) = 18$$

따라서 $g'(0) = -1$

그런데 $f(x)$가 증가함수이므로 모순이다.

(i), (ii)에서 $p + q = 19$

96 정답 ④

[랑데뷰세미나 세미나(128) 참고]

$0 < x < 2$에서 $f'(x) = 2(x-1)$이므로

(나)에서 $f'\left(2 + \frac{1}{2}x\right) = f'(2-x)$를 만족하는 구간 $(2, 3)$에서의 함수 $f'(x)$의 그래프는 다음과 같다.

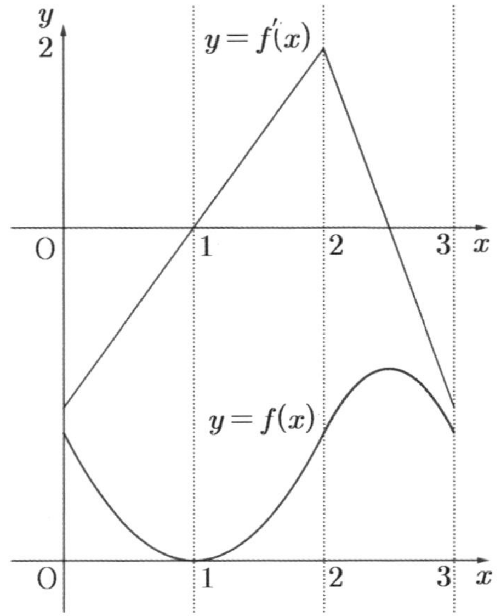

따라서 구간 $(0, 3)$에서의 함수 $f(x)$의 그래프는 위의 그림과 같다.

따라서

$$\int_{0}^{2}(x-1)^2 dx = \left[\frac{1}{3}(x-1)^3\right]_{0}^{2} = \frac{2}{3}$$이므로

$y = 1$과 $y = (x-1)^2$으로 둘러싸인 부분의 넓이는

$2 - \frac{2}{3} = \frac{4}{3}$이다.

따라서 구간 $[2, 3]$에서 $y = 1$과 $y = f(x)$로 둘러싸인 부분의 넓이는 $\frac{4}{3}\times\frac{1}{4} = \frac{1}{3}$이다.

(카발리에리의 원리 : 가로 부분과 세로 부분이 모두 $\frac{1}{2}$배이므로 전체 넓이는 $\frac{1}{4}$이다.)

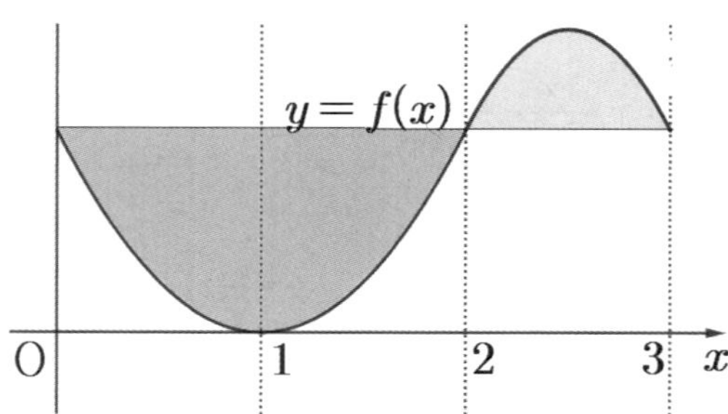

그러므로

$$\int_{0}^{3} f(x)dx = \frac{2}{3} + 1 + \frac{1}{3} = 2$$

[다른 풀이] 1

구간 $(2, 3)$에서 $f(x)$는 꼭짓점이 $\left(\dfrac{5}{2}, \dfrac{3}{2}\right)$이고 $(2, 1)$ 또는 $(3, 1)$을 지나므로

$f(x) = -2\left(x - \dfrac{5}{2}\right)^2 + \dfrac{3}{2}$ 이다.

$\displaystyle \int_0^3 f(x)dx$

$\displaystyle = \int_0^2 (x-1)^2 dx + \int_2^3 \left\{ -2\left(x - \dfrac{5}{2}\right)^2 + \dfrac{3}{2} \right\} dx$

$= \dfrac{2}{3} + \dfrac{4}{3} = 2$

[다른 풀이] 2

(나)에서 $0 < x < 2$일 때, $f'\left(2 + \dfrac{1}{2}x\right) = f'(2 - x)$의 양변

적분하면

$2f\left(2 + \dfrac{1}{2}x\right) = -f(2 - x) + C_1$ 이고 (C_1은 적분상수이다.)

$2 + \dfrac{1}{2}x = t$라 두면 $x = 2t - 4$이므로

$\therefore \ 2f(t) = -f(6 - 2t) + C_1 \ (2 < t < 3)$

따라서

$f(x) = \begin{cases} (x-1)^2 & (0 \leq x \leq 2) \\ -\dfrac{1}{2}f(6 - 2x) + C & (2 < x < 3) \end{cases}$

$x = 2$에서 연속이므로 $f(2) = 1 = -\dfrac{1}{2}f(2) + C$ (C는

적분상수이다.)에서 $C = \dfrac{3}{2}$

$f(x) = \begin{cases} (x-1)^2 & (0 \leq x \leq 2) \\ -\dfrac{1}{2}f(6 - 2x) + \dfrac{3}{2} & (2 < x < 3) \end{cases}$

$\displaystyle \int_0^3 f(x)dx$

$\displaystyle = \int_0^2 (x-1)^2 dx + \int_2^3 \left\{ -\dfrac{1}{2}f(6 - 2x) + \dfrac{3}{2} \right\} dx$

$\displaystyle = \dfrac{2}{3} - \dfrac{1}{2}\int_2^3 f(6 - 2x)dx + \dfrac{3}{2}$

$\displaystyle = \dfrac{13}{6} - \dfrac{1}{4}\int_0^2 f(s)ds \ (\Leftarrow s = 6 - 2x \text{일 때})$

$= \dfrac{13}{6} - \dfrac{1}{4} \times \dfrac{2}{3} = 2$

97 정답 ①

[출제자 : 이소영T]

[그림 : 강민구T]

[검토자 : 최병길T]

함수 $f(x)$는 $f(3) = -7$, $f(1) = 1$을 지나고 그래프를 구간별로 그려보면 아래와 같다.

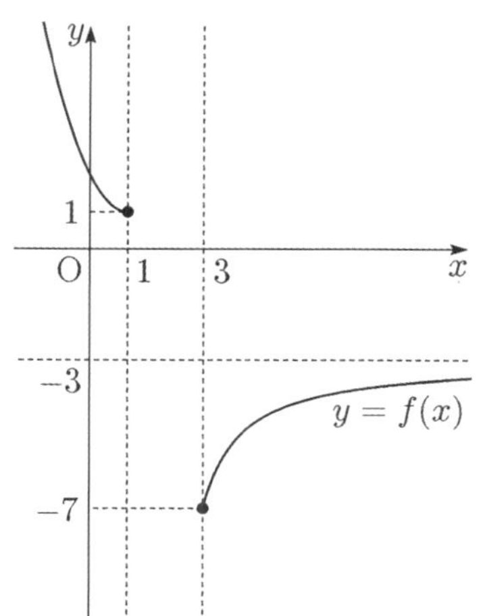

또, $g(x) = \begin{cases} -f(x) + k & (f(x) \leq k) \\ f(x) - k & (f(x) > k) \end{cases}$ 에서

$g(x) = \begin{cases} -(f(x) - k) & (f(x) \leq k) \\ f(x) - k & (f(x) > k) \end{cases}$ 이므로

$g(x) = |f(x) - k|$ 이다.

(i) $0 \leq k \leq 1$일 경우

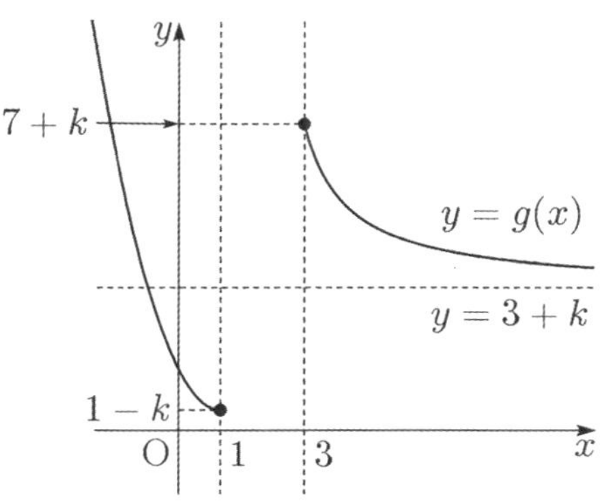

모든 실수 x_1, x_2에 대하여 $\dfrac{g(x_2) - g(x_1)}{x_2 - x_1} \leq 0$을 만족할 수 없으므로 모순이다.

(ii) $k > 1$일 경우

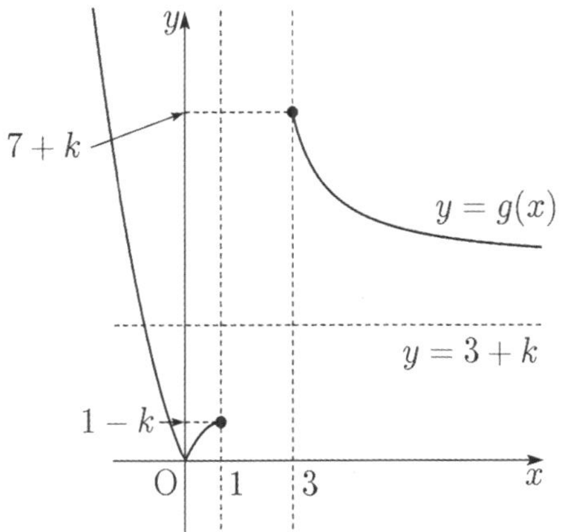

모든 실수 x_1, x_2에 대하여 $\dfrac{g(x_2)-g(x_1)}{x_2-x_1} \leq 0$을 만족할 수 없으므로 모순이다.

(iii) $k<0$일 경우

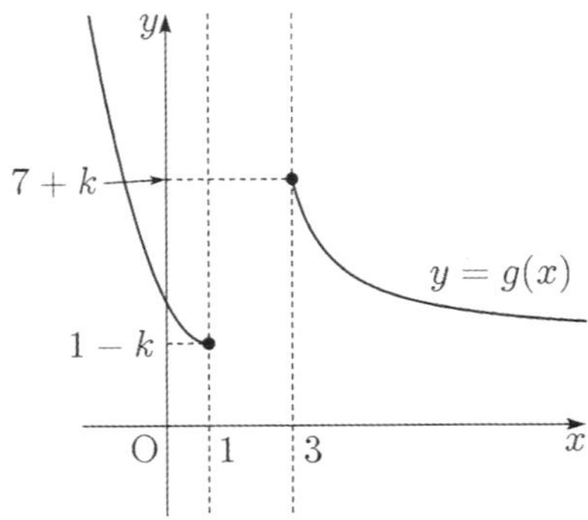

모든 실수 x_1, x_2에 대하여 $\dfrac{g(x_2)-g(x_1)}{x_2-x_1} \leq 0$만족하려면 $x=1$에서의 함숫값이 $x=3$에서의 함숫값보다 크거나 같고, $y=f(x)-k$의 점근선 $-3-k \leq 0$이 되어야 한다.

$\begin{cases} 1-k \geq 7+k \\ -3-k \leq 0 \end{cases}$ 이므로 $k=-3$으로 정해진다.

따라서 함수 $g(x)$의 그래프는 아래와 같다.

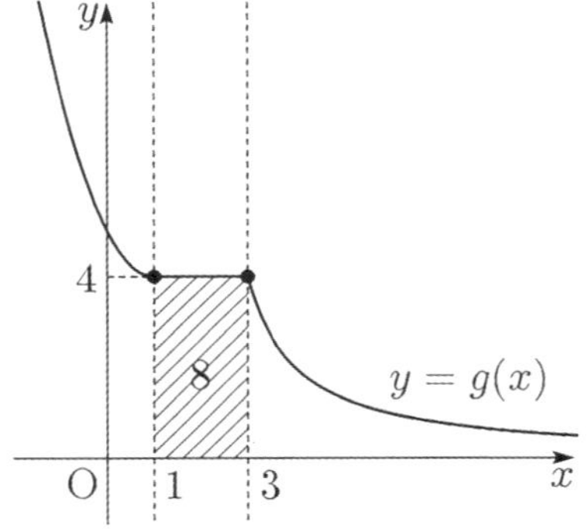

$\displaystyle\int_0^2 g(x+m)dx=8$이 되려면 구간 $[1,3]$에서의 넓이가 8이므로 $m=1$이 된다.

98 정답 289

[그림 : 이현일T]

$f(1)=0$에서 $g(1)=0$, $g\left(\dfrac{a}{2}\right)=0$이고 $f(x)$가 최고차항의

계수가 $\dfrac{2}{3}$인 삼차함수이므로 $g(x)$는 최고차항의 계수가 $\dfrac{4}{3}$인 사차함수이다.

조건 (가)에서 $g(\alpha)=0$, $g'(\alpha)=0$을 만족하는 α가 존재하므로 함수 $g(x)$는 x축이 접선이 되는 접점이 존재한다. 즉, $g(x)$가 사차함수이므로 사차방정식 $g(x)=0$은 중근 또는 삼중근을 갖는다.

그래프 개형과 삼차함수, 다항함수 비율로 문제를 풀어보자.

[세미나(92),(93),(173),(174) 참고]

$f(x)$의 피적분함수 $y=(x-a)(2x-a)$와 x축과의 교점의 x좌표는 $\dfrac{a}{2}$, a이다.

$f(1)=0$이므로

(i) $\dfrac{a}{2}=1$, 즉 $a=2$일 때,

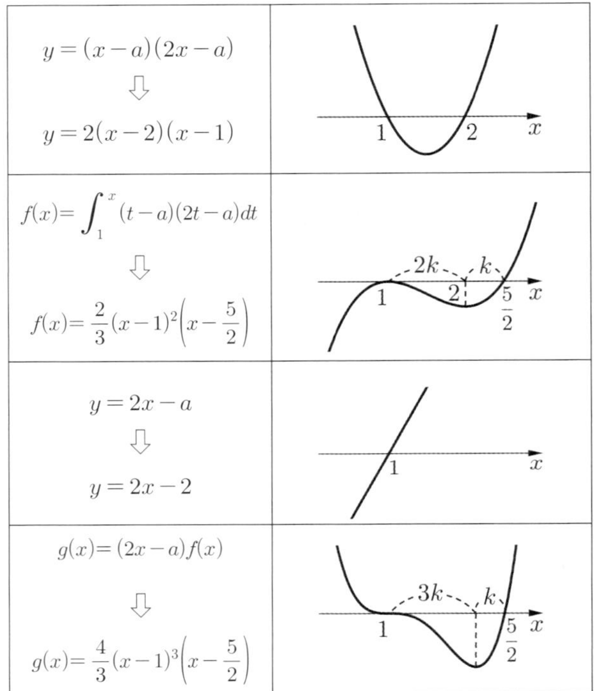

$y=|g(x)|$는 $y=k$와의 교점의 최대 개수는 4이다.

따라서 $g(0)=\dfrac{4}{3}\times(-1)\times\left(-\dfrac{5}{2}\right)=\dfrac{10}{3}$

(ii) $a = 1$일 때,

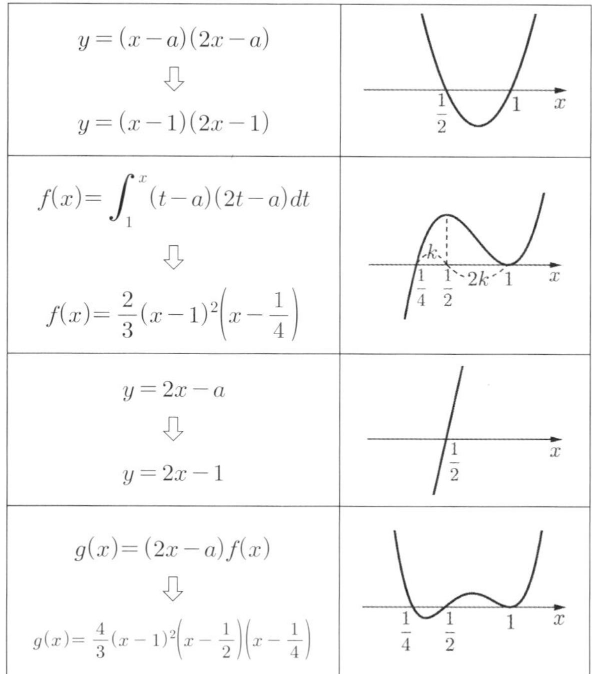

$y = (x-a)(2x-a)$ $\Downarrow$ $y = (x-1)(2x-1)$	
$f(x) = \int_1^x (t-a)(2t-a)\,dt$ $\Downarrow$ $f(x) = \dfrac{2}{3}(x-1)^2\left(x - \dfrac{1}{4}\right)$	
$y = 2x - a$ $\Downarrow$ $y = 2x - 1$	
$g(x) = (2x-a)f(x)$ $\Downarrow$ $g(x) = \dfrac{4}{3}(x-1)^2\left(x-\dfrac{1}{2}\right)\left(x-\dfrac{1}{4}\right)$	

$y = |g(x)|$는 $y = k$와의 교점의 최대 개수는 6이다. (모순)

(iii) $0 < a < 1$

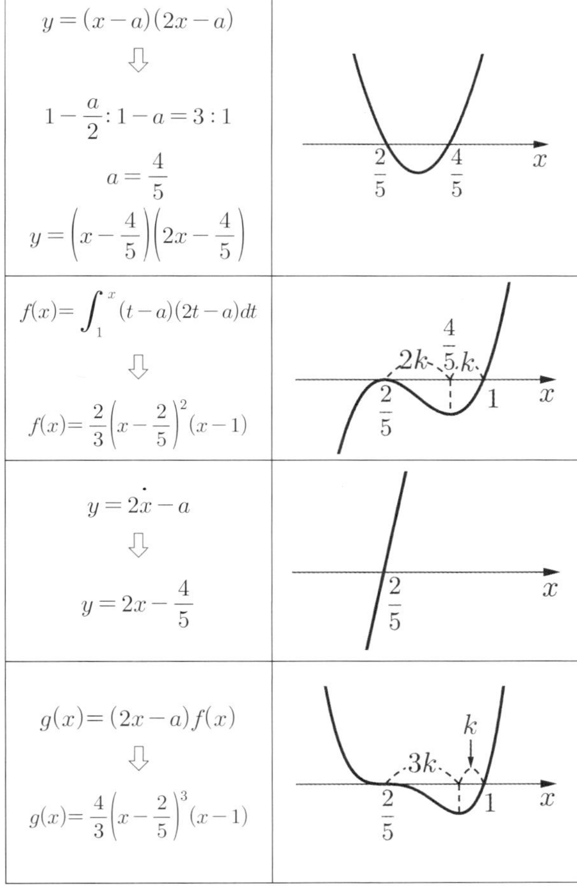

$y = (x-a)(2x-a)$ $\Downarrow$ $1 - \dfrac{a}{2} : 1 - a = 3 : 1$ $a = \dfrac{4}{5}$ $y = \left(x - \dfrac{4}{5}\right)\left(2x - \dfrac{4}{5}\right)$	
$f(x) = \int_1^x (t-a)(2t-a)\,dt$ $\Downarrow$ $f(x) = \dfrac{2}{3}\left(x - \dfrac{2}{5}\right)^2 (x-1)$	
$y = 2x - a$ $\Downarrow$ $y = 2x - \dfrac{4}{5}$	
$g(x) = (2x-a)f(x)$ $\Downarrow$ $g(x) = \dfrac{4}{3}\left(x - \dfrac{2}{5}\right)^3 (x-1)$	

$y = |g(x)|$는 $y = k$와의 교점의 최대 개수는 4이다.

따라서 $g(0) = \dfrac{4}{3} \times \left(-\dfrac{8}{125}\right) \times (-1) = \dfrac{32}{375}$

(iv) $a > 2$

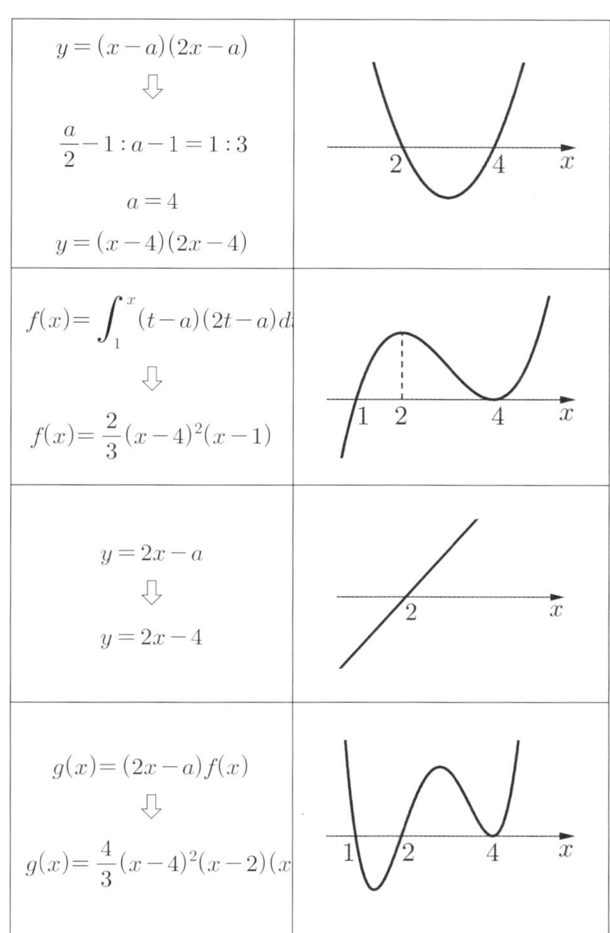

$y = (x-a)(2x-a)$ $\Downarrow$ $\dfrac{a}{2} - 1 : a - 1 = 1 : 3$ $a = 4$ $y = (x-4)(2x-4)$	
$f(x) = \int_1^x (t-a)(2t-a)\,dt$ $\Downarrow$ $f(x) = \dfrac{2}{3}(x-4)^2(x-1)$	
$y = 2x - a$ $\Downarrow$ $y = 2x - 4$	
$g(x) = (2x-a)f(x)$ $\Downarrow$ $g(x) = \dfrac{4}{3}(x-4)^2(x-2)(x$	

$y = |g(x)|$는 $y = k$와의 교점의 최대 개수는 6이다. (모순)

(i)~(iv)에서 $M = \dfrac{10}{3}$, $m = \dfrac{32}{375}$ 이다.

$$M \times m = \dfrac{10}{3} \times \dfrac{32}{375} = \dfrac{64}{225}$$

$p = 225$, $q = 64$

$p + q = 289$

99 정답 ⑤

[그림 : 최성훈T]

모든 실수 t에 대하여 $|f(t)| \geq 0$이므로

$f(x) > 1$일 때, $\displaystyle\int_1^{f(x)} |f(t)|\,dt \geq 0$

$f(x) = 1$일 때, $\displaystyle\int_1^{f(x)} |f(t)|\,dt = 0$

$f(x) < 1$일 때, $\displaystyle\int_1^{f(x)} |f(t)|\,dt \leq 0$

이다.

따라서 모든 실수 x에 대하여 $\{5-f(x)\}\displaystyle\int_{1}^{f(x)}|f(t)|\,dt \geq 0$이

성립하기 위해서는

$f(x) \geq 1$일 때, $5-f(x) \geq 0$이므로 $1 \leq f(x) \leq 5$이다.

$f(x) \leq 1$일 때, $5-f(x) \leq 0$이어야 하므로 모순이다.

따라서 부등식을 만족시키는 $f(x)$의 범위는

$1 \leq f(x) \leq 5$이다.

$f(1) \leq 5$이므로 그림과 같이 극댓값 $f(1)$이 5일 때,

$b-a$의 값이 최소가 된다.

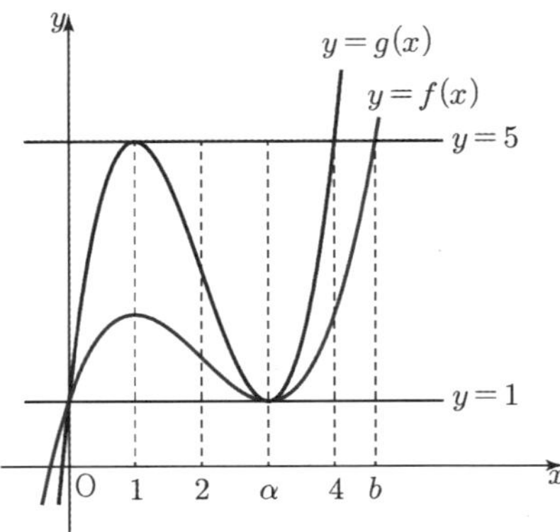

$f(1)=5$일 때, $b-a$의 값이 최소이므로

$g'(x)=k(x-1)(x-\alpha)\ \ (\alpha>1)$

$\qquad =k\{x^2-(\alpha+1)x+\alpha\}$

$g(x)=k\left(\dfrac{x^3}{3}-\dfrac{\alpha+1}{2}x^2+\alpha x\right)+1\ \ (\because g(0)=1)$

$g(\alpha)=1$이므로 $k\times\dfrac{\alpha^2(3-\alpha)}{6}=0$에서 $\alpha=3$

$g(x)=k\left(\dfrac{x^3}{3}-2x^2+3x\right)+1$

$g(1)=\dfrac{4k}{3}+1=5$

$\therefore\ k=3$

따라서 $g(x)=x^3-6x^2+9x+1$이고

$g(x)=5$인 x의 값은 1과 4이므로 $b-a$의 최솟값은 4이다.

$\therefore\ g(m+1)=g(5)=21$

[다른 풀이]

삼차함수 비율에 의해 $\alpha=3$, $a=0$, $b=4$이므로

$g(x)=kx(x-3)^2+1$에서 $g(1)=5$이므로 $k=1$

따라서 $g(x)=x(x-3)^2+1$이고 $m=b-a=4$이다.

$g(m+1)=g(5)=21$

100 정답 ①

점 P에서의 접선의 기울기가 $f'(t)$이므로 직선 l의 방정식은
다음과 같다.

$y=-\dfrac{1}{f'(t)}(x-t)+f(t)$

$f'(t)=m\ (m \geq 0)$이라 하고 정리하면

$x+my-t-mf(t)=0$

(나)에서 O$(0,0)$, Q$(t,\,a+f(t))$와 직선 l까지의 거리가
같으므로

$\dfrac{|-t-mf(t)|}{\sqrt{1+m^2}}=\dfrac{|t+ma+mf(t)-t-mf(t)|}{\sqrt{1+m^2}}$에서

$a>0$, $t>0$, $f(t)>0$이므로

$\Rightarrow\ t+mf(t)=ma$

$\Rightarrow\ m(a-f(t))=t$

따라서 $f'(t)=\dfrac{t}{a-f(t)}$

(가)에서 $f'(1)=\dfrac{1}{a-f(1)}=\dfrac{1}{4}$이므로

$a-f(1)=4\cdots\ominus$

$f'(2)=\dfrac{2}{a-f(2)}=2$이므로 $a-f(2)=1\cdots\bigcirc$

$\ominus$, $\bigcirc$에서 $f(2)-f(1)=3$

따라서

$\displaystyle\int_{1}^{2}f'(x)\,dx=\Big[\ f(x)\ \Big]_{1}^{2}=f(2)-f(1)=3$

101 정답 329

$f'(x)=3(x-x_1)(x-x_2)(x-x_3)$이다.

다음 그림과 같이 양수 a, b, c에 대하여

$\left|\displaystyle\int_{0}^{x_1}f'(x)\,dx\right|=a$, $\left|\displaystyle\int_{x_1}^{x_2}f'(x)\,dx\right|=b$,

$\left|\displaystyle\int_{x_2}^{x_3}f'(x)\,dx\right|=c$라 하자.

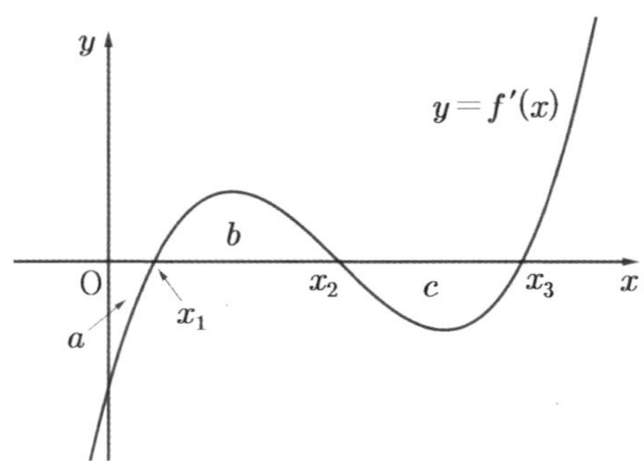

(가)에서

$\displaystyle\int_{0}^{x_2}|f'(x)|\,dx=\dfrac{3}{2}\int_{0}^{x_2}f'(x)\,dx$

$\rightarrow a+b=\dfrac{3}{2}(-a+b)\rightarrow 2a+2b=-3a+3b$

$\rightarrow b=5a\cdots\ominus$

(나)에서

$\displaystyle\int_{0}^{x_3}|f'(x)|\,dx=-11\int_{0}^{x_3}f'(x)\,dx$

$\rightarrow a+b+c=-11(-a+b-c)$

$\rightarrow 6a+c=-11(4a-c)$

$\rightarrow 6a+c=-44a+11c$

$\rightarrow 50a = 10c \rightarrow c = 5a \cdots$ ㉡

㉠, ㉡에서 $b=c$이므로 사차함수 $f(x)$는 $x=x_1$과 $x=x_3$에서 같은 극솟값을 갖는다. 즉, $f(x_1)=f(x_3)$이다.

$\left| \int_0^{x_1} f'(x)\,dx \right| = a$이므로 $\int_0^{x_1} f'(x)\,dx = -a$이고 $f(x)$가 $f(0)=0$을 만족하므로

$f(x) = (x-x_1)^2(x-x_3)^2 - a$라 할 수 있다.

함수 $f(x)$는 $x=x_2$에서 극댓값을 갖고

$\int_0^{x_2} f'(x)\,dx = -a+b = -a+5a = 4a$이므로

$f(x_2) = 4a$이다.

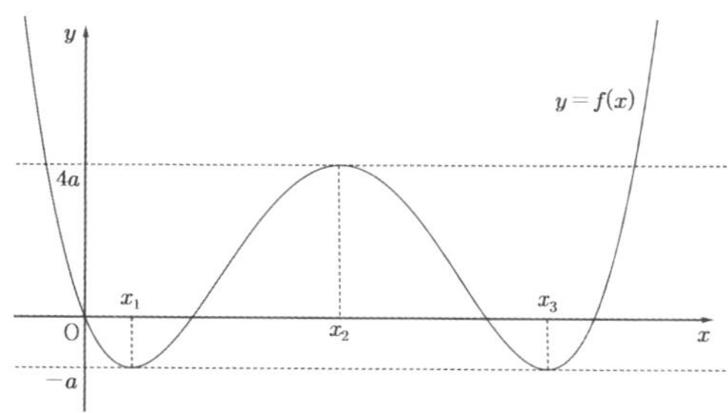

$\therefore\ f(x_2) = 3^2 \times 3^2 - a = 4a$

$5a = 81$에서 $a = \dfrac{81}{5}$이다.

따라서 $f(x_2) = 4a = \dfrac{324}{5}$

$p=5$, $q=324$이므로 $p+q=329$

102 정답 ⑤

[그림 : 이정배T]

함수 $f(x)$가 최고차항의 계수가 $\dfrac{1}{4}$인 사차함수이므로

함수 $f'(x)$는 최고차항의 계수가 1인 삼차함수이다.

$h(x) = \displaystyle\int_0^x g(t)\,dt$라 할 때, 함수 $g(x)$가 일차함수이므로

함수 $h(x)$는 이차함수이다.

방정식 $\{x-f'(k)\}\{x-h(k)\}=0$을 만족시키는

두 실근이 0, $\dfrac{15}{2}$이므로

$$\begin{cases} f'(k)=0 \ \text{또는}\ h(k)=\dfrac{15}{2} \\ \qquad\qquad\qquad\qquad \cdots\cdots ㉠ \\ f'(k)=\dfrac{15}{2} \ \text{또는}\ h(k)=0 \end{cases}$$

을 동시에 만족시키는 k의 개수가 3이고 k의 값이 -2α, 0, 3α $(\alpha > 0)$이다. $\cdots\cdots$ ㉡

$h(x) = \displaystyle\int_0^x g(t)\,dt$에서

$h(0)=0$이므로 $f'(0) = \dfrac{15}{2}$

$h'(x) = g(x)$이고 $g(0)<0$이므로 $h'(0)<0$이다.

(i) 이차함수 $h(x)$의 최고차항의 계수가 음수일 때, $h(0)=0$, $h'(0)<0$이므로 함수 $h(x)$의 그래프는 그림과 같다.

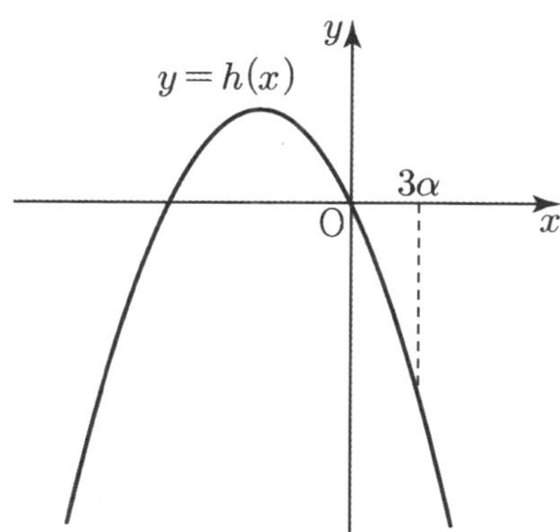

㉠에서 $h(k)=\dfrac{15}{2}$ 또는 $h(k)=0$을 만족시키는 k의 값이 모두 0이하이므로 $h(3\alpha)=0$ 또는 $h(3\alpha)=\dfrac{15}{2}$이라는 조건에 모순이다.

(ii) 이차함수 $h(x)$의 최고차항의 계수가 양수일 때, $h(0)=0$, $h'(0)<0$이므로 이차함수 $h(x)$의 그래프는 그림과 같다.

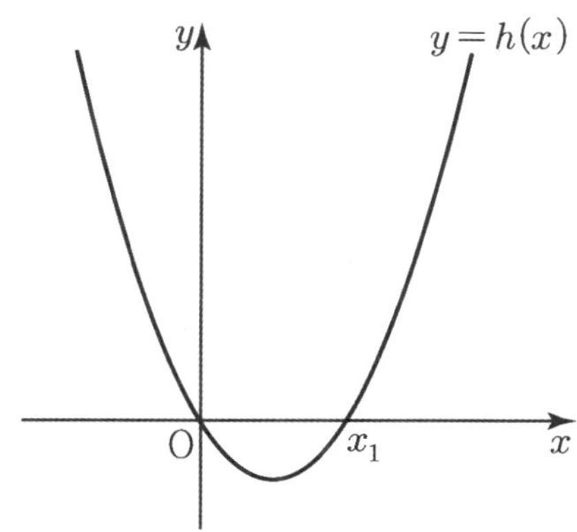

(나)에서 $0<k<3\alpha$일 때, $f'(k) \times h(k) < 0$이므로 $0<x<3\alpha$일 때,

$f'(x)>0$이고 $h(x)<0$ 또는 $f'(x)<0$, $h(x)>0$이어야 한다.

그림에서 $0<x<x_1$일 때, $h(x)<0$이므로 $0<x<3\alpha$일 때, $f'(x)>0$이고 $h(x)<0$이다.

즉, $x_1=3\alpha$으로 $h(3\alpha)=0$이다.

따라서 $f'(3\alpha) = \dfrac{15}{2}$이다.

$h(0)=h(3\alpha)=0$에서 $h(-2\alpha)\neq 0$이므로

㉡에서 $h(-2\alpha)=\dfrac{15}{2}$이고 $f'(-2\alpha)=0$이다.

(i), (ii)에서

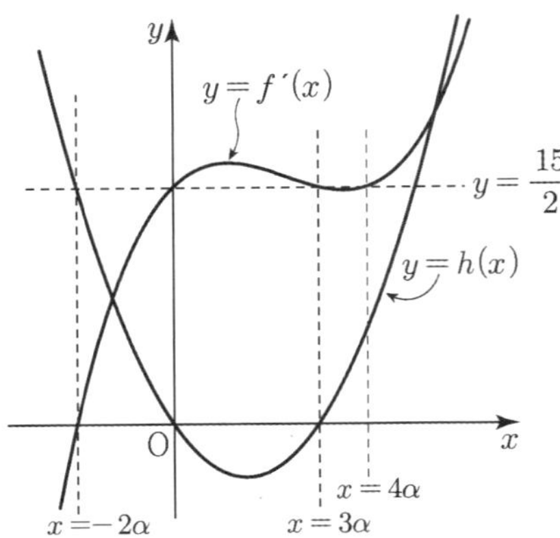

최고차항의 계수가 1인 삼차함수 $f'(x)$는

$f'(-2\alpha)=0$, $f'(0)=f'(3\alpha)=f'(4\alpha)=\dfrac{15}{2}$이다.

$f'(x)=x(x-3\alpha)(x-4\alpha)+\dfrac{15}{2}$

$f'(-2\alpha)=(-2\alpha)(-5\alpha)(-6\alpha)+\dfrac{15}{2}=0$

$60\alpha^3=\dfrac{15}{2}$

$\alpha^3=\dfrac{1}{8}$

$\therefore\ \alpha=\dfrac{1}{2}$

최고차항의 계수가 양수인 이차함수 $h(x)$는

$h(-2\alpha)=\dfrac{15}{2}$, $h(0)=h(3\alpha)=0$에서 $\alpha=\dfrac{1}{2}$이므로

$h(x)=ax\left(x-\dfrac{3}{2}\right)\ (a>0)$

$h(-2\alpha)=h(-1)=a\times(-1)\left(-\dfrac{5}{2}\right)=\dfrac{15}{2}$

$\therefore\ a=3$

$h(x)=\displaystyle\int_0^x g(t)dt=3x\left(x-\dfrac{3}{2}\right)=3x^2-\dfrac{9}{2}x$이다.

$h'(x)=g(x)=6x-\dfrac{9}{2}$

$g(\alpha)=g\left(\dfrac{1}{2}\right)=3-\dfrac{9}{2}=-\dfrac{3}{2}$

따라서 $\{g(\alpha)\}^2=\dfrac{9}{4}$

103 정답 25

[그림 : 이호진T]

(나)에서 $x=0$을 대입하면 $-5a|g(0)|=0$에서 $g(0)=0$

따라서 $g(5a)=0$, $g(0)=0$이고 함수 $(x-5a)|g(x)|$가

실수 전체의 집합에서 미분가능하므로 함수 $g(x)$는 x^n

$(2\le n\le 3)$ 을 인수로 갖는다.

또한 (가)에서 극솟값이 음수이어야 하므로 $n=3$이다.

따라서 $g(x)=\dfrac{1}{25}x^3(x-5a)$이다.

$(x-5a)g(x)=\dfrac{1}{25}x^3(x-5a)^2$에서

$\{(x-5a)g(x)\}'=\dfrac{3}{25}x^2(x-5a)^2+\dfrac{2}{25}x^3(x-5a)$

$\qquad=\dfrac{1}{25}x^2(x-5a)\{3(x-5a)+2x\}$

$\qquad=\dfrac{1}{5}x^2(x-5a)(x-3a)$

이므로

(i) $g(x)\ge 0$일 때 $\dfrac{1}{25}x^3(x-5a)^2=\displaystyle\int_0^x(t-3a)f(t)dt$의

양변을 미분하면

$\dfrac{1}{5}x^2(x-5a)(x-3a)=(x-3a)f(x)$

$f(x)=\dfrac{1}{5}x^2(x-5a)$

$g(x)\ge 0$일 때, $x\le 0$ 또는 $x\ge 5a$이고

$f(x)=\dfrac{1}{5}x^2(x-5a)$이다.

(ii) $g(x)<0$일 때 $-\dfrac{1}{25}x^3(x-5a)^2=\displaystyle\int_0^x(t-3a)f(t)dt$의

양변을 미분하면

$-\dfrac{1}{5}x^2(x-5a)(x-3a)=(x-3a)f(x)$

$f(x)=-\dfrac{1}{5}x^2(x-5a)$

$g(x)<0$일 때, $0<x<5a$이고, $f(x)=-\dfrac{1}{5}x^2(x-5a)$이다.

(i), (ii)에서

$f(x)=\begin{cases}\dfrac{1}{5}x^2(x-5a)\quad(x\le 0,\ x\ge 5a)\\[2mm]-\dfrac{1}{5}x^2(x-5a)\ (0<x<5a)\end{cases}$

$g(x)=\dfrac{1}{25}x^3(x-5a)=0$의 해는 $x=0$ 또는 $x=5a$뿐이므로

(다)에서 $g(3a-f(x))=0$의 해는

$3a-f(x)=0$ 또는 $3a-f(x)=5a$

즉, $f(x)=3a$와 $f(x)=-2a$의 해와 같다.

방정식 $f(x)=-2a$에서 곡선 $y=f(x)$와 직선 $y=-2a$의

교점의 개수는 1이므로

$g(3a-f(x))=0$의 해의 개수가 3이기 위해서는 $f(x)=3a$의

해의 개수가 2이어야 한다.

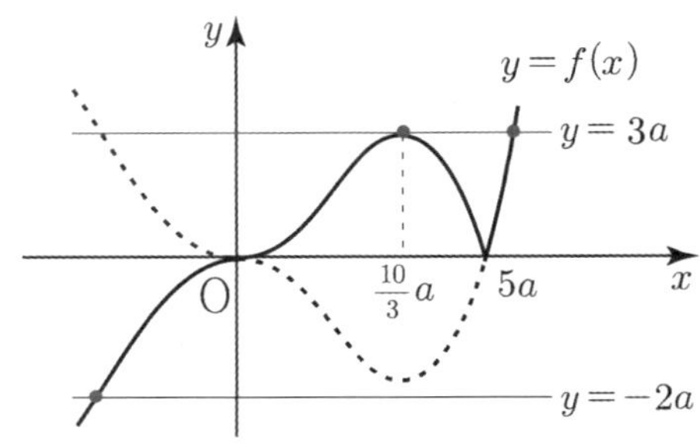

즉, $3a$는 함수 $y=f(x)$의 극댓값이어야 한다.

함수 $f(x)$의 극댓값은 $0<x<5a$에서 나타나고

삼차함수 비율에서 $x=\dfrac{10}{3}a$일 때 이므로

$$f\left(\dfrac{10}{3}a\right)=-\dfrac{1}{5}\times\left(\dfrac{10}{3}a\right)^2\left(-\dfrac{5}{3}a\right)=\dfrac{100}{27}a^3$$

$$\dfrac{100}{27}a^3=3a$$

$$a^2=\dfrac{81}{100}$$

$$a=\dfrac{9}{10}\ (\because a>0)\text{이다.}$$

$$f(x)=\begin{cases}\dfrac{1}{5}x^2\left(x-\dfrac{9}{2}\right) & \left(x\le 0,\ x\ge\dfrac{9}{2}\right)\\[3mm] -\dfrac{1}{5}x^2\left(x-\dfrac{9}{2}\right) & \left(0<x<\dfrac{9}{2}\right)\end{cases}$$

$$f\left(-\dfrac{5}{9}a\right)=f\left(-\dfrac{1}{2}\right)=\dfrac{1}{5}\times\dfrac{1}{4}\times(-5)=-\dfrac{1}{4}$$

따라서 $-100\times f\left(-\dfrac{1}{2}\right)=25$

104 정답 6

(가)에서 $f(0)=0$, $\displaystyle\lim_{x\to 3-}f(x)=-3a$이고

(나)에서 $\displaystyle\lim_{x\to 3+}f(x)=f(0)+1=1$이다.

$f(x)$가 $x=3$에서 연속이므로 $-3a=1$에서 $a=-\dfrac{1}{3}$이므로

$$f(x)=-\dfrac{1}{3}x(x-4)\ (0\le x<3)\cdots\bigcirc$$

(나)에서 구간 $[3,6)$의 $f(x)$는 $\bigcirc$의 $f(x)$을 x축으로 3만큼, y축으로 1만큼 평행이동한 그래프이고 같은 방식으로 연속된 함수 $f(x)$의 그래프를 생각할 수 있다.

(다)에서 $f(x)$가 y축 대칭이므로 $f(x)$ 그래프는 다음 그림과 같다.

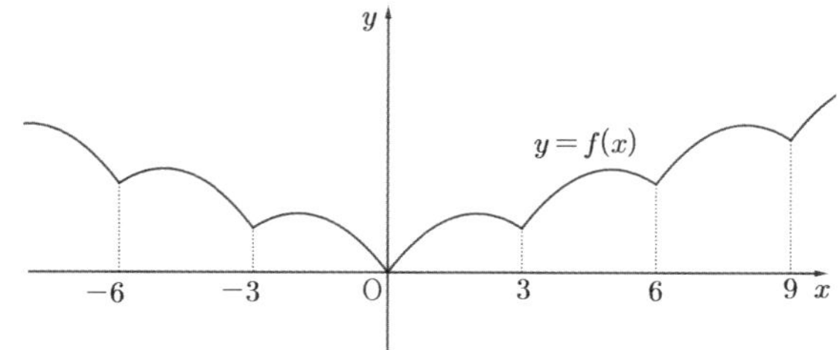

양의 실수 x에서 $g(x)\ge f(x)$이고 $|f(x)-g(|x|)|$가 $x\ne 3n$인 모든 실수 x에 관해 미분 가능하고

직선 $g(x)$의 기울기 m이 최소일 때, $\displaystyle\int_{-12}^{12}h(x)dx$의 값이

최소인 상황은 다음 그림과 같이 직선 $g(x)$가 $f(x)$와 만나는 모든 점에서 접할 때이다.

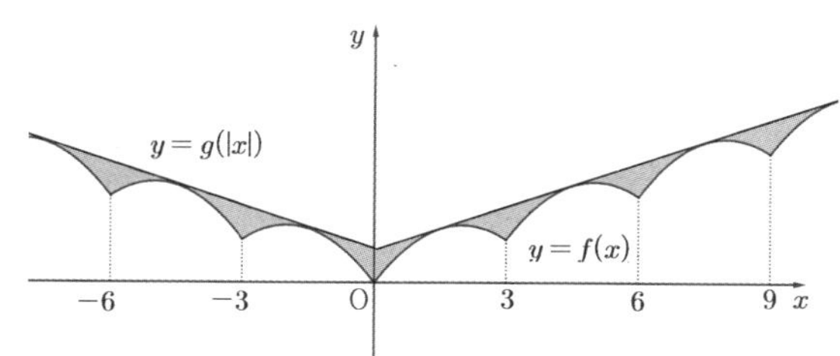

$(0,0)$, $(3,1)$, $(6,2)$, $\cdots$을 지나는 직선의 기울기가 $\dfrac{1}{3}$이므로

$\bigcirc$의 함수에 접하고 기울기가 $\dfrac{1}{3}$인 직선의 방정식을 구해보면

$$f(x)=-\dfrac{1}{3}x(x-4)\to f'(x)=-\dfrac{2}{3}x+\dfrac{4}{3}=\dfrac{1}{3}$$

$$-\dfrac{2}{3}x=-1\text{에서}\ x=\dfrac{3}{2}$$

$$f\left(\dfrac{3}{2}\right)=-\dfrac{1}{3}\times\dfrac{3}{2}\times\left(-\dfrac{5}{2}\right)=\dfrac{5}{4}$$

따라서 기울기가 $\dfrac{1}{3}$이고 점 $\left(\dfrac{3}{2},\dfrac{5}{4}\right)$을 지나는 직선의 방정식은

$$g(x)=\dfrac{1}{3}x+\dfrac{3}{4}$$

따라서

$$\int_{-12}^{12}h(x)dx\ge 2\int_{0}^{12}h(x)dx$$

$$=2\times 4\times\int_{0}^{3}h(x)dx=8\times\int_{0}^{3}|f(x)-g(x)|dx$$

$$=8\times\int_{0}^{3}\left\{\left(\dfrac{1}{3}x+\dfrac{3}{4}\right)-\left(-\dfrac{1}{3}x^2+\dfrac{4}{3}x\right)\right\}dx$$

$$=8\times\int_{0}^{3}\left\{\dfrac{1}{3}x^2-x+\dfrac{3}{4}\right\}dx$$

$$=8\times\left[\dfrac{1}{9}x^3-\dfrac{1}{2}x^2+\dfrac{3}{4}x\right]_{0}^{3}$$

$$=8\times\left(3-\dfrac{9}{2}+\dfrac{9}{4}\right)=6$$

105 정답 4

$n=0$일 때, $g(x)=f(x)=x(x-1)\ (0\le x\le 1)$

$n=1$일 때,

$$g(x)=-f(x-1)\ (0\le x-1\le 1)$$
$$=-(x-1)(x-2)\ (1\le x\le 2)$$

$n=2$일 때,

$$g(x)=f(x-2)\ (0\le x-2\le 1)$$
$$=(x-2)(x-3)\ (2\le x\le 3)$$
$$\vdots\qquad\vdots$$

따라서

함수 $g(x)$의 그래프는 다음 그림과 같다.

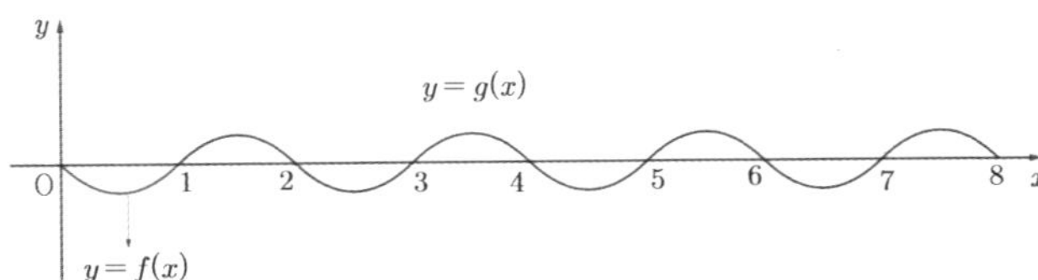

그러므로 함수 $h(x)$는

$$h(x) = \begin{cases} 2g(x) & (0 \le x \le 1, 2 \le x \le 3) \\ -2g(x) & (4 \le x \le 5, 6 \le x \le 7) \\ 0 & (1 \le x \le 2, 3 \le x \le 4, 5 \le x \le 6, 7 \le x \le 8) \end{cases}$$

이므로 그래프는 다음과 같다.

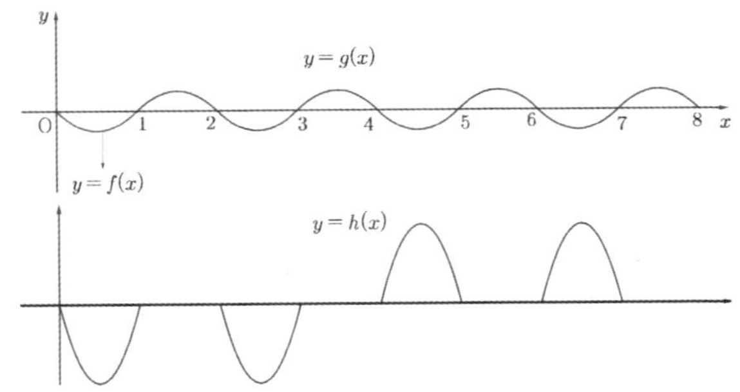

따라서 $\displaystyle\int_{\alpha}^{x} h(t)\,dt \le 0$ 을 만족하는 α는

$\alpha = 0$ 또는 $7 \le \alpha \le 8$이다.

따라서 $a = 0$, $\mathrm{A} = 8$

$\displaystyle\int_{\beta}^{x} h(t)\,dt \ge 0$ 을 만족하는 β는

$3 \le \beta \le 4$이다.

따라서 $b = 3$, $\mathrm{B} = 4$

그러므로 $\dfrac{\mathrm{A}+\mathrm{B}}{a+b} = \dfrac{8+4}{0+3} = 4$

[랑데뷰팁]

$0 \le k \le 8$인 k에 대하여 $y = \displaystyle\int_{k}^{x} h(t)\,dt$의 그래프의

개형은 다음 그림과 같다.

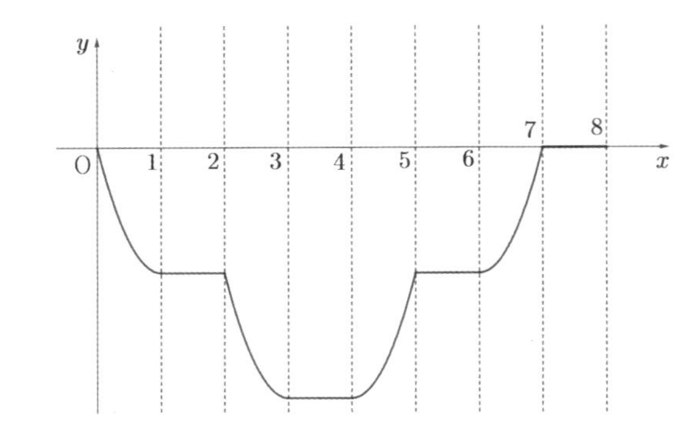

[풀이 : 유승희T]

$f(x) = k(x-b)$라 두면

$g(x) = \displaystyle\int_{1}^{x} f(t+a)f(t-a)\{|f(t)|-2a\}dt$ 에서

$g(1) = 0$이고

$g'(x) = f(x+a)f(x-a)\{|f(x)|-2a\}$

$= k^2(x+a-b)(x-a-b)\{|k(x-b)|-2a\}$

$g'(x) = 0$의 실근은

$x = -a+b,\ a+b,\ \dfrac{2a}{k}+b,\ -\dfrac{2a}{k}+b$

위의 4개의 실근 중 나머지 세 개의 근과 다른 한 근이 존재한다면 그 값에서 $g(x)$는 극값을 갖는다.

따라서, $\dfrac{2a}{k} = a$, $\dfrac{2a}{k} = -a$이다. 즉, $k = 2$ 또는 -2

(i) $k = 2$일 때,

$g'(x) = 8(x+a-b)(x-a-b)(|x-b|-a)$

$= 8\{(x-b)^2 - a^2\}(|x-b|-a)$

$= 8(|x-b|-a)^2(|x-b|+a) \ge 0$

$g(x)$는 증가함수이다.

(나)에서 함수 $g(x)$가 $(1,0)$에 대하여 대칭함수이므로 $g'(x)$는 $x = 1$에 대하여 대칭함수이다.

$g'(x) = 8(|x-b|-a)^2(|x-b|+a)$이므로

$\therefore b = 1$

$\therefore f(x) = 2(x-1)$,

$\quad g'(x) = 8(|x-1|-a)^2(|x-1|+a)$

또한, $g(0) + g(2) = 0$이고

(다)에서 $|g(0)| + |g(2)| = \dfrac{20}{3}$이므로

$g(0) = -\dfrac{10}{3}$이고 $g(2) = \dfrac{10}{3}$ $(\because g(x)$는 증가함수$)$

$g(x) = \displaystyle\int_{1}^{x} f(t+a)f(t-a)\{|f(t)|-2a\}dt$

$= 8\displaystyle\int_{1}^{x} (|t-1|-a)^2(|t-1|+a)\,dt$

따라서,

$g(2) = 8\displaystyle\int_{1}^{2} (|t-1|-a)^2(|t-1|+a)\,dt$

$= 8\displaystyle\int_{1}^{2} (t-1-a)^2(t-1+a)\,dt$

$= 8\displaystyle\int_{0}^{1} (t-a)^2(t+a)\,dt$

$= 8\displaystyle\int_{0}^{1} (t^3 - at^2 - a^2 t + a^3)\,dt$

$= 8a^3 - 4a^2 - \dfrac{8}{3}a + 2 = \dfrac{10}{3}$

에서 인수분해하면

$(a-1)\left(8a^2 + 4a + \dfrac{4}{3}\right) = 0$

$\therefore\ a=1$

$f(x)=2(x-1)$에서

$\therefore\ f(3a)=f(3)=4$

(ii) $k=-2$일 때,

$g'(x)=8(x+a-b)(x-a-b)(|x-b|-a)$

$=8\{(x-b)^2-a^2\}(|x-b|-a)$

$=8(|x-b|-a)^2(|x-b|+a)\geq 0$

$g(x)$는 증가함수이다.

(나)에서 함수 $g(x)$가 $(1,0)$에 대하여 대칭함수이므로

$g'(x)$는 $x=1$에 대하여 대칭함수이다.

$g'(x)=8(|x-b|-a)^2(|x-b|+a)$이므로

$\therefore\ b=1$

$\therefore\ f(x)=-2(x-1)$,

$\quad g'(x)=8(|x-1|-a)^2(|x-1|+a)$

또한, $g(0)+g(2)=0$이고

(다)에서 $|g(0)|+|g(2)|=\dfrac{20}{3}$이므로

$g(0)=-\dfrac{10}{3}$이고 $g(2)=\dfrac{10}{3}$ $(\because g(x)$는 증가함수$)$

$g(x)=\displaystyle\int_1^x f(t+a)f(t-a)\{|f(t)|-2a\}dt$

$=8\displaystyle\int_1^x (|t-1|-a)^2(|t-1|+a)\,dt$

따라서,

$g(2)=8\displaystyle\int_1^2 (|t-1|-a)^2(|t-1|+a)\,dt$

$=8\displaystyle\int_1^2 (t-1-a)^2(t-1+a)\,dt$

$=8\displaystyle\int_0^1 (t-a)^2(t+a)\,dt$

$=8\displaystyle\int_0^1 (t^3-at^2-a^2t+a^3)\,dt$

$=8a^3-4a^2-\dfrac{8}{3}a+2=\dfrac{10}{3}$

에서 인수분해하면

$(a-1)\left(8a^2+4a+\dfrac{4}{3}\right)=0$

$\therefore\ a=1$

$f(x)=-2(x-1)$에서

$\therefore\ f(3a)=f(3)=-4$

(i), (ii)에서 $M=4$, $m=-4$이다.

$M^2+m^2=16+16=32$

107 정답 81

[그림 : 최성훈T]

$g(x)=\displaystyle\int_k^x \{f'(t+3a)\times f'(t-a)\}dt$에서

$g(k)=0$, $g'(x)=f'(x+3a)\times f'(x-a)$이다.

최고차항의 계수가 1인 삼차함수 $f(x)$의 도함수 $f'(x)$는 최고차항의 계수가 3인 이차함수이다.

함수 $g(x)$의 도함수는 함수 $f'(x)$를 x축의 방향으로 $-3a$만큼 평행이동한 함수 $f'(x+3a)$와 함수 $f'(x)$를 x축의 방향으로 a만큼 평행이동한 함수 $f'(x-a)$의 곱함수이다.

따라서 함수 $g(x)$는 최고차항의 계수가 9인 사차함수이다.

함수 $g(x)$의 극값은 2개이므로 방정식 $f'(x+3a)\times f'(x-a)=0$의 실근 중 근의 좌우에서 부호가 바뀌는 실근은 2개여야 한다.

따라서 세 함수 $f'(x+3a)$, $f'(x)$, $f'(x-a)$의 그래프 개형은 다음과 같다.

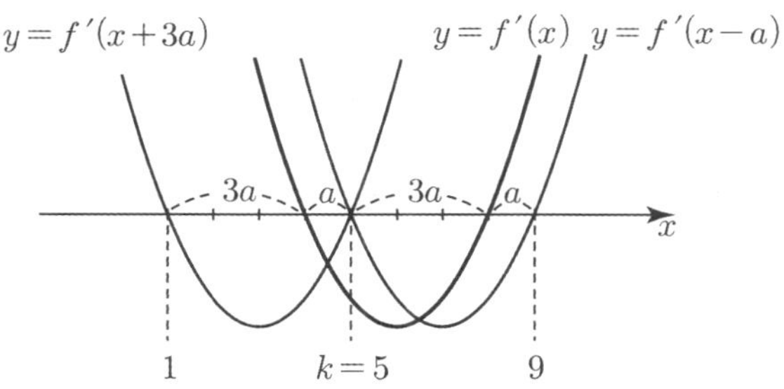

그림에서

$3a+a+3a+a=9-1$

$8a=8$

$\therefore\ a=1$

따라서 방정식 $f'(x)=0$의 해는 $1+3a$, $9-a$

즉, $x=4$, $x=8$이다.

따라서

$f'(x)=3(x-4)(x-8)$이다.

한편,

$f'(x+3)=3(x-1)(x-5)$

$f'(x-1)=3(x-5)(x-9)$에서

$f'(x+3)\times f'(x-1)=9(x-1)(x-5)^2(x-9)$

따라서

$g(x)=\displaystyle\int_k^x \{f'(t+3a)\times f'(t-a)\}dt$

$\quad=9\displaystyle\int_k^x (t-1)(t-5)^2(t-9)\,dt$

$g(x)$의 피적분함수 $y=(x-1)(x-5)^2(x-9)$에서

$g(k)=0$이므로 $k=5$일 때, 함수 $g(x)$의 그래프 개형은 다음과 같다.

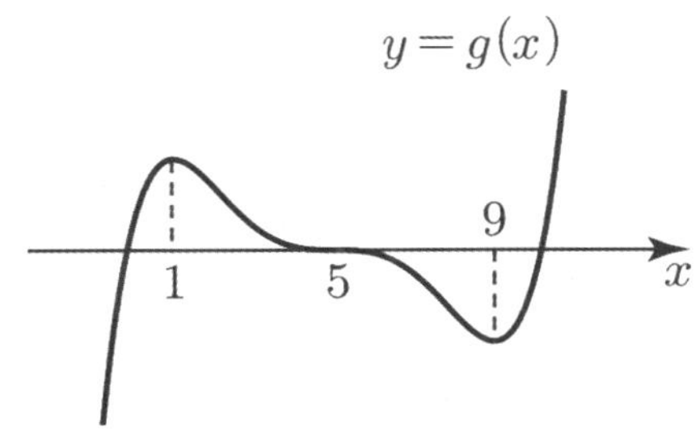

따라서 함수 $g(x)$를 x축의 방향으로 -5만큼 평행이동하면 함수 $g(x+5)$는 원점 대칭함수이므로 함수 모든 실수 α에 대하여

$$\int_{-\alpha}^{\alpha} g(x+5)\,dx = 0$$이 성립한다.

그러므로 $k=5$이다.
$f'(x)=3(x-4)(x-8)$에서
$f'(5)=3\times1\times(-3)=-9$
$\{f'(k)\}^2=81$

108 정답 3

$n=1$일 때
$f(2a+2)=k\times f(a+1)\ (0\le a<1)$
이므로 $2a+2=x$라 하면
$$f(x)=k\times f\left(\frac{x}{2}\right)$$
$$=k\times\left(\frac{x}{2}-1\right)\left(\frac{x}{2}-2\right)$$
$$=k\times\frac{1}{4}(x-2)(x-4)\ (2\le x<4)$$

$n=2$일 때
$f(2a+4)=k\times f(a+2)\ (0\le a<2)$
이므로 $2a+4=x$라 하면
$$f(x)=k\times f\left(\frac{x}{2}\right)$$
$$=k^2\times\frac{1}{4}\times\left(\frac{x}{2}-2\right)\left(\frac{x}{2}-4\right)$$
$$=k^2\times\frac{1}{4^2}(x-4)(x-8)\ (4\le x<8)$$

마찬가지로

$8\le x<16$일 때 $f(x)=k^3\times\dfrac{1}{4^3}(x-8)(x-16)$

$16\le x<32$일 때 $f(x)=k^4\times\dfrac{1}{4^4}(x-16)(x-32)$

 … … …

따라서

$2^n\le x<2^{n+1}$일 때 $f(x)=\left(\dfrac{k}{4}\right)^n(x-2^n)(x-2^{n+1})$

한편, $1\le x<2$일 때
$f(x)=(x-1)(x-2)=x^2-3x+2$에서
$f'(x)=2x-3$이므로 $\displaystyle\lim_{x\to2-}f'(x)=1$

$2\le x<4$일 때
$f(x)=\dfrac{k}{4}\times(x-2)(x-4)=\dfrac{k}{4}(x^2-6x+8)$에서

$f'(x)=\dfrac{k}{4}(2x-6)$이므로 $\displaystyle\lim_{x\to2+}f'(x)=-\dfrac{k}{2}$

따라서 $-\dfrac{k}{2}=1$

$\therefore\ k=-2$

따라서

$2^n\le x<2^{n+1}$일 때

$$f(x)=\left(-\frac{1}{2}\right)^n(x-2^n)(x-2^{n+1})$$이다.

그러므로

$$f(x)=\begin{cases}(x-1)(x-2) & (1\le x<2)\\ -\dfrac{1}{2}(x-2)(x-4) & (2\le x<4)\\ \dfrac{1}{4}(x-4)(x-8) & (4\le x<8)\\ \cdots & \cdots\end{cases}$$

따라서 $x\ge1$일 때 $y=f(x)$의 그래프는 다음 그림과 같다.

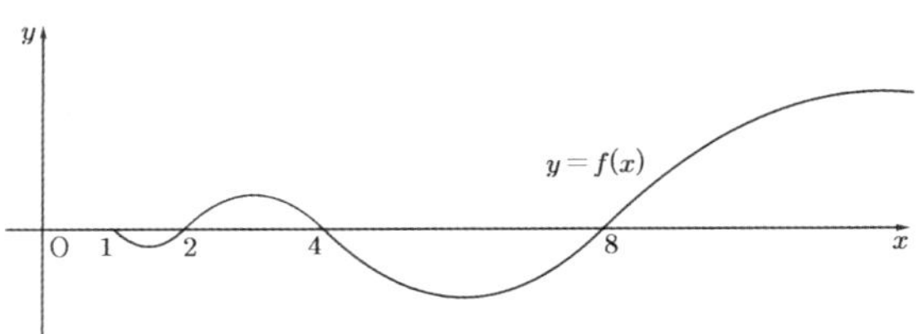

한편 $\displaystyle\int_1^2 f(x)\,dx=-\dfrac{1}{6}$이고

$$\int_{2^n}^{2^{n+1}} f(x)\,dx=-\left(-\frac{1}{2}\right)^n\frac{(2^{n+1}-2^n)^3}{6}$$
$$=(-1)^{n+1}\times\frac{1}{2^n}\times\frac{(2^n)^3}{6}$$
$$=(-1)^{n+1}\frac{4^n}{6}$$에서

$$\int_2^4 f(x)\,dx=\frac{4}{6}=\frac{2}{3}$$
$$\int_4^8 f(x)\,dx=-\frac{16}{6}=-\frac{8}{3}$$
$$\int_8^{16} f(x)\,dx=\frac{64}{6}=\frac{32}{3}$$
$\cdots\ \cdots$

$f(x)$의 한 부정적분을 $F(x)$라 하면

$$\int_t^s f(x)\,dx=0\to\int_1^s f(x)\,dx-\int_1^t f(x)\,dx=0$$

$\to F(s)=\displaystyle\int_1^s f(x)\,dx,\ F(t)=\int_1^t f(x)\,dx$라 하면

$\displaystyle\int_t^s f(x)\,dx=0$을 만족하는 양의 실수 s의 개수는 $y=F(s)$와

$y=F(t)$의 교점의 개수와 같다.

$F(1)=0$

$$F(2)=\int_1^2 f(x)\,dx=-\frac{1}{6}$$
$$F(4)=\int_1^4 f(x)\,dx=-\frac{1}{6}+\frac{2}{3}$$
$$F(8)=\int_1^8 f(x)\,dx=-\frac{1}{6}+\frac{2}{3}-\frac{8}{3}$$

$$F(16)=\int_1^{16}f(x)dx=-\frac{1}{6}+\frac{2}{3}-\frac{8}{3}+\frac{32}{3}$$

따라서 $F(2^n)$은 첫째항이 $-\frac{1}{6}$이고 공비가 -4이고 항의개수가 n인 등비수열의 합과 같다.

$$F(2^n)=\frac{-\frac{1}{6}\{1-(-4)^n\}}{1-(-4)}=\frac{(-4)^n-1}{30}$$

따라서 $y=F(x)\ (1\le x\le 2^{10})$의 그래프 개형은 다음 그림과 같다.

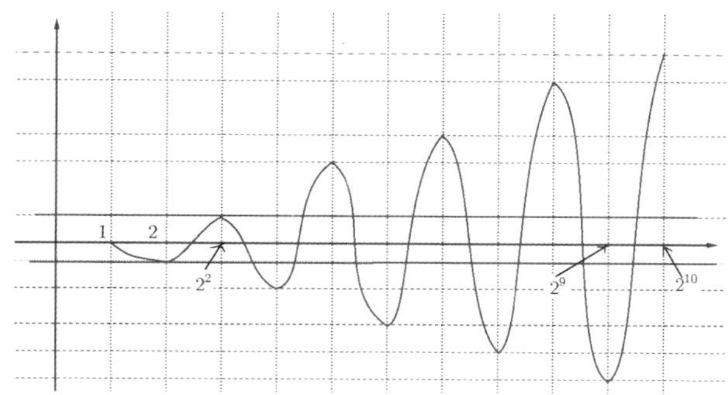

$F(t)=\int_1^t f(x)dx$에서 $t=2$일 때,

$y=F(x)$와 $y=F(t)$의 교점의 개수는 9이므로

$t_9=2$

따라서 $F(t_9)=F(2)=-\frac{1}{6}$

$t=4$일 때,

$y=F(x)$와 $y=F(t)$의 교점의 개수는 8이므로 $t_8=4$

따라서 $F(t_8)=F(4)=-\frac{1}{6}+\frac{2}{3}=\frac{1}{2}$

$$\therefore\ \left|\frac{F(t_8)}{F(t_9)}\right|=\left|\frac{\frac{1}{2}}{-\frac{1}{6}}\right|=3$$

109 정답 110

(가)에서 함수 $f(x)$가 $0\le x\le 2$에서 $x=1$에 대칭이므로
$0\le x\le 2$에서 함수 $F(x)$는 $(1,\,F(1))$에 대칭이다. $\cdots\ \bigcirc$

(나)에서 함수 $F(t)$의 한 부정적분을 $G(t)$라 하면

좌변 $\rightarrow$

$$\frac{d}{dx}\int_0^x F(t+2)dt=\frac{d}{dx}\left\{\big[G(t+2)\big]_0^x\right\}$$

$$=\frac{d}{dx}\{G(x+2)-G(0)\}=F(x+2)$$

우변 $\rightarrow$

$$\lim_{h\to 0}\frac{1}{h}\int_x^{x+h}F(t)dt=\lim_{h\to 0}\frac{\big[G(t)\big]_x^{x+h}}{h}=$$

$$\lim_{h\to 0}\frac{G(x+h)-G(x)}{h}=G'(x)=F(x)$$

따라서 $F(x+2)=F(x)$이므로 함수 $F(x)$는 주기가 2인 함수이다.

$F(x)$가 연속함수이므로

$0\le x\le 2$에서

$F(x)=\int f(x)dx=\frac{1}{3}x^3-x^2+ax+C$ 이므로

$F(0)=F(2)$에서 $C=-\frac{4}{3}+2a+C$

따라서 $a=\frac{2}{3}$이다.

$$F(x)=\frac{1}{3}x^3-x^2+\frac{2}{3}x+C$$

$\bigcirc$에서 $0\le x\le 2$에서 함수 $F(x)$의 개형은 다음 그림과 같다.

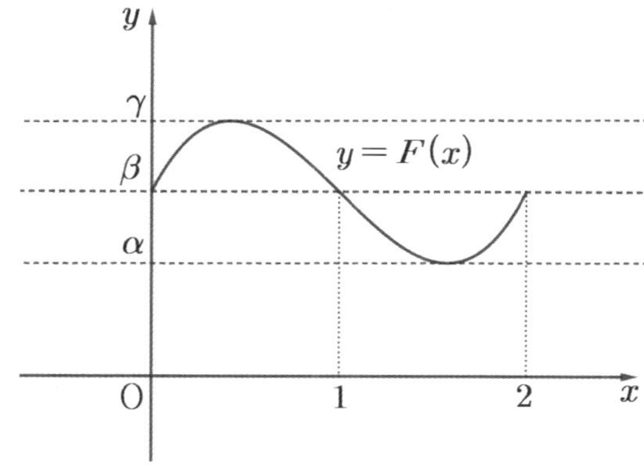

$\alpha<\beta<\gamma$이므로 $\alpha+\gamma=2\beta$이고 $\alpha+\beta+\gamma=3\rightarrow 3\beta=3$에서 $\beta=1$

$F(0)=F(1)=F(2)=\beta$이므로 $F(0)=C=1$이다.

$\therefore\ C=1$

따라서

$0\le x\le 2$에서 $F(x)=\frac{1}{3}x^3-x^2+\frac{2}{3}x+1$

다음 그림과 같이 $\int_0^2 F(x)\,dx$의 값은 $F(x)$가 $(1,\,1)$에 대칭이고 $F(0)=F(2)=1$이므로
가로의 길이가 2, 세로의 길이가 1인 직사각형의 넓이 2이다.

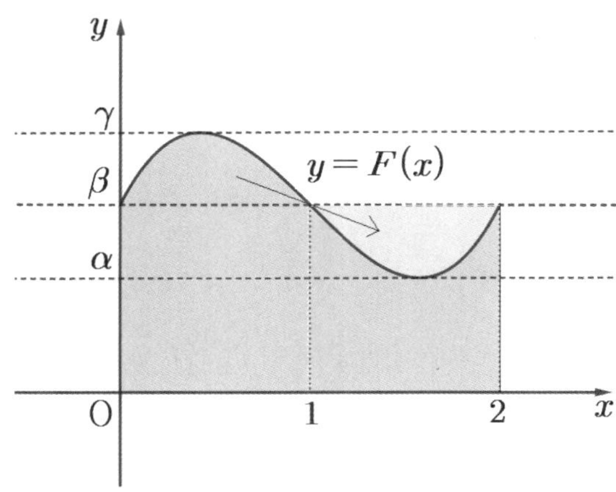

따라서

$$\int_0^{2n} F(x)\,dx = 2n\text{이므로}$$

$$\sum_{n=1}^{10}\int_0^{2n} F(x)\,dx$$

$$= \sum_{n=1}^{10} 2n = 2 \times 55 = 110$$

[랑데뷰팁]

$y = F(x)$의 그래프는 다음 그림과 같다.

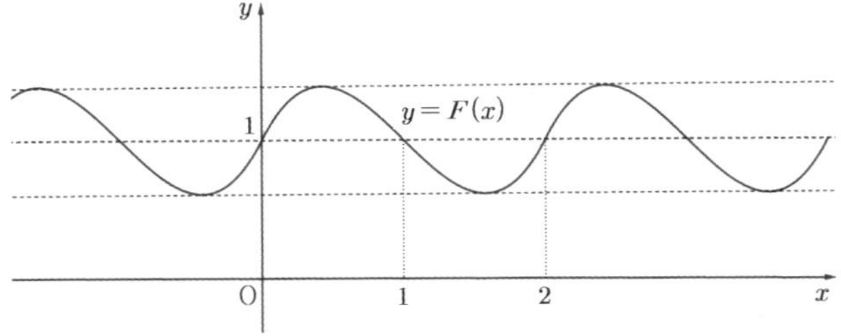

110 정답 ②

$g(x) = a(x+2)(x-2)\ (a>0)$ 으로 놓으면

두 곡선 $y = (x+2)^2(x-2)$, $g(x) = a(x+2)(x-2)$ 가 세 점에서 만나고, 세 교점의 x 좌표가 $-2, t,\ 2$이므로

방정식 $f(x) = g(x)$의 세 근이 $-2, t,\ 2$이다.

즉,

$$f(x) - g(x)$$
$$= (x+2)^2(x-2) - a(x+2)(x-2)$$
$$= (x+2)(x-2)(x+2-a)$$

또한,

$$f(x) - g(x)$$
$$= (x+2)(x-2)(x-t)$$
$$= x^3 - tx^2 - 4x + 4t$$

따라서 $2 - a = -t$

$a = t + 2 \cdots$ ㉠

두 곡선 $y = f(x)$, $y = g(x)$로 둘러싸인 두 부분의 넓이의 합을 $S(t)$ 라 하면

$$S(t) = \int_{-2}^{t}(x^3 - tx^2 - 4x + 4t)\,dx - \int_{t}^{2}(x^3 - tx^2 - 4x + 4t)\,dx$$

$$= \left[\frac{1}{4}x^4 - \frac{t}{3}x^3 - 2x^2 + 4tx\right]_{-2}^{t} - \left[\frac{1}{4}x^4 - \frac{t}{3}x^3 - 2x^2 + 4tx\right]_{t}^{2}$$

$$= 2\left(\frac{1}{4}t^4 - \frac{t}{3}t^3 - 2t^2 + 4t^2\right) - \left(4 + \frac{8t}{3} - 8 - 8t\right)$$

$$- \left(4 - \frac{8t}{3} - 8 + 8t\right)$$

$$= 2\left(-\frac{1}{12}t^4 + 2t^2\right) - \left(-\frac{16}{3}t - 4\right) - \left(\frac{16}{3}t - 4\right)$$

$$= -\frac{1}{6}t^4 + 4t^2 + 8$$

$$= -\frac{1}{6}(t^2 - 12)^2 + 32$$

이고, $0 \le t^2 \le 1$이므로

$S(t)$ 는 $t^2 = 0$, 즉 $t = 0$일 때 최소이고, $t^2 = 1 \Rightarrow t = \pm 1$ 일 때 최대이다.

(i)

$t = -1$일 때, ㉠에서 $a = 1$이므로

$g_1(x) = x^2 - 4$이고 $g_1(1) = -3$

$t = 1$일 때, ㉠에서 $a = 3$이므로

$g_1(x) = 3x^2 - 12$이고 $g_1(1) = -9$

(ii)

$t = 0$일 때, ㉠에서 $a = 2$이므로

$g_2(x) = 2x^2 - 8$이고 $g_2(1) = -6$

(i), (ii)에서

$g_1(1) + g_2(1) = -9$ 또는 $g_1(1) + g_2(1) = -15$이다.

따라서 $g_1(1) + g_2(1)$의 최솟값은 -15이다.

111 정답 19

[그림 : 서태욱T]

함수 $f(x) = \begin{cases} -2\left(x + \dfrac{1}{4}\right)^2 + \dfrac{9}{8} & (x < 0) \\ -2\left(x - \dfrac{1}{4}\right)^2 + \dfrac{9}{8} & (x \ge 0) \end{cases}$ 의 그래프와

두 점 A, P는 그림과 같다.

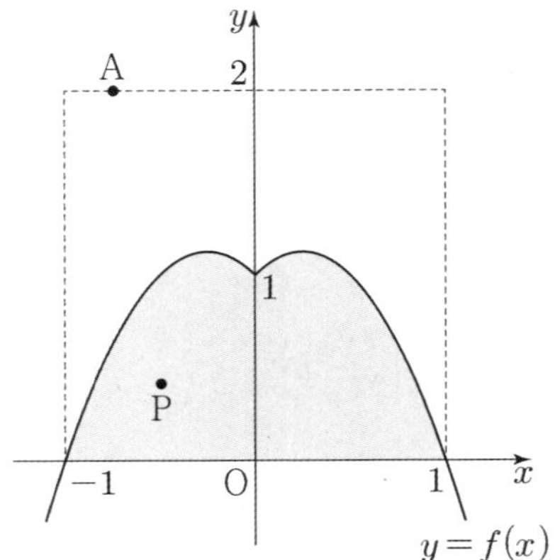

이때, $Q(0, 1)$, $R(1, 0)$, $S(-1, 0)$라 하자.

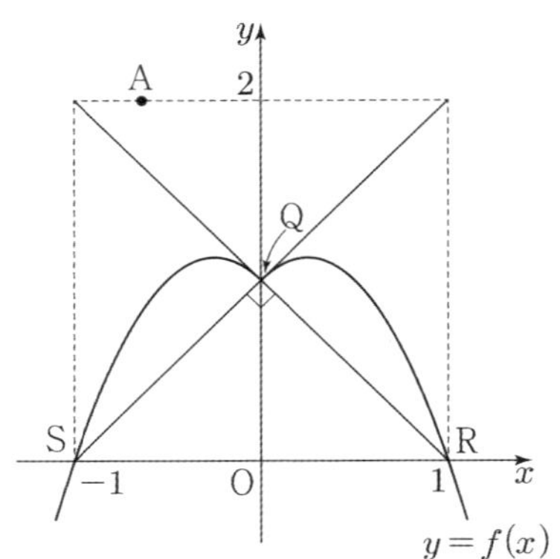

(나)에서

$$1-c=ab \rightarrow \frac{1-c}{b}\times\frac{1}{a}=1 \rightarrow \frac{c-1}{b}\times\frac{1}{a}=-1$$에서

$\dfrac{c-1}{b}$는 직선 PQ의 기울기를 의미하고 $\dfrac{1}{a}$는 직선 AQ의

기울기를 의미한다.

두 기울기 곱이 -1이므로 두 직선은 수직이다.

따라서

$a=-1$일 때, 직선 AQ의 기울기가 -1이므로 직선 PQ의

기울기는 1이다.

즉, 점 P는 선분 QS위에 있는 점이다.

$a=1$일 때, 직선 AQ의 기울기가 1이므로

직선 PQ의 기울기는 -1이다.

즉, 점 P는 선분 QR위에 있는 점이다.

그러므로 (가)에서 점 P가 속하는 영역은 그림과 같다.

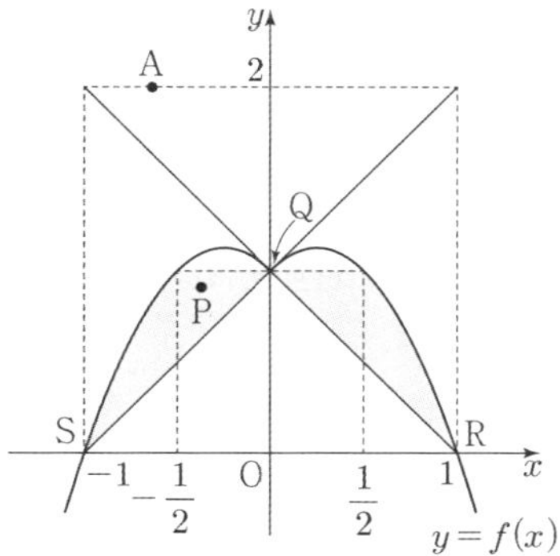

$f(x)=1$을 만족시키는 x의 값을 구하면

$x>0$에서 $-2x^2+x+1=1$, $2x\left(x-\dfrac{1}{2}\right)=0$

$x=\dfrac{1}{2}$이다.

마찬가지로 $x<0$일 때, $x=-\dfrac{1}{2}$

그러므로 점 P가 나타내는 영역의 넓이는

$$2\times\left\{\int_0^{\frac{1}{2}}\{1-(-x+1)\}dx+\int_{\frac{1}{2}}^1\{f(x)-(-x+1)\}dx\right\}$$

$$2\times\left\{\int_0^{\frac{1}{2}}x\,dx+\int_{\frac{1}{2}}^1(-2x^2+2x)dx\right\}$$

$$=2\times\left\{\left[\frac{x^2}{2}\right]_0^{\frac{1}{2}}+\left[-\frac{2x^3}{3}+x^2\right]_{\frac{1}{2}}^1\right\}$$

$$=2\times\left\{\frac{1}{8}+\left(\frac{1}{3}-\frac{1}{6}\right)\right\}$$

$$=\frac{7}{12}$$

$p=12$, $q=7$이므로 $p+q=19$이다.

112 정답 ①

$f^{-1}(x)=x$의 해를 구해보면

$\dfrac{1}{4}x^2+\dfrac{1}{2}x=x \rightarrow x^2+2x=4x \rightarrow x(x-2)=0$에서

$x=0$, $x=2$이다.

따라서 $y=f^{-1}(x)$와 $y=f(x)$의 교점은 $(0, 0)$과 $(2, 2)$이다.

$g'(x)=f(x)+(x-1)f'(x)-f(x)$

$\qquad =(x-1)f'(x)$에서 $g'(1)=0$이므로

함수 $g(x)$는 $x=1$에서 극솟값을 갖는다.

$g(0)=-f(0)=0$

$g(2)=f(2)-\displaystyle\int_0^2 f(t)dt$이고 다음 그림과 같으므로

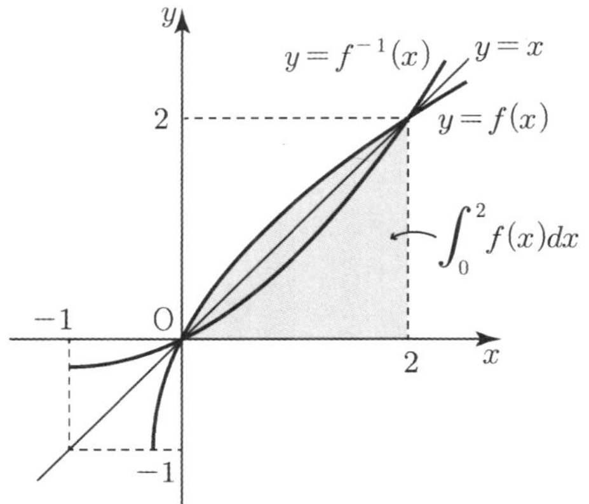

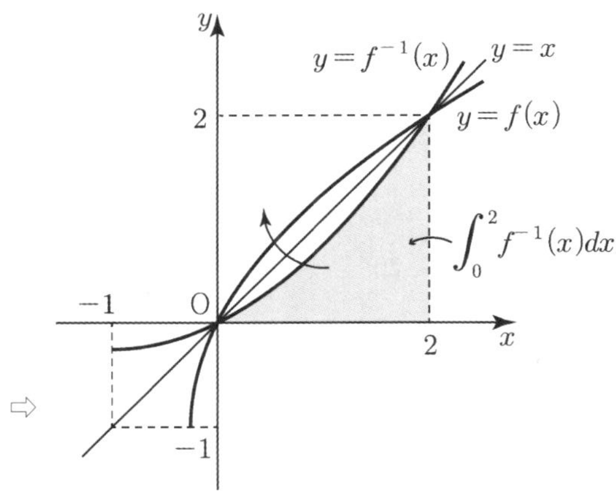

$\Rightarrow$

$$=2-\left(2\times2-\int_0^2 f^{-1}(t)dt\right)$$

$$=-2+\int_0^2\left(\frac{1}{4}t^2+\frac{1}{2}t\right)dt$$

$$=-2+\left[\frac{1}{12}t^3+\frac{1}{4}t^2\right]_0^2$$

$$=-2+\frac{2}{3}+1=-\frac{1}{3}$$

따라서 함수 $g(x)$는 $(0, 0)$, $\left(2, -\dfrac{1}{3}\right)$을 지나며

$x=1$에서 극솟값을 가지므로

$g(x)=mx$에서 원점을 지나는 직선 $y=mx$가

$(0, 0)$, $\left(2, -\dfrac{1}{3}\right)$을 지날 때 m이 최대가 된다.

따라서 $m \leq \dfrac{-\dfrac{1}{3}}{2} = -\dfrac{1}{6}$

113 정답 ⑤

$g'(x) = |f'(x)| \geq 0$으로 함수 $g(x)$는 증가함수이다.

$g(a) = 0$에서 방정식 $g(x) = 0$은 하나의 실근 $x = a$를 갖는다.

(가)에서 방정식 $f(x)g(x) = 0$의 한 실근이 $x = a$이므로

$x = -a$가 다른 실근이어야 한다.

따라서 $f(-a) = 0$이다.

그러므로 최고차항의 계수가 1인 이차함수 $f(x)$는

$f(x) = (x+a)^2$ 또는 $f(x) = (x-a)(x+a) = x^2 - a^2$이다.

(i) $f(x) = (x+a)^2$일 때,

$f'(x) = 2x + 2a$이므로

$$|f'(x)| = \begin{cases} 2x + 2a & (x \geq -a) \\ -2x - 2a & (x < -a) \end{cases}$$

따라서

$$g(2a) = \int_a^{2a} (2x + 2a)\,dx$$

$$= \left[x^2 + 2ax \right]_a^{2a} = 5a^2$$

$$g(-a) = \int_a^{-a} (2x + 2a)\,dx$$

$$= -\left[x^2 + 2ax \right]_{-a}^{a} = -4a^2$$

따라서 $g(2a) - g(-a) = 9a^2$

(나)에서 $10 \leq 9a^2 \leq 20$

$\dfrac{10}{9} \leq a^2 \leq \dfrac{20}{9}$으로 만족하는 정수 a가 존재하지 않는다.

(모순)

(ii) $f(x) = x^2 - a^2$일 때,

$f'(x) = 2x$이므로

$$|f'(x)| = \begin{cases} 2x & (x \geq 0) \\ -2x & (x < 0) \end{cases}$$

따라서

$$g(2a) = \int_a^{2a} 2x\,dx$$

$$= \left[x^2 \right]_a^{2a} = 3a^2$$

$$g(-a) = \int_a^{-a} |f'(x)|\,dx = -\int_{-a}^{a} |f'(x)|\,dx$$

$$= -\int_{-a}^{0} -2x\,dx - \int_0^a 2x\,dx$$

$$= \int_{-a}^{0} 2x\,dx - \int_0^a 2x\,dx$$

$$= \left[x^2 \right]_{-a}^{0} - \left[x^2 \right]_0^a$$

$$= -a^2 - a^2 = -2a^2$$

따라서 $g(2a) - g(-a) = 5a^2$

(나)에서 $10 \leq 5a^2 \leq 20$

$2 \leq a^2 \leq 4$으로 만족하는 양의 정수 a는 $a = 2$이다.

(i), (ii)에서

$f(x) = x^2 - 4$이다.

> **[랑데뷰팁]**-그래프를 이용하면
>
> (i) $f(x) = (x+a)^2$일 때, $|f'(x)| = |2x + 2a|$
>
> $g(2a) - g(-a)$는 밑변의 길이가 $3a$이고 높이가 $6a$인 직각삼각형의 넓이를 의미하므로 $9a^2$이다.
>
> (i) $f(x) = x^2 - a^2$일 때, $|f'(x)| = |2x|$
>
> $g(2a) - g(-a)$는 y축 왼쪽 부분은 밑변의 길이가 a이고 높이가 $2a$인 직각삼각형 넓이를 의미하므로 a^2, y축 오른쪽 부분은 밑변의 길이가 $2a$이고 높이가 $4a$인 직각삼각형의 넓이를 의미하므로 $4a^2$이다. 따라서 $a^2 + 4a^2 = 5a^2$이다.

114 정답 14

$$g(x) = \begin{cases} f(x) & (x < -2) \\ -\dfrac{1}{2}\displaystyle\int_1^x |f'(t)|\,dt & (x \geq -2) \end{cases}$$

에서 $g(1) = 0$이고 함수 $g(x)$를 미분하면

$$g'(x) = \begin{cases} f'(x) & (x < -2) \\ -\dfrac{1}{2}|f'(x)| & (x > -2) \end{cases}$$

에서 함수 $|f'(x)|$는 0이상의 함숫값만을 가지므로

$x > -2$에서 $g'(x) \leq 0$이므로 함수 $g(x)$는 $x > -2$에서 감소한다.

$0 = g(1) < g(a) = 2$이므로

$$-2 < a < 1$$

임을 알 수 있다.

(나)에서 $\displaystyle\lim_{x \to -2-} f(x) = g(-2) = 4$이므로

삼차함수 $f(x)$는 $(-2, 4)$을 지난다.

$g(x)$가 $x > -2$일 때 감소하므로 (나)에서 $(-2, 4)$는 극대점이고 조건 (나)를 만족시키기 위해서는

$$\lim_{x \to -2-} g'(x) = \lim_{x \to -2+} g'(x) = 0 \Rightarrow$$

$f'(-2-) = -\dfrac{1}{2}|f'(-2+)|$에서

$f'(-2) = 0$이어야 한다. $\cdots \ \bigcirc$

따라서 함수 $f(x)$ 또한 $x=-2$에서 극댓값 4를 갖는 최고차항의 계수는 양수인 삼차함수 임을 알 수 있다.

(다)에서 $g'(a)=-\dfrac{1}{2}|f'(a)|=0$이므로 $f'(a)=0$이다. $\cdots$ⓛ

㉠, ㉡에서

삼차함수 $f(x)$의 최고차항의 계수를 k라 두면

$f'(x)=3k(x+2)(x-a) \ (k>0, -2<a<1)$

$-2<x<a$일 때, $f'(x)<0$, $a<x$일 때,

$f'(x)>0$ 이다.

$g(a)=-\dfrac{1}{2}\displaystyle\int_1^a |f'(x)|dx=2$ 이므로 $\displaystyle\int_a^1 f'(x)dx=4$이다.

$g(-2)=-\dfrac{1}{2}\displaystyle\int_1^{-2}|f'(x)|dx=4$이므로

$$\int_{-2}^1 |f'(x)|dx=8$$

$$\int_{-2}^1 |f'(x)|dx=\int_{-2}^a -f'(x)dx+\int_a^1 f'(x)dx=8$$

에서

$$\int_{-2}^a f'(x)dx=-4\cdots㉢$$

따라서 $\displaystyle\int_{-2}^a f'(x)dx=-\int_a^1 f'(x)dx$ 이므로

$$\int_{-2}^a f'(x)dx+\int_a^1 f'(x)dx=0$$

$$\therefore \int_{-2}^1 f'(x)dx=0$$

$\displaystyle\int_{-2}^1 f'(x)dx=[f(x)]_{-2}^1=f(1)-f(-2)=0\to$

$f(1)=f(-2)=4$이다.

㉢에서 $\displaystyle\int_{-2}^a f'(x)dx=-4\to f(a)-f(-2)=-4$에서

$$f(a)=0$$

$\displaystyle\int_{-2}^1 f'(x)dx=0 \qquad \to k\int_{-2}^1 (x+2)(x-a)dx$

$=k\left[\dfrac{1}{3}x^3+\dfrac{1}{2}(2-a)x^2-2ax\right]_{-2}^1=0$

$\to \dfrac{1}{3}+\dfrac{2-a}{2}-2a-\left(-\dfrac{8}{3}+4-2a+4a\right)=0$

$\to \dfrac{4}{3}-\dfrac{5}{2}a-\left(2a+\dfrac{4}{3}\right)=0\to \ \therefore a=0$

(i) $-2<x<0$일 때,

$$g(x)=-\dfrac{1}{2}\int_1^x |f'(x)|\,dx$$

$=-\dfrac{1}{2}\left\{\displaystyle\int_1^0 f'(t)dt+\int_0^x -f'(t)dt\right\}$

$=-\dfrac{1}{2}\{f(0)-f(1)-f(x)+f(0)\}$

$=-\dfrac{1}{2}\{-f(x)-f(1)+2f(0)\}=\dfrac{1}{2}f(x)+2$

(ii) $x>0$일 때,

$$g(x)=-\dfrac{1}{2}\int_1^x f'(t)\,dt$$

$=-\dfrac{1}{2}\{f(x)-f(1)\}=-\dfrac{1}{2}f(x)+2$

(i), (ii)에서

$$g(x)=\begin{cases} f(x) & (x<-2)\\ \dfrac{1}{2}f(x)+2 & (-2\le x<0)\\ -\dfrac{1}{2}f(x)+2 & (x\ge 0)\end{cases}$$

따라서

$$\int_a^{-2}\left\{\dfrac{1}{2}f(x)-g(x)\right\}dx=\int_0^{-2}\left\{\dfrac{1}{2}f(x)-\dfrac{1}{2}f(x)-2\right\}dx$$

$$=\int_{-2}^0 \{2\}dx=2\times 2=4$$

$$\int_a^5\left\{\dfrac{1}{2}f(x)+g(x)\right\}dx=\int_0^5\left\{\dfrac{1}{2}f(x)-\dfrac{1}{2}f(x)+2\right\}dx$$

$$=\int_0^5 \{2\}dx=5\times 2=10$$

이므로

$$\int_a^{-2}\left\{\dfrac{1}{2}f(x)-g(x)\right\}dx+\int_a^5\left\{\dfrac{1}{2}f(x)+g(x)\right\}dx=$$

$4+10=14$

> **[랑데뷰팁]**
>
> $f'(x)=3k(x+2)(x-a) \ (k>0)$에서 $a=0$이므로
> $$f'(x)=3kx(x+2)$$
> 따라서 $f(x)=kx^3+3kx^2+C$ 이고 $f(a)=0$,
> 즉 $f(0)=0$에서 $C=0$이다.
> 또한 $f(1)=f(-2)=4$에서 $4k+0=4$에서 $k=1$
> $$\therefore \ f(x)=x^3+3x^2$$

따라서

$$g(x)=\begin{cases} x^3+3x^2 & (x<-2)\\ \dfrac{1}{2}x^3+\dfrac{3}{2}x^2+2 & (-2\le x<0)\\ -\dfrac{1}{2}x^3-\dfrac{3}{2}x^2+2 & (x\ge 0)\end{cases}$$

$y=g(x)$의 그래프 개형은 다음과 같다.

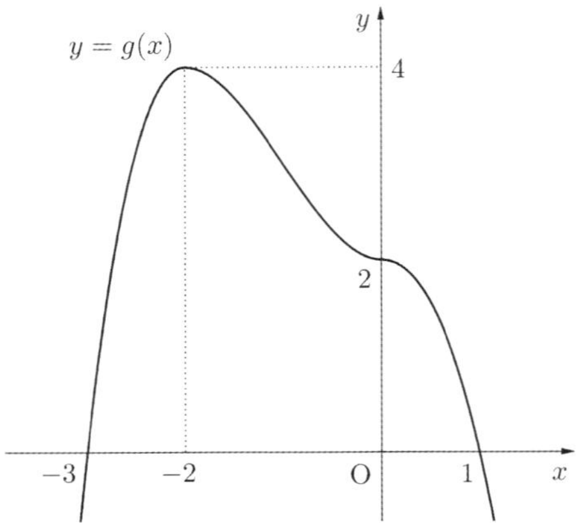

115 정답 8

조건 (나)

$\int_{x}^{x+a} f(t)dt = -3x^2 - 6x$ 에서 양변을 x에 대하여 미분하면

$f(x+a) - f(x) = -6x - 6$ $\cdots$ ㉠

이 식의 양변에 $x = -\dfrac{a}{2}$를 대입하면

$f\left(\dfrac{a}{2}\right) - f\left(-\dfrac{a}{2}\right) = -6\left(-\dfrac{a}{2}\right) - 6$

조건 (가)에서 의해

$f\left(\dfrac{a}{2}\right) = f\left(-\dfrac{a}{2}\right)$이므로 좌변은 0이다. 따라서 $3a = 6$ ⇨

$\therefore\ a = 2$

㉠에서 양변을 x에 대하여 미분하면

$f'(x+a) - f'(x) = -6$

이 식에 $x = -\dfrac{a}{2}$를 대입하면

$f'\left(\dfrac{a}{2}\right) - f'\left(-\dfrac{a}{2}\right) = -6$

$a = 2$이고 $f'\left(-\dfrac{a}{2}\right) = -f'\left(\dfrac{a}{2}\right)$이므로

$2f'(1) = -6$에서 $f'(1) = -3$

구간 $[0,\ 1]$에서 $f(x) = bx^2 + c$이므로 $f'(x) = 2bx$

$f'(1) = 2b = -3$

따라서 $b = -\dfrac{3}{2}$ $\cdots$ ㉡

한편 $\int_{x}^{x+a} f(t)dt = -3x^2 - 6x$의 양변에 $x = -\dfrac{a}{2}$를 대입하면

$\int_{-\frac{a}{2}}^{\frac{a}{2}} f(t)dt = -3\left(-\dfrac{a}{2}\right)^2 - 6\left(-\dfrac{a}{2}\right)$

조건 (가)에서 함수 $f(x)$의 그래프는 y축에 대하여 대칭이고

$a = 2$, $f(x) = -\dfrac{3}{2}x^2 + c$이므로

$2\int_{0}^{1}\left(-\dfrac{3}{2}t^2 + c\right)dt = 3$ ⇨ $\int_{0}^{1}\left(-\dfrac{3}{2}t^2 + c\right)dt = \dfrac{3}{2}$

⇨ $\left[-\dfrac{1}{2}t^3 + ct\right]_{0}^{1} = \dfrac{3}{2}$ ⇨ $-\dfrac{1}{2} + c = \dfrac{3}{2}$

따라서 $c = 2 \cdots$ ㉢

한편, ㉠ $f(x+a) - f(x) = -6x - 6$에서

$f(x+2) = f(x) - 6x - 6$

$-1 \le x \le 1$에서 $f(x) = -\dfrac{3}{2}x^2 + 2$이므로 $\cdots$ ㉣

$f(x+2) = \left(-\dfrac{3}{2}x^2 + 2\right) - 6x - 6 \ (-1 \le x \le 1)$

$\quad = -\dfrac{3}{2}x^2 - 6x - 4 \ (-1 \le x \le 1)$

이고 양변에 x대신 $x - 2$을 대입하면

$f(x) = -\dfrac{3}{2}(x-2)^2 - 6(x-2) - 4 \ (-1 \le x - 2 \le 1)$

$\quad = -\dfrac{3}{2}x^2 + 2 \ (1 \le x \le 3) \cdots$ ㉤

따라서

$f(x+2) = \left(-\dfrac{3}{2}x^2 + 2\right) - 6x - 6 \ (1 \le x \le 3)$

$\quad = -\dfrac{3}{2}x^2 - 6x - 4 \ (1 \le x \le 3)$

이고 양변에 x대신 $x - 2$을 대입하면

$f(x) = -\dfrac{3}{2}(x-2)^2 - 6(x-2) - 4 \ (1 \le x - 2 \le 3)$

$\quad = -\dfrac{3}{2}x^2 + 2 \ (3 \le x \le 5) \cdots$ ㉥

㉣, ㉤, ㉥에서와 같이 함수 $f(x)$는 실수 전체에서 정의되는

$f(x) = -\dfrac{3}{2}x^2 + 2$이다.

따라서 $f(x)$의 최댓값 M은 2이다.

㉠, ㉡, ㉢에서 $a = 2$, $b = -\dfrac{3}{2}$, $c = 2$이므로

$a \times b \times c = -6$

따라서 $M - abc = 2 - (-6) = 8$

[랑데뷰팁]

(나) $\int_{x}^{x+a} f(t)dt = -3x^2 - 6x$에서

양변에 $x = 0$대입하면 $\int_{0}^{a} f(t)dt = 0$

양변에 $x = -a$대입하면 $\int_{-a}^{0} f(t)dt = -3a^2 + 6a$

$-3a^2 + 6a = 0$에서 $a = 2$

116 정답 ③

[출제자 : 김진성T]

$0 \le x \le 2$에서

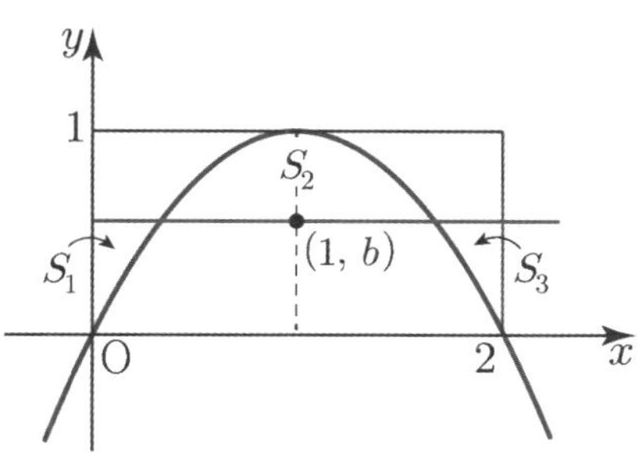

[그림1]

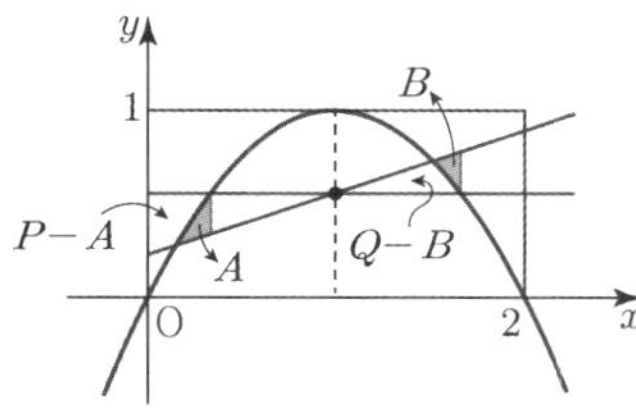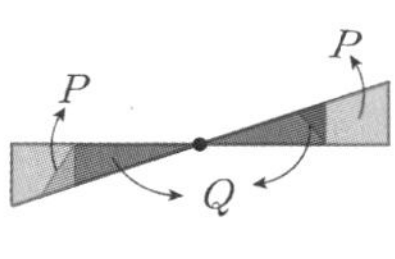

[그림2]

[그림1]에서 [그림2]로 바뀔 때 S_2의 변화를 보면

$S_2 + (A+Q) - (Q-B) = S_2 + A + B = S_2{}'$ 으로 바뀌고

$S_1 + S_3$의 변화를 보면

$S_1 + S_3 - (P-A) + (P+B) = S_1 + S_3 + A + B = S_1{}' + S_3{}'$

으로 바뀐다.

직선 $y = mx + n$이 점 $(1,b)$을 지나면서 움직일 때 S_2와

$S_1 + S_3$의 차이는 항상 일정하다. 따라서 [그림1]처럼 놓고

생각해도 된다. $S_2 \ge S_1 + S_3$ 이므로 $S_2 - (S_1 + S_3) \ge 0$

이용해보자.

$$S_2 - (S_1 + S_3) = \int_0^2 ((-x^2 + 2x) - b)\,dx = \frac{4}{3} - 2b \ge 0$$

$$\therefore b \le \frac{2}{3}$$

117 정답 ③

조건 (가)에서

$$f(t) + g(t) = -3t^2 - 3t - 6 = -3(t+1)^2 + 3(t-1)$$

$$f(t)g(t) = -3(t+1)^2 \times 3(t-1)$$

이므로

적당한 집합 A에 대하여

$$f(t) = \begin{cases} -3(t+1)^2 & (x \in A) \\ 3t-3 & (x \in A^C) \end{cases}$$

$$g(t) = \begin{cases} 3t-3 & (x \in A) \\ -3(t+1)^2 & (x \in A^C) \end{cases}$$

이다.

이때 두 함수 $f(x)$, $g(x)$가 모든 실수 x에 대하여 연속이고,

조건 (나)에서 함수 $f(x)$가 극솟값을 가져야 하므로

$$f(x) = \begin{cases} 3x-3 & (x \le -3, \ x \ge 0) \\ -3(x+1)^2 & (-3 < x < 0) \end{cases}$$

$$g(x) = \begin{cases} -3(x+1)^2 & (x \le -3, \ x \ge 0) \\ 3x-3 & (-3 < x < 0) \end{cases}$$

또는

$$f(x) = \begin{cases} 3x-3 & (x \ge 0) \\ -3(x+1)^2 & (x < 0) \end{cases}$$

$$g(x) = \begin{cases} -3(x+1)^2 & (x \ge 0) \\ 3x-3 & (x < 0) \end{cases}$$

가 되어야 한다.

(i) $g(x) = \begin{cases} -3(x+1)^2 & (x \le -3, \ x \ge 0) \\ 3x-3 & (-3 < x < 0) \end{cases}$ 인 경우

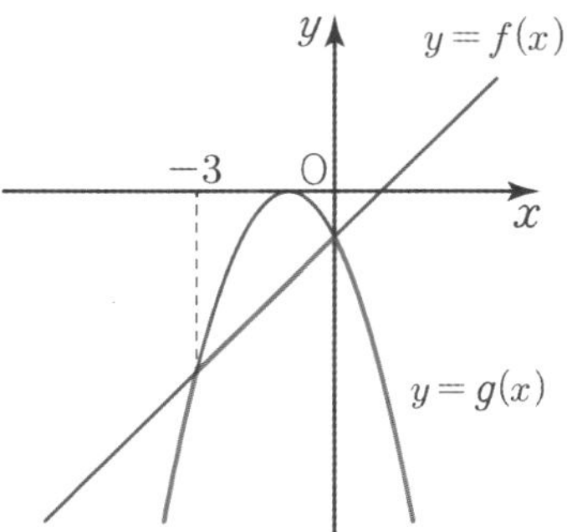

$$\int_{-4}^{0} g(x)\,dx = \int_{-4}^{-3} g(x)\,dx + \int_{-3}^{0} g(x)\,dx$$

$$= \int_{-4}^{-3} -3(x+1)^2\,dx + \int_{-3}^{0} (3x-3)\,dx$$

$$= \int_{-3}^{-2} -3x^2\,dx + \int_{-3}^{0} (3x-3)\,dx$$

$$= \left[-x^3 \right]_{-3}^{-2} + \left[\frac{3}{2}x^2 - 3x \right]_{-3}^{0}$$

$$= (-(-8)) - (-(-27)) + 0 - \left(\frac{27}{2} - (-9) \right)$$

$$= -19 - \frac{45}{2} = -\frac{83}{2}$$

(ii) $g(x) = \begin{cases} -3(x+1)^2 & (x \ge 0) \\ 3x-3 & (x < 0) \end{cases}$ 인 경우

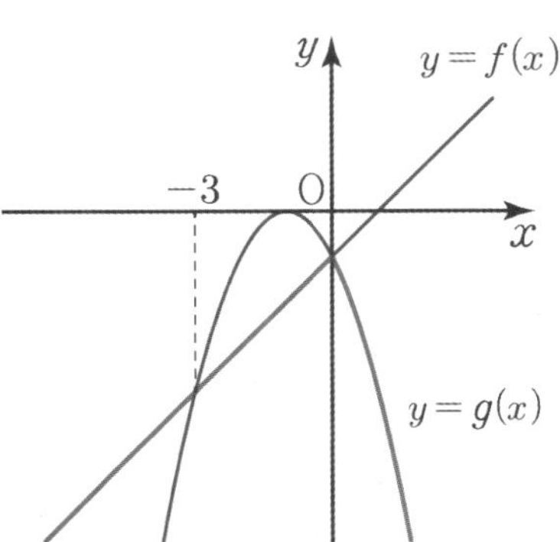

$$\int_{-4}^{0} g(x)\,dx = \int_{-4}^{0} (3x-3)\,dx$$

$$= \left[\frac{3}{2}x^2 - 3x\right]_{-4}^{0}$$

$$= 0 - \left(\frac{48}{2} - (-12)\right) = -36$$

(ⅰ), (ⅱ)에 의하여 $\int_{-4}^{0} g(x)\,dx$의 최솟값은 $-\dfrac{83}{2}$이다.

118 정답 2

$$g(x) = f(x) + xf'(x) - 5f(x)$$
$$= (xf(x))' - 5f(x)$$

이므로

$$\int_{-5}^{5} g(x)\,dx = \int_{-5}^{5} \{(xf(x))' - 5f(x)\}\,dx$$

$$= [xf(x)]_{-5}^{5} - 5\int_{-5}^{5} f(x)\,dx$$

$$= 5f(5) - (-5)f(-5) - 5\int_{-5}^{5} f(x)\,dx$$

$$= 5\left\{f(5) + f(-5) - \int_{-5}^{5} f(x)\,dx\right\}$$

따라서

$$f(5) + f(-5) - \int_{-5}^{5} f(x)\,dx = \frac{1}{5}\int_{-5}^{5} g(x)\,dx$$

한편,

$$g(t+1) - g(t) = \frac{\sqrt{2}}{3}t^2 + 2t + \frac{\sqrt{3}}{2}\ \text{는}$$

$$\int_{t}^{t+1} g(x)\,dx = \frac{\sqrt{2}}{9}t^3 + t^2 + \frac{\sqrt{3}}{2}t + C\ \text{을 양변 미분한}$$

식이다.

$$h(t) = \frac{\sqrt{2}}{9}t^3 + t^2 + \frac{\sqrt{3}}{2}t + C\ \text{라 두면}$$

$$\int_{t}^{t+1} g(x)\,dx = h(t)\ \text{에서}$$

$$\int_{-5}^{5} g(x)\,dx$$

$$= \sum_{t=-5}^{4} h(t)$$

$$= h(-5) + \{h(-4) + h(-3) + \cdots + h(3) + h(4)\} + 10C$$

$$= -\frac{125\sqrt{2}}{9} + 25 - \frac{5\sqrt{3}}{2} + 2(4^2 + 3^2 + 2^2 + 1^2) + 10C$$

$$= -\frac{125\sqrt{2}}{9} + 25 - \frac{5\sqrt{3}}{2} + 60 + 10C \ \cdots\ \bigcirc$$

$$\int_{t}^{t+1} g(x)\,dx = \frac{\sqrt{2}}{9}t^3 + t^2 + \frac{\sqrt{3}}{2}t + C$$

의 양변에 $t=0$을 대입하면 $\int_{0}^{1} g(x)\,dx = C$ 이고

$$\int_{0}^{1} g(x)\,dx = \int_{0}^{1} \{(xf(x))' - 5f(x)\}\,dx\ \text{에서}$$

$$C = [xf(x)]_{0}^{1} - 5\int_{0}^{1} f(x)\,dx$$

$$= f(1) - 5\int_{0}^{1} f(x)\,dx$$

$$= \frac{\sqrt{3}}{4} + 5 - 5\left(\frac{5}{2} - \frac{5\sqrt{2}}{18}\right)$$

$$= \frac{\sqrt{3}}{4} + \frac{25\sqrt{2}}{18} - \frac{15}{2}$$

따라서 ㉠에 대입하면

$$\int_{-5}^{5} g(x)\,dx = -\frac{125\sqrt{2}}{9} + 25 - \frac{5\sqrt{3}}{2} + 60 + 10$$
$$\left(\frac{\sqrt{3}}{4} + \frac{25\sqrt{2}}{18} - \frac{15}{2}\right)$$
$$= 10$$

$$f(5) + f(-5) - \int_{-5}^{5} f(x)\,dx = \frac{1}{5}\int_{-5}^{5} g(x)\,dx = 2$$

119 정답 35

함수 $f(x)$가 실수 전체에서 연속이므로

$$\lim_{x\to1-} x^2 = \lim_{x\to1+} (ax+b)^2,\ \lim_{x\to2+} (x-2)^2 = \lim_{x\to2-} (ax+b)^2 \text{이다.}$$

$(a+b)^2 = 1$, $(2a+b)^2 = 0$에서

$a = \pm 1$, $b = \mp 2$ (복호동순)

따라서 $f(x) = \begin{cases} x^2 & (0 \le x < 1) \\ (x-2)^2 & (1 \le x \le 2) \end{cases}$

이고 함수 $f(x)$는 다음 그림과 같이 $x = 2k+1$ (k는 정수)에서 미분 가능하지 않다.

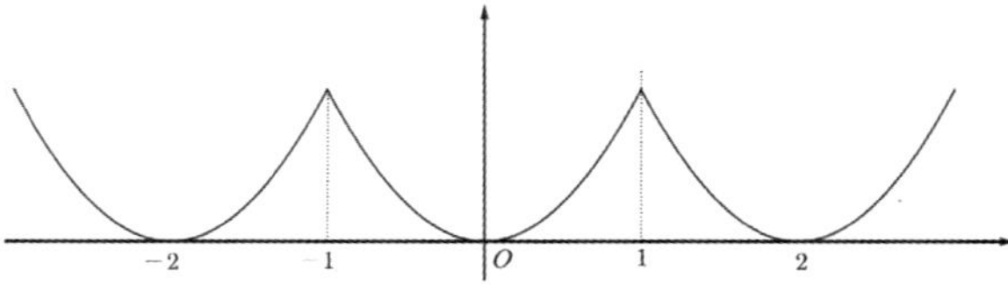

즉, 열린구간 $(-3, 3)$에서 함수 $f(x)$는 $x = -1$와 $x = 1$에서 미분 가능하지 않다.

$$h(x) = f(x) \times \int_{c}^{x} g(t)\,dt\ \text{에서}$$

$$h'(x) = f'(x) \times \int_{c}^{x} g(t)\,dt + f(x)g(x)\ \text{에서}$$

$f'(-1)$와 $f'(1)$가 존재하지 않으므로

$$\int_{c}^{-1} g(t)\,dt = 0,\ \int_{c}^{1} g(t)\,dt = 0 \text{이다.}$$

따라서 $\int_{c}^{1} g(t)\,dt - \int_{c}^{-1} g(t)\,dt = 0$ 에서 $\int_{-1}^{1} g(t)\,dt = 0$이다.

함수 $g(x)$는 $\left(\dfrac{1}{3}, 1\right)$에 대칭이고 $(1, 4)$를 지나므로

$\left(-\dfrac{1}{3}, -2\right)$를 지난다.

다음 그림과 같이 $\displaystyle\int_{-1}^{1} g(x)dx=0$이기 위해서는

$-1 \le x \le -\dfrac{1}{3}$일 때 $g(x)=-2$이다.

따라서 $1 \le x \le \dfrac{5}{3}$일 때 $g(x)=4$이다.

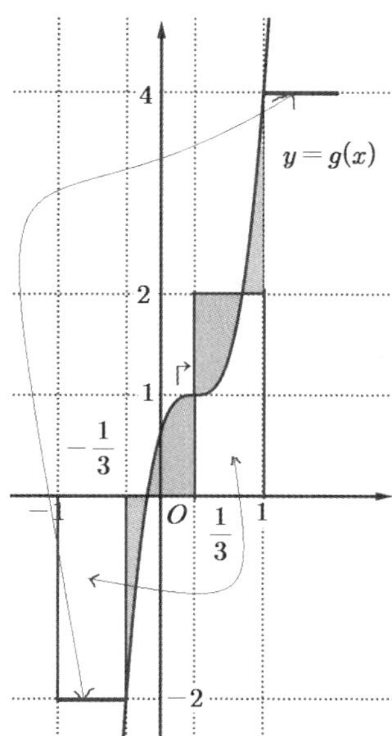

그러므로 $1 \le x \le \dfrac{5}{3}$일 때,

$$h(x)=f(x)\times \int_{c}^{x} g(t)dt$$

$$=(x-2)^2 \times \left\{ \int_{c}^{1} g(t)dt + \int_{1}^{x} 4dt \right\}$$

$$=(x-2)^2 \times \int_{1}^{x} 4dt$$

$$=(x-2)^2 \times 4(x-1)$$

따라서

$h(x)=4(x-2)^2(x-1)$이다.

$$\int_{1}^{\frac{5}{3}} h(x)dx$$

$$=4\int_{1}^{\frac{5}{3}} (x-2)^2(x-1)dx \Leftarrow x-2=s \text{ 라 두면}$$

$$=4\int_{-1}^{-\frac{1}{3}} s^2(s+1)\,ds = 4\int_{-1}^{-\frac{1}{3}} (s^3+s^2)\,ds$$

$$=4\left[\frac{1}{4}s^4 + \frac{1}{3}s^3 \right]_{-1}^{-\frac{1}{3}}$$

$$=4\left\{ \frac{1}{4}\left(\frac{1}{81} - 1 \right) + \frac{1}{3}\left(-\frac{1}{27} + 1 \right) \right\}$$

$$=-\frac{80}{81} + \frac{104}{81} = \frac{24}{81} = \frac{8}{27}$$

$p=27,\ q=8$
따라서 $p+q=35$

[그래프에 대한 추가 설명]–유승희 선생님

$$\int_{c}^{-1} g(t)dt=0,\ \int_{c}^{1} g(t)dt=0 \text{이다.}$$

따라서, $\displaystyle\int_{-1}^{c} g(t)dt = \int_{c}^{-1} g(t)dt = 0$ 이므로

$\displaystyle\int_{-1}^{1} g(t)dt = \int_{-1}^{c} g(t)dt + \int_{c}^{1} g(t)dt = 0$ 이다.

함수 $g(x)$는 $\left(\dfrac{1}{3},\ 1\right)$대칭이고 $(1,\ 4)$를 지나므로 $\left(-\dfrac{1}{3},\ -2\right)$를

지나고, $\displaystyle\int_{-\frac{1}{3}}^{1} g(t)dt = \frac{2}{3}\times 2 = \frac{4}{3}$ 이다.

$\displaystyle\int_{-1}^{1} g(t)dt = \int_{-1}^{-\frac{1}{3}} g(t)dt + \int_{-\frac{1}{3}}^{1} g(t)dt = 0$ 에서

$\therefore\ \displaystyle\int_{-1}^{-\frac{1}{3}} g(t)dt = -\frac{4}{3}$

$g'(x) \ge 0$이므로 $g(x)$는 감소하지 않는 함수이고

$g\left(-\dfrac{1}{3}\right)=-2$이므로

$-1 \le x \le -\dfrac{1}{3}$에서 $g(x) \le g\left(-\dfrac{1}{3}\right)=-2$이다.

따라서, $\displaystyle\int_{-1}^{-\frac{1}{3}} g(t)dt \le \int_{-1}^{-\frac{1}{3}} (-2)dt = -\frac{4}{3}$이고

$\displaystyle\int_{-1}^{-\frac{1}{3}} g(t)dt = -\frac{4}{3}$이므로

$-1 \le x \le -\dfrac{1}{3}$에서 $g(x)=-2$ 이다.

또한, $1 \le x \le \dfrac{5}{3}$에서 $g(x)=4$이다.

$g(x)$가 미분 가능하므로 다음 그림과 같은 그래프이다.

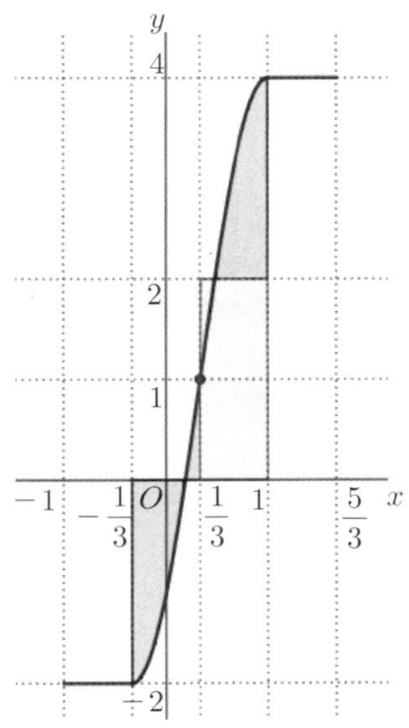

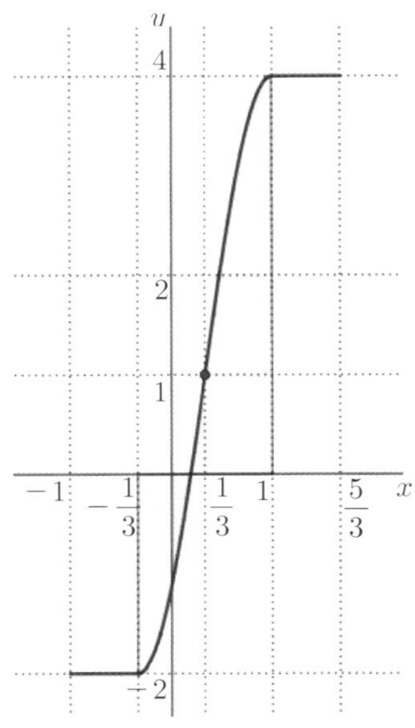

120 정답 24

[출제자 : 김종렬T]

$F(x) = \displaystyle\int_0^{|x|} f(t)dt$ 에서 $F(x) = F(-x)$ 이므로 우함수이고

$x = 0$ 을 양변에 대입하면 적분구간의 위끝과 아래끝이
같아지므로, $F(0) = 0$ 이다.

또한, 함수 $F(x)$ 가 우함수이면서 미분가능하므로
$F'(0) = 0$ 이다.

$x > 0$ 일 때, $F(x) = \displaystyle\int_0^x f(t)dt$ 이고 $F'(x) = f(x)$ 이다.

$F'(0) = 0$ 이므로 $\displaystyle\lim_{x \to 0} f(x) = f(0) = 0$ 이 된다.

조건 (가)에 의하여 $F(x)$ 는 우함수이므로 $x = 2$ 에서 극솟값을
갖고 $F'(2) = f(2) = 0$ 이다.

따라서 $F'(x)$ 는 $x = 0$과 $x = 2$ 에서 실근을 가지고 $F'(x)$ 는
기함수이므로 ($\because$ 우함수를 미분하면 기함수가 된다.)

$x = -2$, $x = 0$, $x = 2$ 적어도 서로 다른 세 실근을 갖는다.

$F'(x)$ 는 함수 $x > 0$ 에서 $f(x)$ 의 그래프와 같고, $x < 0$ 에서는
$f(x)$ 의 $x > 0$ 일 때의 그래프를 원점 대칭한 그래프이다.

케이스를 나누어 관찰해 보자.

(ⅰ) 방정식 $F'(x) = 0$ 이 서로 다른 세 실근을 가질 경우

① $f(x) = x(x-2)^2$ 일 때

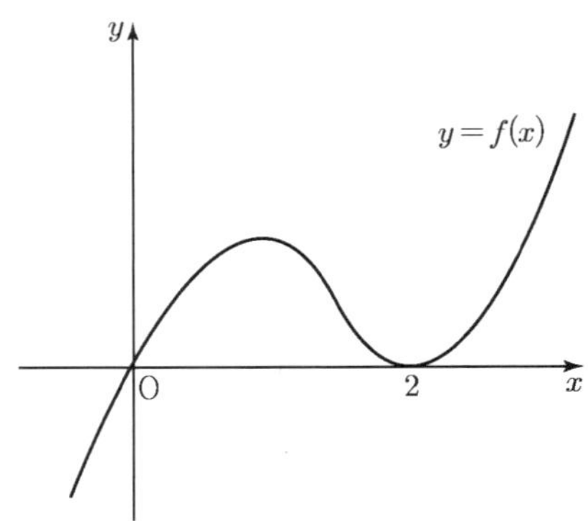

$F(x)$ 가 극값이 생기지 않으므로 모순

② $f(x) = x^2(x-2)$ 일 때

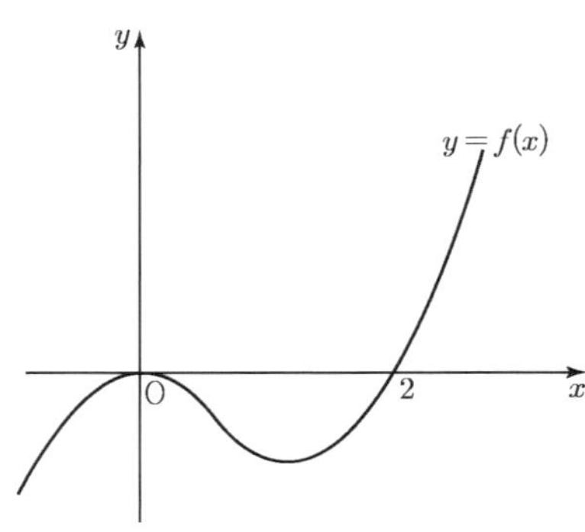

함수 $y = F(x)$ 의 그래프의 개형은 다음 그림과 같다.

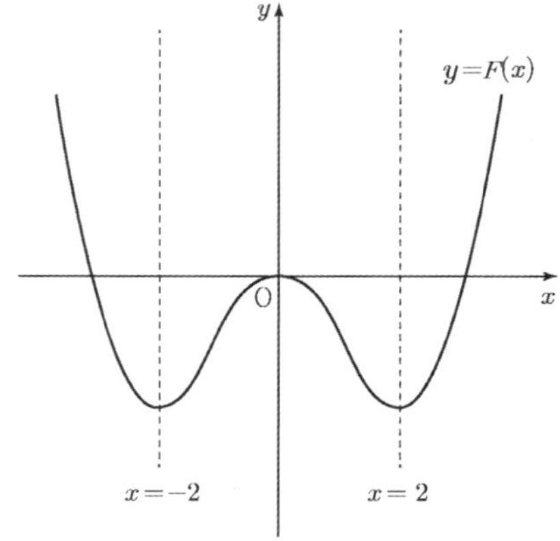

이때 방정식 $F(x) = 0$ 의 서로 다른 실근의 개수는 3 이고,
방정식 $F'(x) = 0$ 의 서로 다른 실근의 개수 역시 3 이므로 조건
(나)를 만족시키지 않는다.

③ $f(x)=x(x^2-4)=x(x-2)(x+2)$ 일 때

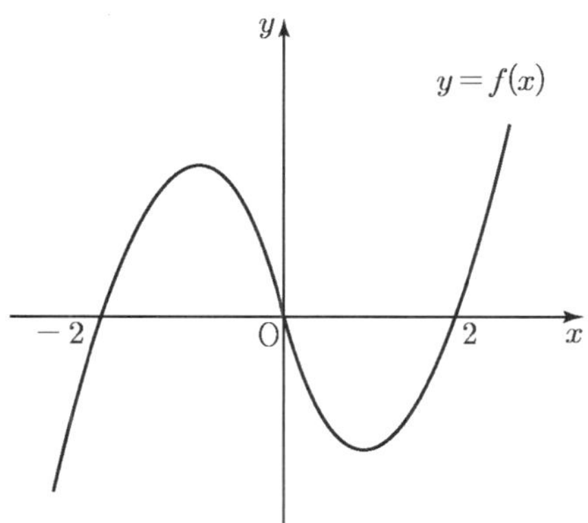

위 ②의 경우와 마찬가지의 이유로 조건 (나)를 만족시키지 않는다.

(ⅱ) 방정식 $F'(x)=0$ 이 서로 다른 다섯 개의 실근을 가질 경우

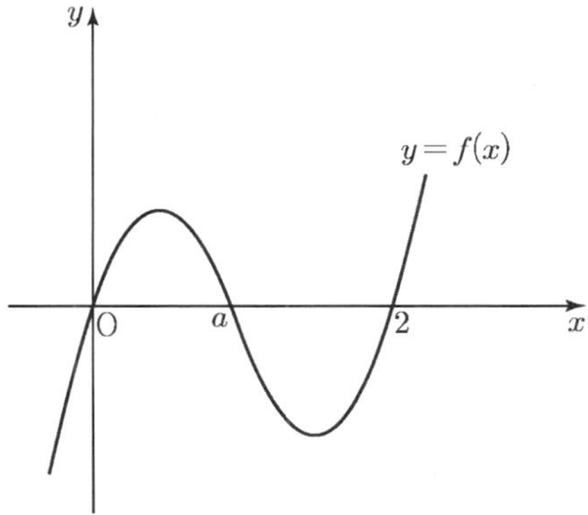

$x=2$ 에서 함수 $y=F(x)$ 가 극솟값을 가져야 하므로 함수 $f(x)=x(x-a)(x-2)$ $(0<a<2)$ 이어야 한다.
이 때 함수 $y=F(x)$ 의 그래프의 개형은 다음 그림과 같다.

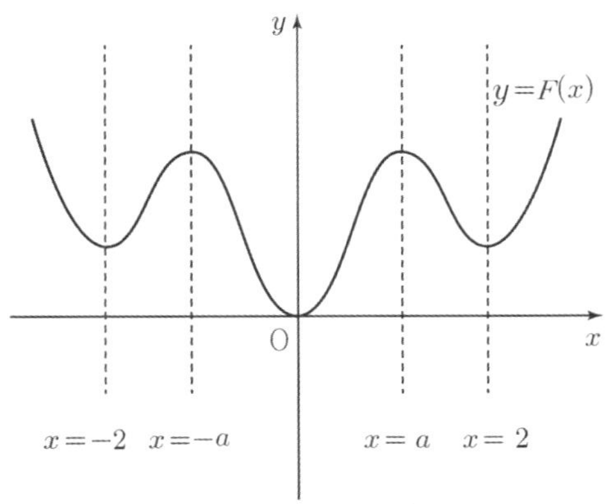

이때 $x>0$ 에서 더 이상 함수 $y=F(x)$ 의 그래프와 x 축의 교점이 1 개 이상 존재하면 안되므로 $F(2)\geq 0$ 이어야 한다.

따라서 $\displaystyle\int_0^2 \{x^3-(2+a)x^2+2ax\}dx\geq 0$ 이므로

$$\left[\frac{1}{4}x^4-\frac{(2+a)}{3}x^3+ax^2\right]_0^2=\frac{4}{3}a-\frac{4}{3}\geq 0 \text{ 따라서}$$

$a\geq 1$ 이다.
그러므로 $f(x)=x(x-a)(x-2)$ 에서
$f(4)=8(4-a)\leq 8\times 3=24$ 이므로 $f(4)$ 의 최댓값은 24 이다.

121 정답 128

$f(x)=ax^3+bx^2=x^2(ax+b)$

함수 $f(x)$ 는 $x=0$ 에서 x 축에 접하고 $x=-\dfrac{b}{a}$ 에서 x 축과 만난다.

상수 a 와 b 에 따라서 함수 $f(x)$ 는 다음 그림과 같이 4가지 그래프 개형을 갖는다.

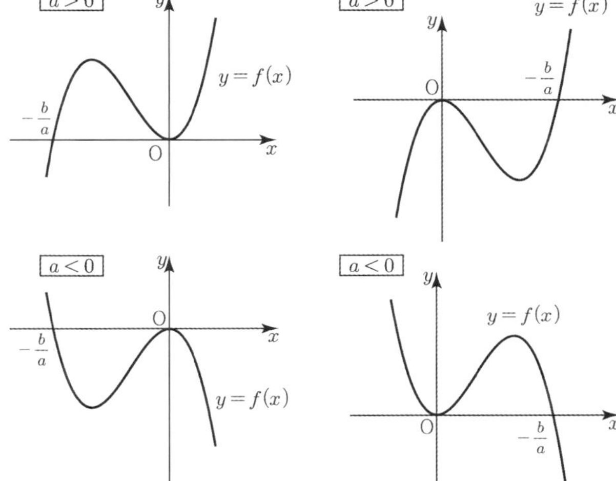

조건 (가)에서 $m(t)=f(-t)$ 을 만족하기 위해서는
$x<0$ 일 때
$f(x)<0$ 이므로 삼차함수 $f(x)$ 의 그래프 개형은 다음과 같이 두 번째 개형이다.

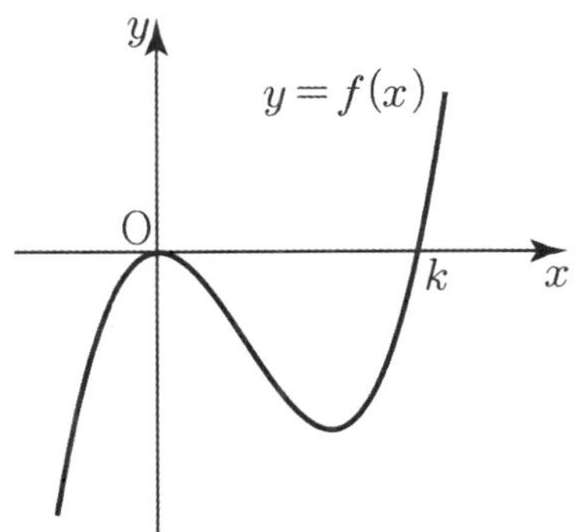

따라서 $f(x)=x^2(ax+b)$ 에서 $k=-\dfrac{b}{a}\,(a>0,b<0)$ 이다.

$$\int_0^k \frac{f(t)}{t^2}\,dt = \int_0^{-\frac{b}{a}} \frac{t^2(at+b)}{t^2}\,dt = \left[\frac{1}{2}at^2 + bt\right]_0^{-\frac{b}{a}}$$

$$= \frac{b^2}{2a} - \frac{b^2}{a} = -\frac{b^2}{2a} = -\frac{9}{2}$$

따라서 $b^2 = 9a \cdots$ ㉠

또한 $f'(x) = 3ax^2 + 2bx$ 에서

$f'(1) = 3a + 2b = -3 \cdots$ ㉡

㉠, ㉡에서 $a = 1$, $b = -3$

따라서 $f(x) = x^3 - 3x^2$

$M(4) = f(4) = 64 - 48 = 16$

$m(4) = f(-4) = -64 - 48 = -112$

$\therefore M(4) - m(4) = 16 - (-112) = 128$

122 정답 165

함수 $f(x)$의 그래프는 다음과 같다.

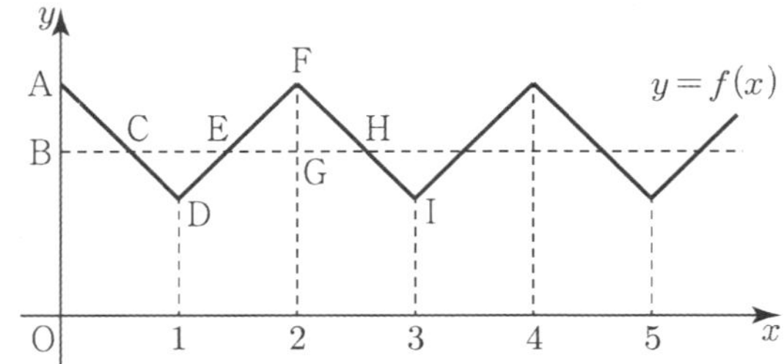

(i) $0 < x \le 1$에서의 $g(x)$는 다음 그림과 같은 삼각형 ABC의 넓이를 나타낸다. 따라서 x가 커짐에 따라 삼각형 ABC의 넓이가 증가하므로 증가함수가 된다.

(ii) $1 < x \le 2$에서의 $g(x)$는 다음 그림과 같은 삼각형 ABC의 넓이와 삼각형 CDE넓이의 합을 나타낸다. x가 커짐에 따라 삼각형 ABC의 넓이는 감소하고 삼각형 CDE는 넓이가 증가한다. 삼각형 ABC와 삼각형 CDE의 넓이의 감소율과 증가율은 각각 $\overline{BC}$와 $\overline{CE}$를 나타낸다. 따라서 x가 커짐에 따라

$$\overline{BC} > \overline{CE} \ \rightarrow \ \overline{BC} = \overline{CE} \ \rightarrow \overline{BC} < \overline{CE}$$

가 되므로 $g(x)$는 감소하다 극소가 된 뒤 다시 증가하는 그래프가 된다. 따라서 극소가 되는 x값은 $\overline{BC} = \overline{CE}$가 성립할 때다.

따라서 대칭성으로

$\overline{BC} = \overline{EG}$이므로 $\overline{BC} = \overline{CE} = \overline{EG} = a$라 두면

$3a = 2$에서 $a = \dfrac{2}{3}$

따라서 E의 x좌표는 $2a = \dfrac{4}{3}$이다.

$\therefore \alpha_1 = 1,\ \beta_1 = 1 + \dfrac{1}{3}$

(iii) $2 < x \le 3$에서의 $g(x)$는 세 삼각형 ABC, 삼각형 CDE, 삼각형 EFH의 넓이의 합을 나타낸다. x가 커짐에 따라 삼각형 ABC의 넓이는 증가하고 삼각형 CDE는 넓이가 감소하고 삼각형 EFH는 증가한다.

삼각형 ABC와 삼각형 EFH의 넓이의 증가율은 각각 $\overline{BC}$, $\overline{EH}$의 길이를 나타내고 삼각형 CDE의 넓이의 감소율은 $\overline{CE}$를 나타낸다. 따라서 x가 커짐에 따라

$$\overline{BC} + \overline{EH} < \overline{CE} \ \rightarrow \ \overline{BC} + \overline{EH} = \overline{CE}$$
$$\rightarrow \overline{BC} + \overline{EH} > \overline{CE}$$

가 되므로 $g(x)$는 감소하다 극소가 된 뒤 다시 증가하는 그래프가 된다. 따라서 극소가 되는 x값을 구하기 위해 $\overline{BC} = a$라 두면 $\overline{EH} = 2a$이다.

또한 $\overline{CE} = b$라 두면 다음이 성립한다.

$b = a + 2a,\ a + b + a = 2$

두 식을 연립해서 풀면 $a = \dfrac{2}{5},\ b = \dfrac{6}{5}$

따라서 극소가 되는 점의 x좌표는 $\dfrac{2}{5} + \dfrac{6}{5} + \dfrac{4}{5} = \dfrac{12}{5}$

$\alpha_2 = 2,\ \beta_2 = 2 + \dfrac{2}{5}$

같은 식으로 $\alpha_n = n,\ \beta_n = n + \dfrac{n}{2n+1}$가 됨을 알 수 있다.

따라서 $g(\alpha_{22})$는 다음 그림의 삼각형 넓이와 같다.

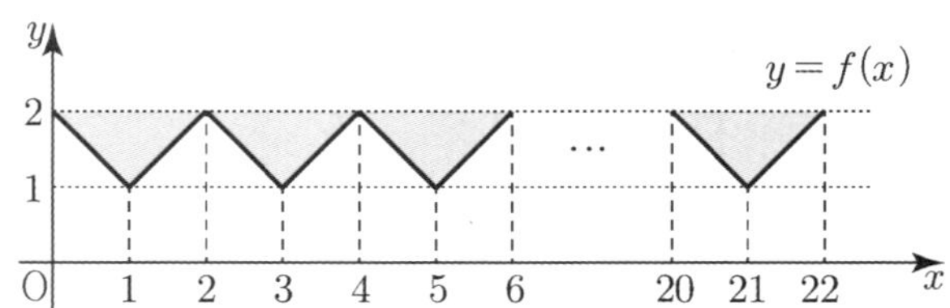

삼각형 넓이의 합은 $1 \times 11 = 11$

$\therefore g(\alpha_{22}) = 11$

$g(\beta_5)$는 다음 그림의 삼각형 넓이와 같다.

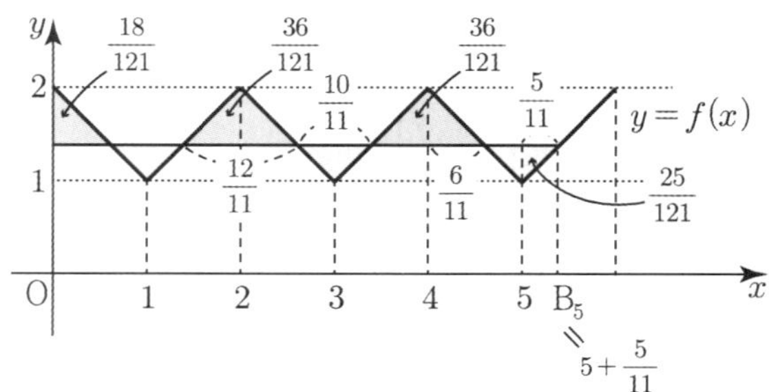

삼각형 넓이의 합은

$$\frac{18}{121} + \frac{36}{121} \times 2 + \frac{25}{121} \times 3 = \frac{165}{121}$$

$\therefore g(\beta_5) = \dfrac{165}{121}$

따라서

$$\{g(\alpha_{22})\}^2 g(\beta_5) = 11^2 \times \frac{165}{121} = 165$$

$$h(x)=\begin{cases} f(x) & (0 \le x < 2) \\ \dfrac{1}{2}(x-3)^2+\dfrac{1}{2} & (2 \le x < 4) \\ g(x) & (4 \le x < 5) \end{cases}$$

$$\Rightarrow h'(x)=\begin{cases} f'(x) & (0 \le x < 2) \\ x-3 & (2 \le x < 4) \\ g'(x) & (4 \le x < 5) \end{cases}$$

(i)

(나)에서 $h(x)$가 실수전체에서 미분 가능하므로

$x=2$에서 연속이고 미분가능하다.

따라서

$\displaystyle\lim_{x \to 2-} f(x)=\dfrac{1}{2}(2-3)^2+\dfrac{1}{2}=1$, $\displaystyle\lim_{x \to 2-} f'(x)=(2-3)=-1$이다.

이차함수 $f(x)$의 이차항의 계수를 a라 하면

$f(x)=ax^2+bx+c$에서 $f(x)$는 $(2,1)$을 지나고, $x=2$에서 미분가능하다.

$a(2)^2+b(2)+c=1$, $f'(x)=2ax+b$ 에서 $2a(2)+b=-1$ 을 만족한다.

가감하여 b, c를 a로 표현하면,

$b=-4a-1$, $c=4a+3$ 이고,

$f(x)=ax^2+(-4a-1)x+(4a+3)$

$=a(x^2-4x+4)-(x-2)+1$

$\quad =a(x-2)^2-(x-2)+1$

즉, $f(x)=a(x-2)^2-x+3$,

$f'(x)=2a(x-2)-1$이다.

(ii)

$x=4$에서 미분가능하므로 마찬가지로

조건에서 $x=4$에서 미분가능하므로, $x=4$에서 연속이고, 미분가능하다.

$\displaystyle\lim_{x \to 4-} h(x)=\dfrac{1}{2}(x-3)^2+\dfrac{1}{2}=1$,

$\displaystyle\lim_{x \to 4-} h'(x)=(4-3)=1$이다.

이차함수 $g(x)$의 이차항의 계수를 b라 하면, $g(x)$는 $(4,1)$을 지나고, $x=4$에서 미분가능하다.

가감하여 $g(x)$를 표현하면,

$g(x)=b(x-4)^2+(x-4)+1$로 둘 수 있다.

즉, $g(x)=b(x-4)^2+x-3$, $g'(x)=2b(x-4)+1$이다.

$h(5)=h(0)+k \rightarrow f(0)+k$ 이므로

$\displaystyle\lim_{x \to 5-} g(x)=b+2\ =4a+3+k$

$\therefore\ b=4a+1+k$이고, $h'(5)=h'(0)\ =\displaystyle\lim_{x \to 5-} g'(x)=f'(0)$

이므로 $2b+1=-4a-1$

$\therefore\ b=-2a-1$이다. 따라서 $k=-6a-2$이다.

$$h(x)=\begin{cases} a(x-2)^2-x+3 & (0 \le x < 2) \\ \dfrac{1}{2}(x-3)^2+\dfrac{1}{2} & (2 \le x < 4) \\ (-2a-1)(x-4)^2+x-3 & (4 \le x < 5) \end{cases}$$

(다)에서

$\displaystyle\int_0^5 h(x)dx$

$=\displaystyle\int_0^2 \{a(x-2)^2-x+3\}dx+\int_2^4 \left\{\dfrac{1}{2}(x-3)^2+\dfrac{1}{2}\right\}dx+$

$\displaystyle\int_4^5 \{(-2a-1)(x-4)^2+x-3\}dx$

$=\left[\dfrac{a}{3}(x-2)^3-\dfrac{1}{2}x^2+3x\right]_0^2+\left[\dfrac{1}{6}(x-3)^3+\dfrac{1}{2}x\right]_2^4+$

$\left[\dfrac{(-2a-1)}{3}(x-4)^3+\dfrac{1}{2}x^2-3x\right]_4^5$

$=\left(\dfrac{8}{3}a-2+6\right)+\left(\dfrac{1}{3}+1\right)+\left(\dfrac{-2a-1}{3}+\dfrac{9}{2}-3\right)$

$=2a+\dfrac{13}{2}=\dfrac{35}{6}$ $\therefore\ a=-\dfrac{1}{3}$

따라서 $b=-\dfrac{1}{3}$이고 $k=0$이다.

$$h(x)=\begin{cases} -\dfrac{1}{3}(x-2)^2-x+3 & (0 \le x < 2) \\ \dfrac{1}{2}(x-3)^2+\dfrac{1}{2} & (2 \le x < 4) \\ -\dfrac{1}{3}(x-4)^2+x-3 & (4 \le x < 5) \end{cases}$$

$k=0$이므로 (가)에서 함수 $h(x)$는 주기가 5인 함수이다.

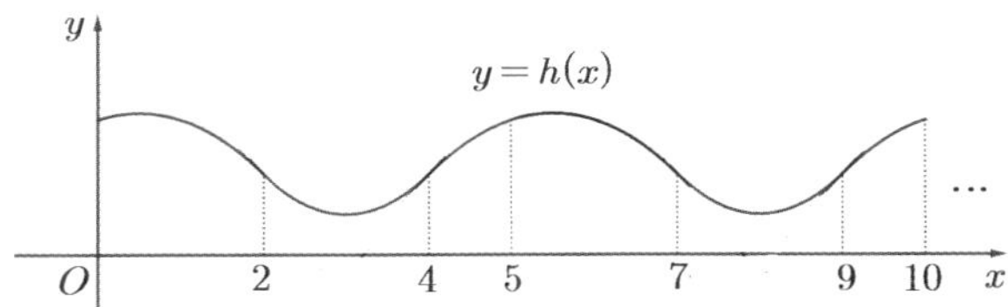

$\displaystyle\int_0^5 h(x)dx=\int_5^{10} h(x)dx=\int_{10}^{15} h(x)dx$

$\displaystyle\qquad\qquad=\int_{15}^{20} h(x)dx=\cdots=\dfrac{35}{6}$

따라서 $a_n=\dfrac{35}{6}$

$\displaystyle\sum_{n=1}^{12} a_n=\sum_{n=1}^{12}\dfrac{35}{6}=70$

따라서 $h\left(\displaystyle\sum_{n=1}^{12} a_n\right)=h(70)=h(0)=f(0)=\dfrac{5}{3}$

따라서 $p=3$, $q=5$이므로 $p+q=8$

[그림 : 최성훈T]

$n=1$일 때

$f(2a+2)=k\times f(a+1)\ (0\le a<1)$

이므로 $2a+2=x$라 하면

$f(x)=k\times f\left(\dfrac{x}{2}\right)$

$\qquad=k\times\left(\dfrac{x}{2}-1\right)\left(\dfrac{x}{2}-2\right)$

$\qquad=k\times\dfrac{1}{4}(x-2)(x-4)\ (2\le x<4)$

$n=2$일 때

$f(2a+4)=k\times f(a+2)\ (0\le a<2)$

이므로 $2a+4=x$라 하면

$f(x)=k\times f\left(\dfrac{x}{2}\right)$

$\qquad=k^2\times\dfrac{1}{4}\times\left(\dfrac{x}{2}-2\right)\left(\dfrac{x}{2}-4\right)$

$\qquad=k^2\times\dfrac{1}{4^2}(x-4)(x-8)\ (4\le x<8)$

마찬가지로

$8\le x<16$일 때 $f(x)=k^3\times\dfrac{1}{4^3}(x-8)(x-16)$

$16\le x<32$일 때 $f(x)=k^4\times\dfrac{1}{4^4}(x-16)(x-32)$

$\cdots\ \cdots\ \cdots$

따라서

$2^n\le x<2^{n+1}$일 때 $f(x)=\left(\dfrac{k}{4}\right)^n(x-2^n)(x-2^{n+1})$

한편, $1\le x<2$일 때

$f(x)=(x-1)(x-2)=x^2-3x+2$에서

$f'(x)=2x-3$이므로 $\displaystyle\lim_{x\to2-}f'(x)=1$

$2\le x<4$일 때

$f(x)=\dfrac{k}{4}\times(x-2)(x-4)=\dfrac{k}{4}(x^2-6x+8)$에서

$f'(x)=\dfrac{k}{4}(2x-6)$이므로 $\displaystyle\lim_{x\to2+}f'(x)=-\dfrac{k}{2}$

따라서 $-\dfrac{k}{2}=1$

$\therefore\ k=-2$

따라서

$2^n\le x<2^{n+1}$일 때

$f(x)=\left(-\dfrac{1}{2}\right)^n(x-2^n)(x-2^{n+1})$

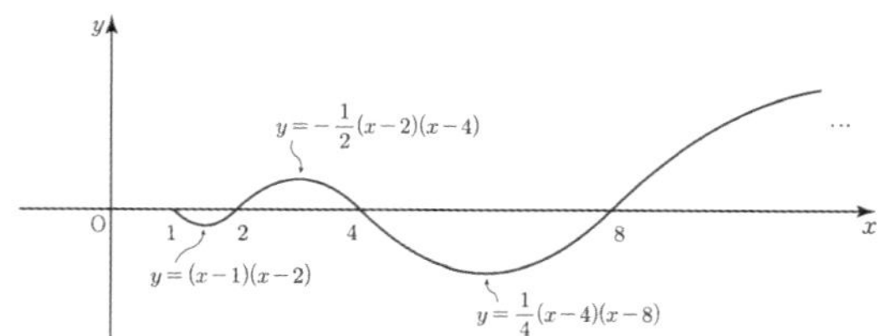

따라서 $n\ge0$

$$\int_{2^n}^{2^{n+1}}f(x)dx=-\left(-\dfrac{1}{2}\right)^n\dfrac{\left(2^{n+1}-2^n\right)^3}{6}$$

$$=(-1)^{n+1}\times\dfrac{1}{2^n}\times\dfrac{(2^n)^3}{6}$$

$$=(-1)^{n+1}\dfrac{4^n}{6}$$

한편, $\displaystyle\int_1^2 f(x)dx=-\dfrac{1}{6}$이므로

0이상 정수 n에 대해 $\displaystyle\int_{2^n}^{2^{n+1}}f(x)dx=(-1)^{n+1}\dfrac{4^n}{6}$이

성립한다.

그림으로 나타내면 다음과 같다.

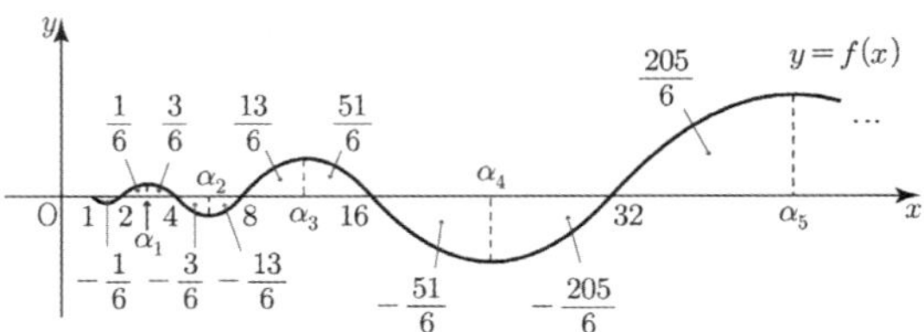

따라서

$$\int_{32}^{\alpha_5}f(x)dx=\dfrac{205}{6}$$

$p=6$, $q=205$이다.

$\therefore\ p+q=211$

$g(x)=-2x^3+3x^2$

$g'(x)=-6x^2+6x=-6x(x-1)$

$\Rightarrow g(0)$: 극소, $g(1)$: 극대

한편, $g\left(\dfrac{1}{2}-x\right)+g\left(\dfrac{1}{2}+x\right)=1$이므로

$y=g(x)$는 $\left(\dfrac{1}{2},\ \dfrac{1}{2}\right)$에 대칭이다.

따라서 $y=g(x)$와 $y=g^{-1}(x)$의 그래프는 다음과 같다.

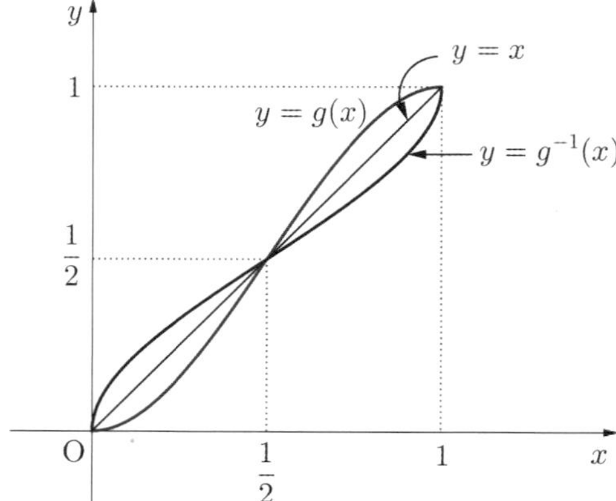

곡선 $g(x)$가 $\left(\dfrac{1}{2},\ \dfrac{1}{2}\right)$에 대칭이므로

$$\int_0^1 g(t)\,dt = \frac{1}{2},\ \int_0^1 g^{-1}(t)\,dt = \frac{1}{2}\ \text{이다.}$$

다음 그림과 같이 $t-y$평면에서 $y = g^{-1}(t)$와 상수함수 $y = x$의 교점의 t좌표를 k라 두면

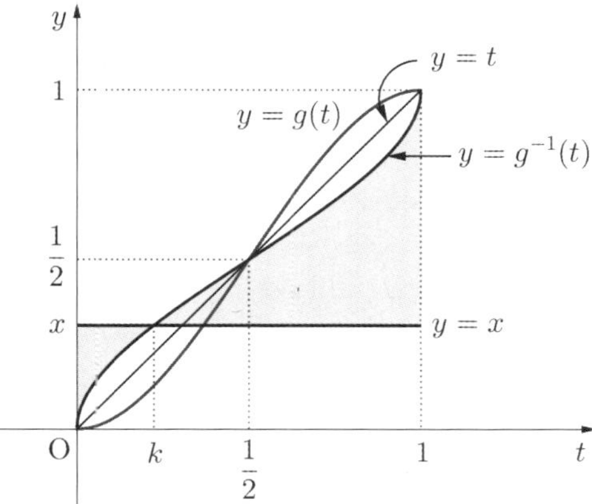

$$f(x) = \int_0^k \{x - g^{-1}(t)\}\,dt + \int_k^1 \{g^{-1}(t) - x\}\,dt$$

$$= \int_0^k (x)\,dt + \int_k^1 (-x)\,dt + \int_0^k (-g^{-1}(t))\,dt + \int_k^1 (g^{-1}(t))\,dt$$

$$= [xt]_0^k - [-xt]_k^1 + \int_0^1 (g^{-1}(t))\,dt - 2\int_0^k (g^{-1}(t))\,dt$$

$$= (2k-1)x + \frac{1}{2} - 2\int_0^k (g^{-1}(t))\,dt \cdots \bigcirc$$

한편, $S = \displaystyle\int_0^k (g^{-1}(t))\,dt$라 두면 다음 그림의 색칠한 부분의 넓이와 같으므로

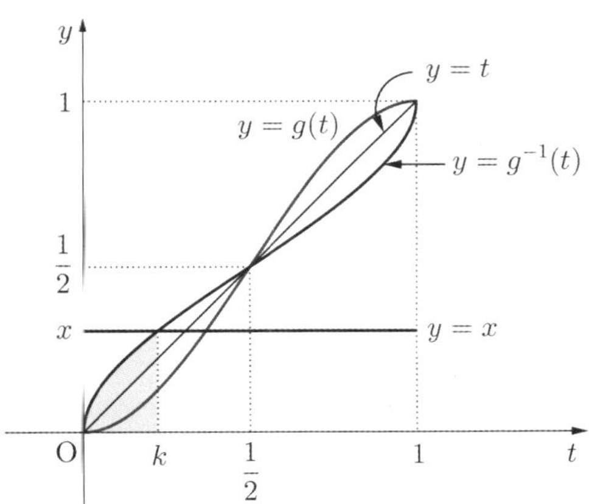

$$S = kx - \int_0^x (g(t))\,dt$$

$$= kx - \left[-\frac{1}{2}t^4 + t^3\right]_0^x$$

$$= kx + \frac{1}{2}x^4 - x^3$$

을 $\bigcirc$에 대입하면

$$f(x) = (2k-1)x + \frac{1}{2} - 2\left(kx + \frac{1}{2}x^4 - x^3\right)$$

$$= -x^4 + 2x^3 - x + \frac{1}{2}\ (0 \le x \le 1)$$

$$f'(x) = -4x^3 + 6x^2 - 1 = (2x-1)(-2x^2 + 2x + 1)$$

이므로 열린구간 $(0,\ 1)$에서 함수 $f(x)$는 다음 그림과 같은 개형이며 $f\left(\dfrac{1}{2}\right) = \dfrac{3}{16}$인 극솟값을 갖고 $x = \dfrac{1}{2}$에 대칭인 함수이다.

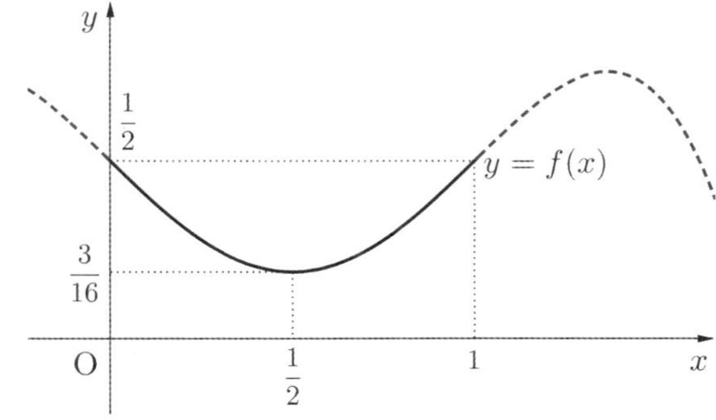

(i) 최솟값 $m(t)$에 대해 알아보자.

① $0 \le t < \dfrac{1}{2}$일 때, $m(t) = \dfrac{3}{16}$

② $\dfrac{1}{2} \le t \le 1$일 때, $m(t) = f(t)$

따라서

$$\int_0^1 m(t)\,dt$$

$$= \int_0^{\frac{1}{2}} \frac{3}{16}\,dt + \int_{\frac{1}{2}}^1 f(t)\,dt$$

$$= \frac{3}{32} + \int_{\frac{1}{2}}^1 f(x)\,dx \cdots \bigcirc$$

(ii) 최댓값 $M(t)$에 대해 알아보자.

$y = f(x)$가 $x = \dfrac{1}{2}$에 대칭이므로 $f\left(\dfrac{1}{4}\right) = f\left(\dfrac{3}{4}\right)$이다. 따라서

③ $0 \le t < \dfrac{1}{4}$일 때, $M(t) = f(t)$

④ $\dfrac{1}{4} \le t \le \dfrac{1}{2}$일 때, $M(t) = f\left(t + \dfrac{1}{2}\right)$

⑤ $\dfrac{1}{2} \le t \le 1$일 때, $M(t) = \dfrac{1}{2}$

따라서

$$\int_0^1 M(t)\,dt$$

$$= \int_0^{\frac{1}{4}} f(t)\,dt + \int_{\frac{1}{4}}^{\frac{1}{2}} f\left(t + \frac{1}{2}\right)\,dt + \int_{\frac{1}{2}}^1 \frac{1}{2}\,dt$$

$$= \int_0^{\frac{1}{4}} f(t)\,dt + \int_{\frac{3}{4}}^1 f(s)\,ds + \int_{\frac{1}{2}}^1 \frac{1}{2}\,dt$$

$$= \int_0^{\frac{1}{4}} f(x)\,dx + \int_{\frac{3}{4}}^1 f(x)\,dx + \frac{1}{4}$$

$$= 2\int_0^{\frac{1}{4}} f(x)\,dx + \frac{1}{4} \cdots \text{ⓛ}$$

㉠, ㉡에서

$$\int_0^1 \{m(t) + M(t)\}dt$$

$$= \frac{3}{32} + \int_{\frac{1}{2}}^1 f(x)dx + 2\int_0^{\frac{1}{4}} f(x)dx + \frac{1}{4}$$

$$= \frac{11}{32} + \int_{\frac{1}{2}}^1 f(x)dx + 2\int_0^{\frac{1}{4}} f(x)\,dx$$

따라서

$$\int_0^1 \{m(t) + M(t)\}dt + 2\int_{\frac{1}{4}}^{\frac{1}{2}} f(x)\,dx$$

$$= \frac{11}{32} + \int_{\frac{1}{2}}^1 f(x)dx + 2\int_0^{\frac{1}{4}} f(x)dx + 2\int_{\frac{1}{4}}^{\frac{1}{2}} f(x)\,dx$$

$$= \frac{11}{32} + \int_{\frac{1}{2}}^1 f(x)dx + 2\int_0^{\frac{1}{2}} f(x)\,dx$$

또한 $\int_0^{\frac{1}{2}} f(x)\,dx = \int_{\frac{1}{2}}^1 f(x)\,dx$ 이므로

$$= \frac{11}{32} + 3\int_0^{\frac{1}{2}} f(x)dx$$

$$= \frac{11}{32} + \frac{3}{2}\int_0^1 f(x)dx$$

$$= \frac{11}{32} + \frac{3}{2}\int_0^1 \left\{ -x^4 + 2x^3 - x + \frac{1}{2} \right\}dx$$

$$= \frac{11}{32} + \frac{9}{20} = \frac{127}{160}$$

따라서 $p = 160,\ q = 127$ 이므로 $p + q = 287$